생각하는 청소년을 위한

화학의 역사

생각하는 청소년을 위한

화학의 역사

정완상 지음

성림원북스

/ 서문 /

저는 2004년부터 지금까지 주로 초등학생을 위한 과학·수학 도서를 집필해 왔습니다. 그 과정에서 "화학은 외우는 과목이다", "수학만큼이나 어렵다"라는 편견과 마주해야 했습니다. 그러나 화학은 결코 단순한 암기 과목이 아닙니다. 화학은 인간이 물질의 본성을 이해하고, 그 지식을 바탕으로 세계를 바꾸어 온 지적 탐험의 기록입니다. 그래서 이번에는 초등학생을 넘어, 중·고등학생과 일반 독자, 특히 화학에 익숙하지 않은 문과생들도 부담 없이 읽을 수 있도록 『생각하는 청소년을 위한 화학의 역사』를 펴내게 되었습니다.

저는 1992년 한국과학기술원(KAIST)에서 이론물리학, 특히 초중력 이론으로 박사 학위를 받았고, 서른의 나이에 경상국립대학교 물리학과 교수로 임용되어 지금까지 재직하고 있습니다. SCI급 국제 학술지에 300편 이상의 논문을 발표하며 학계에서 연구를 이어오는 한편, 과학과 수학의 본질을 '사람의 이야기'로 풀어내는 글쓰기를 꾸준히 해 왔습니다.

이 책을 준비하며 연금술에서 현대 화학까지의 다양한 역사와 인물 이야기를 참고했지만, 기존 화학사 책들이 일반 독자에게 어렵다는 한계를 느꼈습니다. 이 책은 그 간극을 메우기 위해 기획되었습니다.

『생각하는 청소년을 위한 화학의 역사』는 인간이 불과 금속, 물질을 다루기 시작한 문명의 초기 장면에서 출발합니다. 고대 그리스 철학자들이 물질의 본질을 사유하던 시대를 거쳐, 연금술이라는 불가능한 꿈속에서도 이어진 실험 정신을 살펴봅니다.

'연소'라는 수수께끼를 풀기 위해 등장한 플로지스톤 이론, 산소와 기체의 발견, 보일과 샤를이 기체의 거동을 수식으로 설명한 업적은 오늘날 화학의 토대를 이룬 사고의 혁신이었습니다. 라부아지에의 질량 보존 법칙과 돌턴의 원자론, 산과 염기의 개념 정립과 전기 분해를 통한 원소 이해는 화학이 하나의 언어를 갖추는 과정이었습니다. 멘델레예프의 주기율표와 비활성 기체의 발견, 퀴리 부부의 방사능 연구, 아보가드로와 길버트 루이스의 화학 결합 이론은 원자의 세계를 질서 있게 바라보는 시각을 제시했습니다.

현대에 이르러서는 고분자 화학과 DNA 연구, 그리고 고전적 물질관을 뒤흔든 초액체와 초전도체 연구로 이어지며, 화학이 여전히 현재진행형의 이야기임을 보여 줍니다.

화학은 단순한 학문이 아니라, 인간이 '물질'이라는 존재를 이해하고 다루며 세계를 바꿔 온 긴 여정입니다. 이 책이 청소년 독자들, 그리고 이 책을 펼친 모든 독자에게 "우리는 어떻게 물질을 이해하게 되었는가?", "그 과정에서 인간은 어떤 생각을 했는가?"라는 질문을 던지고, 스스로 답을 찾아가는 여정의 동반자가 되기를 바랍니다.

2026년 새해를 맞이하며

정완상 드림

9장

분석 화학의 역사 187

11장

주기율표와 비활성 기체 239

유기 화학의 역사 217

방사능 원소의 발견 259

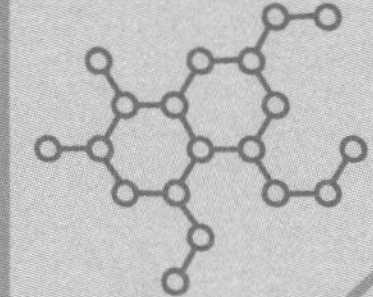

1장

화학의 시작

불과 시간으로 물질의 성질이 바뀌는 순간

정교수의 pick

◆ 석기 시대 ◆ 청동기 시대 ◆ 철기 시대
◆ 유리 ◆ 야금술 ◆ 불 ◆ 요한 쿤켈

재료에서 시작된 화학

사람이 불을 손에 넣은 순간, 우리는 화학자가 되었습니다. 번개가 남긴 불씨를 지키며 '무엇을, 얼마나, 얼마나 오래'를 묻기 시작했고, 그 질문은 흙을 그릇으로, 모래를 유리로, 돌 속의 금속을 도구로 바꾸었지요. 모래를 녹이면 왜 투명한 유리가 되는 걸까요? 투명하면서도 잘 깨지는 성질은 누가 정할까요? 구리에 주석을 몇 숟가락 보태면 칼이 갑자기 강해지는 이유는 무엇일까요?

사람들은 무엇을 얼마나 섞고, 얼마나 뜨겁게 데우고, 얼마나 오래 그리고 어떻게 식힐지를 몸으로 배웠습니다. 그렇게 얻은 지식은 도자기와 벽돌, 유리와 청동, 본차이나, 루비색 유리, 그리고 철의 생산으로 이어졌어요. 이 장에서는 이러한 과정을 차근차근 따라가며, 생활의 기술이 어떻게 과학의 언어로 바뀌었는지 살펴봅시다.

초기 화학의 씨앗

아주 오래전, 세상에는 글자가 없었습니다. 이 시기를 '선사 시대 Prehistory'라고 불러요. 역사 기록이 시작되기 이전의 시대이지요. 선사 시대의 시작 시기는 대략 기원전 300만 년~260만 년경으로 알려져 있으며, 크게 석기 시대와 청동기 시대, 철기 시대로 나눌 수 있어요.

석기 시대는 인간이 돌로 도구를 만들어 사용하던 때를 말합니다. 사람들은 먹을 것을 찾기 위해 사냥을 하고, 숲에서 열매를 따고, 강이나 바다에서 물고기를 잡았어요. 사람들은 동굴이나 바위틈 같은 곳에서 살다가, 날이 추워지면 따뜻한 곳을 찾아 이곳저곳 옮겨 다니기도 했지요. 그러다 시간이 지나면서 조금씩 돌을 깎아 도구를 만들기 시작했어요. 돌칼, 돌도끼, 긁개 같은 것들이지요. 이런 도구들은 고기를 자르거나, 가죽을 벗기거나, 나무를 다듬는 데 쓰였어요.

석기 시대는 크게 구석기 시대와 신석기 시대로 나눌 수 있습니다. 구석기 시대의 사람들은 돌을 대충 깨뜨려 만든 도구를 사용했어요. 그들

에티오피아 아와시강

은 동굴에서 살며 사냥도 하고, 열매도 따 먹었어요. 그러다 불을 발견해 음식을 익히거나 추위를 막는 데 사용하기 시작했지요. 신석기 시대로 들어와 사람들은 돌을 갈아서 매끄럽게 만든 정교한 도구를 사용하기 시작했어요. 농경과 목축이 시작되어 사람들은 정착 생활을 하게 되었어요.

석기 사용으로 추정되는 가장 이른 흔적은 돌로 만든 도구의 자국이 남아 있는 화석화된 동물 뼈입니다. 약 340만 년 전에 사용된 것으로 추정되는 이 뼈는 에티오피아의 아와시Awash강의 계곡에서 발견되었어요.

현재까지 알려진 가장 오래된 석기는 케냐 서부 투르카나의 로메크위 유적지에서 발굴되었으며 그 연대는 330만 년 전으로 거슬러 올라갑니다. 로메크위는 케냐의 투르카나 호수 서쪽 기슭에 있는 유적지예요. 미국 스토니브룩 대학의 고고학팀이 2011년 7월에 발견했지요.

[불의 사용]

도구를 다루는 손이 점점 익숙해지자, 인류는 열을 다루는 법과 재료를 섞는 법을 배우기 시작합니다. 하나는 돌·뼈·나무의 성질을 바꾸는 불이고, 다른 하나는 흙가루·기름·수액을 비율대로 섞어 원하는 효과를 내는 배합이에요. 이제 석기의 시대는 '도구의 시대'를 넘어 '공정의 시대'로 들어서기 시작합니다.

아주 먼 옛날, 사람들은 불이 무엇인지 몰랐어요. 하늘에서 번개가 치고, 나무에 불이 붙을 때마다 깜짝 놀라 달아났지요. 하지만 어느 순간, 사람들은 불이 두렵기만 한 게 아니라, 삶에 꼭 필요한 고마운 존재라는 걸 알게 되었습니다. 시간이 흐르며 불을 한자리에서 반복적으로 사용하고 관리하는 법을 익혔어요. 이제 불은 단순한 따뜻함을 넘어, 빛과 보호,

음식의 조리, 그리고 재료의 성질 변화까지 가능하게 하는 특별한 것이 되었습니다.

사람들은 부싯돌로 직접 불을 만들기도 했습니다. 부싯돌은 평범한 돌처럼 보이지만, 단단하고 날카로운 성질을 가지고 있어요. 이 돌을 다른 돌이나 쇠붙이 같은 단단한 물건에 강하게 부딪히자 불꽃이 튀었고, 사람들은 이 작은 불꽃을 이용해 불을 붙이기 시작했지요.

인류가 불을 사용한 증거도 있습니다. 주로 아프리카의 고대 유적지에 나타나는데, 가장 오래된 증거로 언급되는 사례 중 하나는 케냐에서 발견된 불에 탄 진흙이지요. 학자들은 50여 개의 불탄 진흙 조각 배열로 미루어 이 유적이 과거 화로로 사용되었을 것으로 추측하고 있어요. 이렇게 불은 생존 기술을 넘어 초기 공장의 역할까지 맡게 됩니다.

[조성과 공정, 선사 시대의 실험실]

보통 '화학'이라고 하면 시험관, 실험복, 분자 구조 같은 걸 떠올리기 쉽습니다. 하지만 놀랍게도 화학의 씨앗은 10만 년 전까지 거슬러 올라가요. 남아프리카에 있는 블롬보스 동굴Blombos Cave에서 무려 10만 년 전 무렵으로 추정되는 황토 가공 작업장이 발견되었어요. 사람들은 황토를 곱게 갈아 전복 껍데기에 담고, 거기에 동물의 기름이나 숯가루, 물 같은 액체를 섞어 물감 같은 혼합물을 만들었어요. 옆에서는 갈판과 망치돌, 그리고 끝이 붉게 물든 뼈 도구가 함께 나왔지요. 동굴 안에는 황토 혼합물로 선을 그리고 문양을 만든 흔적도 있었습니다. 이 모든 흔적은 무엇을 섞고(재료), 얼마나 넣고(비율), 어떻게 다루는지(공정)를 미리 생각했음을 보여 주는 사례이자 화학의 길로 향하는 문이 되었어요.

불이 만든 합성 재료의 시대

불의 도움으로 인류는 도자기, 벽돌, 유리 등을 만들 수 있게 되었습니다. 그중 도자기는 중국, 그리스, 페르시아 등 여러 곳에서 독립적으로 시작되었어요. 가장 오래된 도자기 유적은 중국 장시江西성의 셴런둥 동굴에서 발견되었는데, 이 도자기는 약 2만 년 전에 만들어진 것으로 추정되어요.

벽돌은 기원전 9천 년경부터 사용되었습니다. 벽돌이 발명되기 전에 사람들은 비와 바람을 피하려고 흙을 쌓아 작은 집을 만들었어요. 하지만 비가 오면 금방 무너져 버리곤 했지요. 그러자 사람들은 '흙을 작게 잘라서 단단하게 굳히면 더 튼튼하지 않을까?'라고 생각했어요. 그렇게 해서 진흙 벽돌이 탄생했지요. 처음 사용된 벽돌은 쌀 껍질 또는 짚과 진흙을 섞어서 만들었습니다. 이런 식물 섬유는 진흙이 마르며 생기는 균열을 줄이고, 서로 잘 엉기게 도와 벽돌을 더 단단하게 만들었지요.

가장 오래된 벽돌은 기원전 7500년 이전에 만들어진 것으로 텔 아스와

가장 오래된 도자기 유적과 중국 장시성 셴런둥 동굴

드에서 발견되었어요. 텔 아스와드는 시리아 다마스쿠스에서 약 48킬로미터 떨어진 곳에 있는 유적지로 1967년, 프랑스의 고고학자 앙리 드 콩텐송Henri de Contenson이 발견했지요.

유리의 발견

흙을 틀에 넣어 굳히던 손은 곧 모래를 불에 녹여 전혀 다른 물질을 만들기 시작했습니다. 바로 유리지요. 유리는 비정질 고체예요. 비정질 고체는 구성 성분이 무질서하게 놓여 있는 고체를 말해요. 반대로 원자, 분자 또는 이온과 같은 구성 성분이 질서 정연하게 배열된 고체를 결정 또는 결정질 고체라고 하지요.

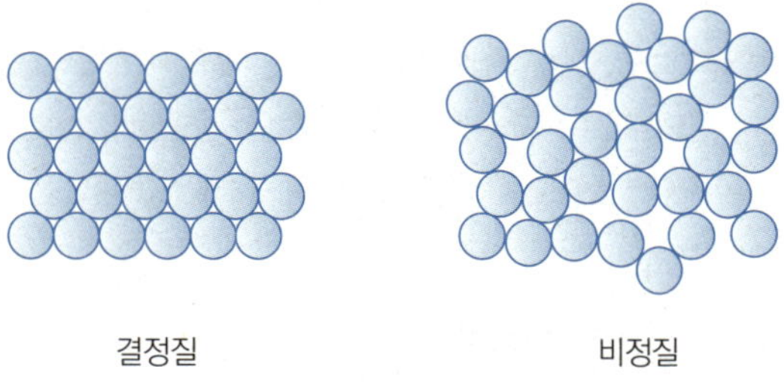

유리는 무질서한 상태로 굳습니다. 그래서 가열하고 냉각하는 속도에 따라 성질이 매우 크게 달라져요. 자연에서도 이런 유리가 생기는데, 바로 화산에 의해 생기는 흑요석입니다. 흑요석은 날이 매우 예리해서 석기 시대부터 화살촉과 칼을 만드는 데 사용되었어요.

유리 제조의 역사는 최소 6000년 전으로 거슬러 올라갑니다. 유리는 메소포타미아와 이집트 등에서 만들어졌으며, 현재까지 알려진 가장 이른 유리 제품은 기원전 2500년경 이집트에서 발견된 유리구슬이에요. 또 메소포타미아에서는 기원전 1500년경에 만들어진 유리그

흑요석

역사 속으로

무라노, 유리의 섬

중세 시대, 특히 13세기 이후 베네치아 공화국의 무라노섬은 유리 제조로 명성을 누렸어요. 베네치아 공화국은 베네치아를 수도로 둔 해양 공화국으로 서기 697년, 파올로 루시오 아나페스토Paolo Lucio Anafesto가 세운 나라예요. 베네치아 공화국은 13세기에서 16세기 사이 크레타섬, 키프로스, 펠로폰네소스 반도, 여러 그리스 섬, 지중해 동부의 여러 도시와 항구를 통치한 강대국이었지요. 1291년, 베네치아 공화국은 화재로 인해 도시의 목조 건물들이 불타는 것을 걱정했어요. 그래서 유리 제작자들에게 용광로를 무라노섬으로 옮기라고 명령했지요. 무라노는 베네치아에서 북쪽으로 약 1.5킬로미터 떨어진 작은 섬이에요. 이후로 무라노는 유리 가마와 장인 길드가 모인 전문 생산지가 되었어요. 베네치아 공화국은 기술 유출을 막기 위해 장인에게 특권을 주는 대신 외국 이주를 금지하기도 했다고 전해져요.

릇이 발견되었어요.

유리를 다루고 제품을 만드는 데 가장 큰 전환점은 바로 '유리 불기(블로잉)' 기술의 발명이었습니다. 기원전 1세기 무렵, 시리아 장인들이 개발한 이 기술은 녹은 유리에 관을 이용해 공기를 불어 넣어 여러 가지 형태를 만드는 방식이에요. 유리는 빠르게 얇고 가벼운 다양한 형태로 바뀌었어요. 로마 시대에는 거푸집에 불어넣는 '몰드 블로잉'까지 발전해 대량생산이 가능해졌고, 1세기에는 유리 세공인 에니온Ennion의 작품들이 지중해 전역으로 퍼졌습니다.

녹은 유리에 공기를 불어 넣는 블로잉 기술

로마의 유리 제품

중세 시대, 유리의 중심지는 베네치아였습니다. 1291년, 화재를 걱정한 베네치아 사람들은 유리 가마들을 무라노섬으로 옮겨요. 그 뒤로 무라노가 고급 유리의 대명사가 되었지요. 15세기에는 무라노의 안젤로 바로비에르가 맑고 무색인 '크리스털로Cristallo'의 제조를 완성해 명성을 얻었고, 이후 시간이 흐르며 유백색 불투명 유리 '라티모Lattimo', 꽃무늬 조각이 만개한 '밀레피오리Millefiori',

좌_ 크리스털로(16세기)
우_ 라티모로 만든 우유병

반짝이는 구리 결정이 박힌 '아벤투리나Avventurine' 같은 기법이 이어졌지요. 오늘날까지 이 전통이 작품과 공예로 살아 있답니다. 이처럼 뛰어난 유리 공예 기술 덕분에 무라노는 세계적으로 유명해졌고, 베네치아 공화국은 이를 통해 큰 경제적 번영을 이루었답니다.

무라노의 전통이 이어지는 한편, 17세기 북유럽에서는 요한 쿤켈Johann von Löwenstern-Kunckel이 금 입자의 크기와 분산을 조절해 금루비 유리를 만들었습니다. 미량의 첨가와 가열 조건을 바꾸어 색과 투명도를 설계하

요한 쿤켈

•1630년: 독일 북부 홀슈타인에서 태어나, 성장 후 궁정 약제사이자 화학자로 일함.

•1677년: 연구 직책에서 물러나 안나베르크 및 비텐베르크에서 화학을 가르침.

•1678년: 인의 발견 과정을 재현하며 그 제조법과 성질을 연구함.

•1679년: 베를린으로 이주하여 브란덴부르크 실험실과 유리 공장의 책임자로 임명됨.

•1688년: 스웨덴 스톡홀름으로 이주하여 스웨덴의 자원 개발과 화학 산업 발전에 깊이 관여함.

•1689년경: 카시우스의 보라색을 용융 유리에 첨가해 금(루비) 유리 생산에 성공함.

는 방식이 본격화되었어요. 유리는 이렇게 배합(조성)·온도·시간을 정밀하게 다루는 재료가 되었습니다.

[야금술]

불이 흙을 벽돌로, 모래를 유리로 바꾸었듯, 더 뜨겁고 강한 불과 바람(산소)을 다루게 되자 사람들은 마침내 돌 속 금속을 꺼내 쓰기 시작했습니다. 야금술冶金術, Metallurgy은 금속을 불에 녹이거나 두드려서 쓸모 있게 만드는 기술이에요. 사람들은 땅속에서 캐낸 광석을 가마나 화덕에 넣고, 풀무로 바람을 불어 더 뜨겁게 만들었어요. 이렇게 해서 녹은 금속이 흘러나오면 그것을 틀에 붓거나(주조), 식은 후 망치로 두드려(단조) 칼, 도끼, 그릇 같은 물건을 만들었지요.

인간이 처음으로 사용한 금속은 금이었습니다. 자연금Native gold, 자연구리Native copper처럼 그대로도 금속성을 띠는 것들이 있었어요. 금은 자연에서 순수한 상태로 발견되기 때문에, 특별한 기술 없이도 다룰 수 있었지요. 또한 약 4만 년 전으로 추정되는 스페인의 동굴 유적에서 금을 사용했을 거라는 연구가 소개되기도 했어요. 이 연구에 따르면 당시 사람들이 금을 어떻게 활용했는지 정확히 알 수는 없지만, 장신구나 상징

역사 속으로

카시우스의 보라색과 인공 루비

17세기, 함부르크의 의사 안드레아스 카시우스는 금을 왕수에 녹인 뒤 주석염으로 환원하면 보라색 침전, 즉 카시우스의 보라색이 생긴다고 발표했습니다. 이 안료는 주석 산화물 속에 매우 작은 금 알갱이가 퍼져 있는데, 이 금 알갱이는 빛을 받을 때 파란빛을 더 많이 빨아들이고 붉은빛을 남겨요. 그래서 유리가 와인색이나 루비색으로 보였지요. 요한 쿤켈은 이 안료를 유리 원료에 섞어 녹이는 방법을 찾아냈고, 투명한 금루비 유리를 만드는 데 성공합니다.

중세 시대에 은을 포함한 광석을 용광로에서 가열하는 모습

아르메니아 박물관에 있는 카라샴 잔
(기원전 22~21세기경 추정)

물처럼 꾸미기 용도로 사용했을 가능성이 높다고 여겨져요. 이후 구리와 주석을 섞은 청동이 널리 퍼지면서 금속을 제련하고 사용하는 기술은 보다 체계적으로 발전하게 됩니다.

은은 땅속에서 나는 광석 속에 다른 금속들과 섞여 있어요. 이 광석을 매우 높은 온도로 가열해서, 납, 구리, 아연, 비소, 안티몬, 비스무트 같은 금속들을 먼저 녹여낸 후, 마지막으로 은만 따로 분리해 내는 과정을 거쳐서 순수한 은을 얻을 수 있어요. 이 방법은 고대부터 널리 쓰였고, 중세·르네상스 시대에는 귀금속 정제의 표준 공정으로 자리 잡았습니다.

청동기 시대

불이 흙을 벽돌로, 모래를 유리로 바꾸게 하더니, 사람들은 돌처럼 생긴 광석을 가마에 넣어 뜨거운 불로 녹여 금속을 분리해 내기 시작했습니다. 광석을 가마에 넣고 풀무질로 산소를 불어 넣어 온도를 끌어올린 뒤, 녹인 금속을 틀에 붓거나 식혀 두드리는 기술을 제련·주조·단조라고 해요. 이 방법으로 주석, 납, 구리와 같은 금속을 얻을 수 있지요.

처음 널리 쓰인 금속은 구리였습니다. 발칸·아나톨리아 일대에서 기원전 5천 년대부터 구리 가공과 제련의 흔적을 찾을 수 있고, 세르비아 플로치니크Pločnik 유적에서는 구리 공방과 구리 도끼가 발굴되었지요.

물론 구리만으로도 도구를 만들 수 있었지만, 구리는 너무 부드러워서 쉽게 휘어졌습니다. 사람들은 구리에 다른 금속을 섞어서 좀 더 튼튼한 도구를 만들려고 시도했어요. 그리고 곧 청동을 만들어 냅니다.

청동은 구리와 주석을 섞어 만든 합금입니다. 순수한 구리보다 훨씬 더 단단하고 내구성이 뛰어나지요. 이러한 특징 덕분에 사람들은 청동을 무기, 갑옷, 농기구, 건축 자재, 장식물 등 다양한 분야에 활용할 수 있었어요.

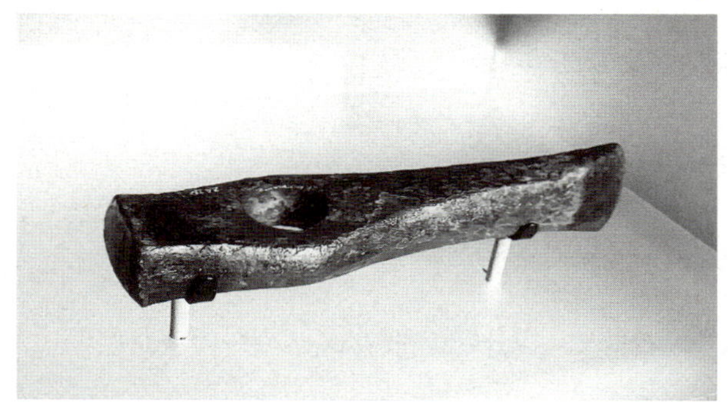

세르비아 플로치니크에서 발굴된 구리 도끼(기원전 5천 년경으로 추정)

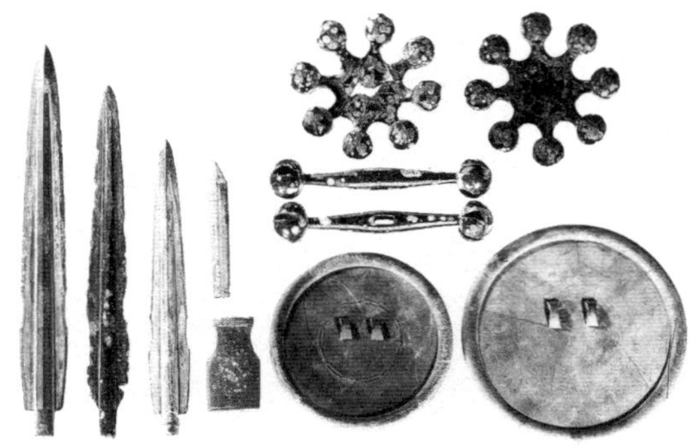

전남 화순군 대곡리에서 발견된 청동기 시대의 유적

청동의 발견은 인류에게 큰 전환점을 가져다주었습니다. 이전보다 훨씬 강하고 오래 쓸 수 있는 도구와 무기를 만들 수 있었기 때문이에요. 사람들이 청동으로 만든 도구를 본격적으로 사용하기 시작한 시기를 우리는 '청동기 시대'라고 불러요. 이 시기는 구석기, 신석기에 이어 금속 문명의 첫걸음을 내디딘 시기로 여겨진답니다.

중국에서는 금속의 녹과 부식을 막기 위해 일찍부터 다양한 표면 처리 기술을 사용한 것으로 알려져 있어요. 그 대표적인 사례가 진시황릉에서 출토된 석궁 화살촉입니다. 이 화살촉들은 청동으로 제작되었으며, 표면에서 극히 얇은 크로뮴 성분의 층이 확인된 바 있어요. 이러한 처리 덕

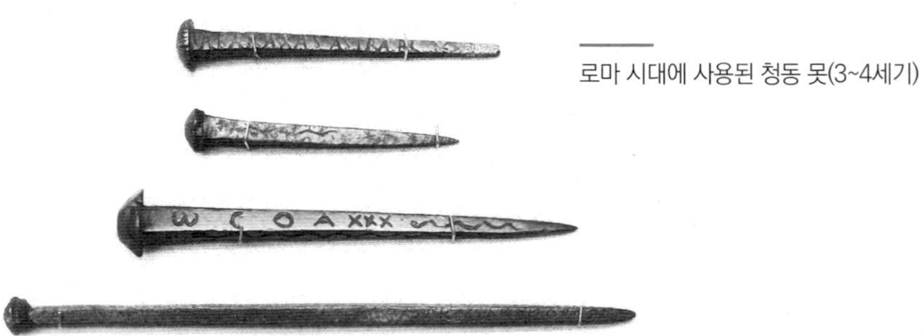

로마 시대에 사용된 청동 못(3~4세기)

분인지, 2,000년이 훨씬 넘는 시간이 지나도록 화살촉은 놀라울 만큼 잘 보존되어 있답니다.

철기 시대

청동기 시대 이후, 사람들은 청동보다 더 강하고 단단한 재료를 찾아냈습니다. 바로 철이에요. 이렇게 사람들이 철을 사용하기 시작한 시대를 철기 시대라고 불러요. 하지만 철을 뽑아 쓰려면 더 높은 온도와 까다로운 공정이 필요했지요. 구리나 주석을 제련하는 것보다 훨씬 어렵고

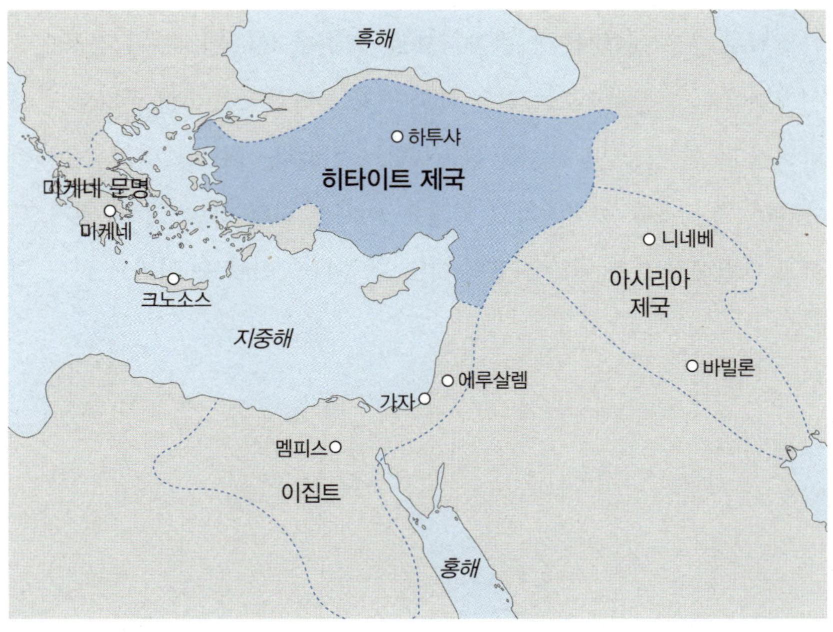

고대 히타이트 제국

복잡했어요.

고대 장인들은 블루머리Bloomery라는 소형 가마에서 철을 부분 용융 상태로 환원해 덩어리로 뽑은 뒤, 불리고 두드려 찌꺼기를 빼면서 단단하게 만들었습니다. 철기가 본격적으로 확산된 것은 지역마다 차이가 있지만, 보통 기원전 1200~1000년 사이에 널리 퍼진 것으로 알려져 있어요.

철기 시대의 동전

이 어려운 철 제련 기술을 처음으로 시작했다고 알려진 사람들은 '히타이트' 사람들입니다. 히타이트는 오늘날의 튀르키예 영토인 아나톨리아고원에 수도(하투샤)를 둔 제국으로, 기원전 1600년경부터 강국으로 성장했어요. 전통적으로는 철을 가장 먼저 본격적으로 다룬 국가로 널리 알려졌고, 철 가공 및 유통을 관리했다는 기록과 아나톨리아의 초기 철 유물이 그 명성을 뒷받침하고 있지요. 이처럼 히타이트는 초기 철기 기술과 관련해 중요한 역할을 했던 지역 중 하나라고 할 수 있어요.

생각의 가지

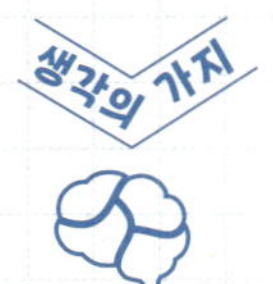

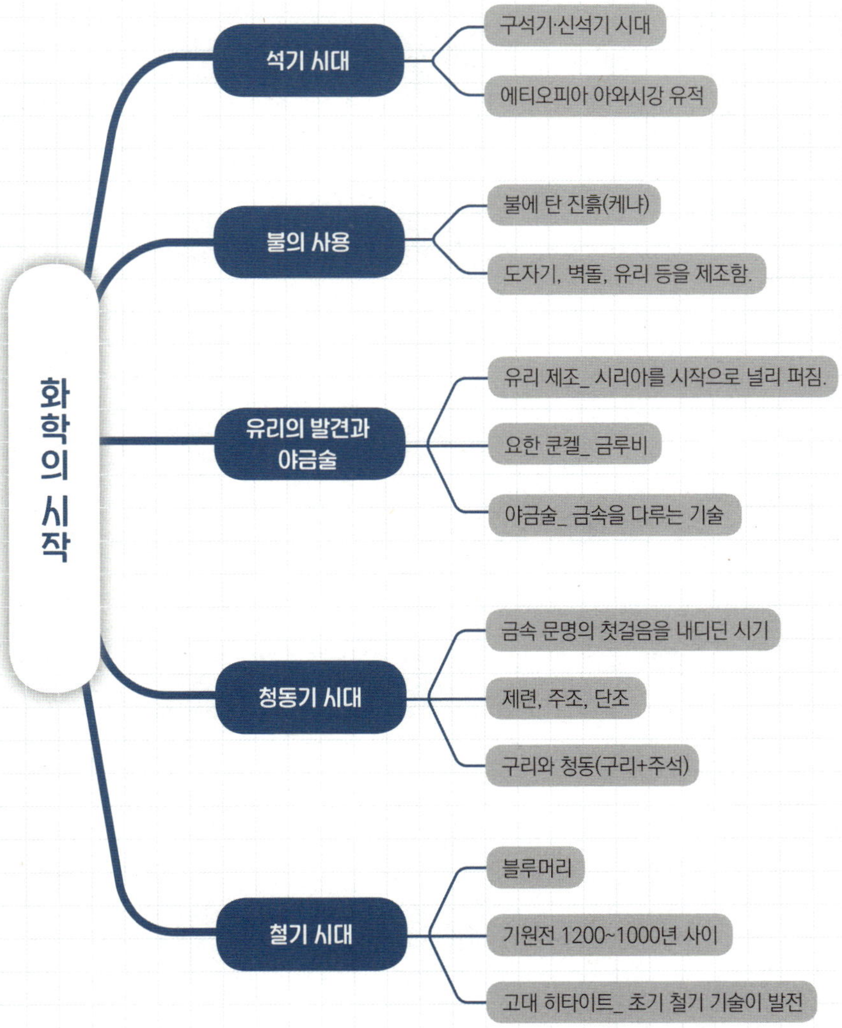

화학의 시작
석기 시대
구석기·신석기 시대
에티오피아 아와시강 유적
불의 사용
불에 탄 진흙(케냐)
도자기, 벽돌, 유리 등을 제조함.
유리의 발견과 야금술
유리 제조_ 시리아를 시작으로 널리 퍼짐.
요한 쿤켈_ 금루비
야금술_ 금속을 다루는 기술
청동기 시대
금속 문명의 첫걸음을 내디딘 시기
제련, 주조, 단조
구리와 청동(구리+주석)
철기 시대
블루머리
기원전 1200~1000년 사이
고대 히타이트_ 초기 철기 기술이 발전

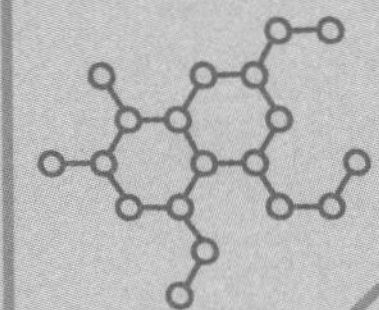

2장

고대 그리스의 물질관

만물의 근원이라 여겨졌던 네 가지 원소

정교수의 pick

◆ 탈레스 ◆ 플라톤 ◆ 아리스토텔레스
◆ 데모크리토스 ◆ 사원소설 ◆ 누스 ◆ 제5원소

만물의 근원을 찾아라

영화 〈제5원소The Fifth Element〉는 1997년에 개봉한 프랑스 SF 영화입니다. 배경은 23세기로, 5천 년마다 찾아오는 절대 악을 막기 위해 불·물·흙·공기와 그것들을 잇는 제5원소가 필요하다는 세계관을 바탕으로 해요. 지구에 추락한 제5원소 '릴루'가 전직 특수부대 택시 기사 '코벤'과 함께 우주를 구하는 이야기인데, 이 영화는 고대 그리스의 사원소 사상과 다섯 번째 원소에서 영감을 얻어 제작되었어요.

고대 그리스 사람들은 '세상은 무엇으로 이루어졌는가'를 진지하게 물었어요. 그리스 사상가들은 만물의 바탕을 물·공기·불과 같은 하나의 근원으로 보기도 했고, 불·물·공기·흙 네 원소의 섞임으로 보기도 했어요. 이후 플라톤은 이를 기하학으로 정리했고, 아리스토텔레스는 성질의 조합과 하늘의 제5원소로 체계를 세웠지요. 이제 이런 생각들이 어떻게 생겨났고, 이후 연금술과 근대 화학으로 어떻게 이어졌는지 살펴보도록 해요.

밀레투스 학파

고대 그리스 사람들은 세상의 기본 구성에 대해 깊이 생각했어요. '사물은 무엇으로 이루어졌을까?'라는 질문은 그들에게 아주 중요한 물음이었지요. 이처럼 철학적이면서도 호기심 어린 생각들은 훗날 화학이라는 과학이 자라나는 데 큰 밑거름이 되었답니다.

[탈레스]

고대 자연철학자들은 세상의 모든 사물이 공통의 원소로 이루어져 있다고 믿었습니다. 그리고 이러한 기본 원소로 만물을 설명하려 했던 사상가 중 한 사람이 그리스의 탈레스Thales예요.

탈레스

탈레스는 고대 그리스의 밀레투스Miletus에서 태어났습니다. 밀레투스는 지금의 튀르키예 서해안 이오니아Ionia 지방에 있던 항구 도시로 해상 무역이 활발한 도시였어요. 이 지방은 에게해를 따라 도시 국가들이 모여 있었는데, 그중 밀레투스, 에페소스, 사모스 같은 도시들은 가장 유명해요. 특히 밀레투스 사람들은 세상의 이치를 신화나 신에 의존하지 않고, 이성과 관찰을 통해 설명하려고 했어요. 그래서 밀레투스는 철학과 과학의 탄생지로 자주 불렸지요.

탈레스가 찾고자 한 기본 원소는, 사람이나 동식물이 살아가는 데 가장 필수적인 물질이 무엇인지 묻는 데서 출발했습니다. 그러한 질문에

그리스 시대를 대표하는 도시 국가들

대한 탈레스의 대답은 물이었어요. 탈레스가 살았던 밀레투스 지역은 기온이 따뜻해 대부분의 사람이 농사를 지으며 살았어요. 탈레스는 농사를 짓는 데 있어 물이 얼마나 중요한지를 어릴 때부터 알 수 있었지요.

또 탈레스는 다음과 같은 근거로 기본 원소를 물이라고 생각했어요.

물질은 제각기 서로 다른 모양을 하고 있다. 물렁물렁한 물질도 있고 단단한 물질도 있고 연기처럼 하늘로 날아올라가는 물질도 있다. 물질이 이렇게 서로 다른 모양을 가지고 있는 것은 물이 세 가지의 모습을 가지고 있기 때문이다. 물은 추워지면 얼음처럼 딱딱한 성질을 갖고 있고, 평상시에는 냇물처럼 흐르는 성질을 가지며, 뜨거워지면 수증기가 되어 위로 올라가는 성질을 지니고 있다. 그러므로 물질이 어떤 모양의 물로 이루어져 있는가에 따라 물질의 모양이 달라지는 것이다.

현대 과학의 눈으로 보면, 물이 얼음·물·수증기처럼 서로 다른 모습으로 바뀐다는 사실은 '하나가 여러 성질로 나뉠 수 있다'라는 생각을 쉽게 떠올리도록 합니다. 물론 이 설명은 탈레스의 말을 그대로 옮긴 것은 아니지만, '하나의 근원이 다양한 모습으로 드러난다'라는 그의 생각을 이해하는 데 도움을 주지요.

[아낙시만드로스]

아낙시만드로스

아낙시만드로스Anaximander는 밀레투스 출신의 철학자입니다. 그는 탈레스의 제자로 기본 원소를 특정한 물질이 아니라 주상적인 무한한 것을 의미하는 아페이론으로 보았어요. 그는 아페이론이란 형태가 없고 영원한 것으로, 세상의 모든 것은 아페이론에서 태어나고 다시 그곳으로 돌아간다고 설명했지요. 그는 천둥, 번개, 지진 등의 자연현상이 신화 같은 존재가 아니라 자연적 원리로 설명할 수 있다고 주장했어요. 예를 들어, 번개는 구름 속에서 발생하는 불에 의해 생긴다고 설명했어요.

[아낙시메네스]

아낙시메네스Anaximenes는 밀레투스 출신의 철학자로 탈레스와 아낙시만드로스의 사상을 계승한 밀레투스 학파의 주요 인물 중 하나입니다.

아낙시메네스는 공기를 만물의 근원이라고 주장하며, '공기는 보이지 않지만 주위에 있고, 모든 생명은 공기 덕분에 살아갈 수 있다'라고 설명했어요. 그의 이론에 따르면, 공기가 농축되거나 희박해지면서 다양한 물질이 생성되는데, 공기가 희박해지면 불, 농축되면 바람·구름·물·흙·돌로 변합니다. 또 공기 농도의 변화에 따라 사물의 성질과 모습이 달라진다고도 생각했어요.

아낙시메네스

모든 것은 흐른다, 헤라클레이토스

헤라클레이토스

헤라클레이토스Heraclitus는 고대 그리스 이오니아 지방 에페소스Ephesus 출신의 철학자입니다. 귀족 가문에서 태어났지만 정치를 멀리하고, 혼자 연구와 사색에 몰두했어요. 그는 세상의 본질은 끊임없는 변화라고 여겼어요. 이 사상은 '모든 것은 흐른다πάντα ῥεῖ, 판타 레이'라는 말로 널리 알려졌어요. 이 말은 '같은 강에 두 번 발을 담글 수 없다'라는 비유로도 표현되는데, 강은 계속 다른 물이 흘러가고 우리도 순간마다 달라지기 때문에 같은 상태가 될 수 없다는 뜻이에요.

헤라클레이토스는 기본 원소를 불로 보았습니다. 불은 항상 타오르면서 형태를 바꾸고, 다른 것으로 변하기 때문에 끊임없는 변화를 가장 잘 나타낸다고 생각했지요. 또 불에서 모든 사물이 생겨나며 영원한 순환의 과정을 거쳐 다시 불로 돌아간다고 생각했어요. 영혼에 대해서도 헤라클레이토스는 영혼을 불과 물의 혼합물로 보았으며, 불은 영혼의 고귀한 부분이고 물은 영혼의 천한 부분이라고 여겼지요. 그는 '만물의 흐름'이라는 눈으로 세계를 읽었고, 그 흐름을 꿰뚫는 이치를 발견하고자 했어요. 이러한 그의 사상은 뒤이어 등장하는 그리스 철학과 과학의 발전에 중요한 출발점이 되었답니다.

엠페도클레스의 네 뿌리 이론

엠페도클레스Empedocles는 시칠리아 아크라가스 출신의 철학자입니다. 그는 이전의 철학자들과는 달리 세상을 하나의 기본 원소만으로는 설명할 수 없다고 생각했어요. 대신 그는 불, 물, 공기, 흙이라는 네 가지 원소가 함께 세상을 이룬다고 보고, 이 네 가지를 '뿌리Root'라고 불렀습니다. 이 생각을 '네 뿌리 이론'이라고 해요.

엠페도클레스

엠페도클레스는 말했어요.

모든 물질은 이 네 가지 원소가 섞이거나 떨어지면서 만들어진다.

그는 이 뿌리들이 생겨나거나 사라지지 않고, 섞이고(결합) 갈라지며(분리) 배합의 변화만 일어난다고 주장했습니다. 이 배합을 움직이는 원동력으로는 감정처럼 보이는 두 가지 힘이 작용한다고 했어요. 하나는 사랑Philotes으로 서로 다른 원소를 끌어당겨서 합치는 힘이고 다른 하나는 투쟁Neikos으로 원소들을 분리하는 힘이지요. 엠페도클레스는 세상이 생겨날 때는 사랑이 지배적이어서 모든 것이 조화롭지만, 시간이 지나면서 투쟁의 힘이 강해지면, 세상은 점점 불균형해진다고 생각했어요.

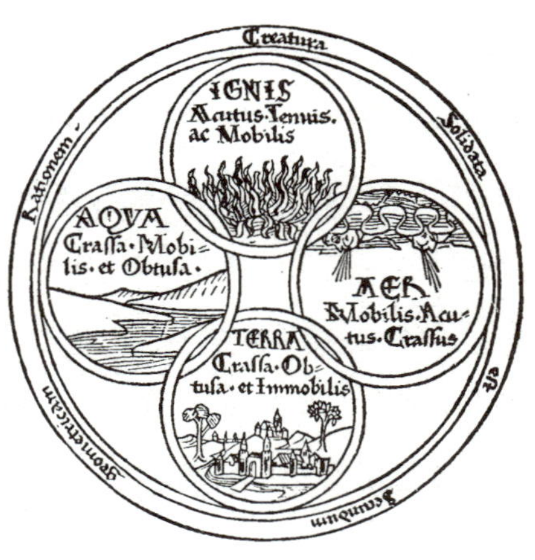

엠페도클레스의 네 뿌리 이론

사원소의 모양을 찾은 플라톤

고대 그리스의 철학자 플라톤은 엠페도클레스가 말한 네 가지 기본 원소를 기하학적인 입체 모양으로 정리했습니다. 그는 세계를 규칙적인 수와 도형으로 설명할 수 있다고 보았어요.

플라톤은 소크라테스의 제자이자, 아리스토텔레스의 스승으로도 유명한 철학자입니다.

플라톤

그는 수학과 철학, 정치학, 교육 등 다양한 분야에서 오늘날까지 영향을 준 인물이에요. 그는 특히 기하학의 아름다움을 사랑했어요. 그래서 세상의 원소들도 가장 아름답고 규칙적인 입체 도형, 즉 정다면체로 되어 있다고 생각했지요.

플라톤이 생각한 사원소의 모양은 다음과 같아요.

원소	모양	특징
불	정사면체 (삼각형 4개)	작고 날카로워서 잘 움직인다.
공기	정팔면체 (삼각형 8개)	부드럽고 가볍다.
물	정이십면체 (삼각형 20개)	둥글고 유동적이다.
흙	정육면체 (정사각형 6개)	무겁고 안정적이다.

플라톤은 이 도형들이 삼각형이나 정사각형으로 구성되어 있다는 점에 주목했습니다. 특히 흙은 유일하게 정사각형으로만 되어 있어 가장 안정적인 원소라고 보았지요. 또한 그는 이 네 가지 도형 외에도 하나의 정다면체가 더 있다는 사실을 알고 있었어요. 바로 정십이면체 Dodecahedron예요. 면이 정오각형 12개로 이루어진 아름답고 복잡한 도형이지요. 플라톤은 이렇게 말했어요.

이 정십이면체는 우주 전체를 감싸는 제5원소의 상징일지도 모른다.

하지만 그는 그 제5원소가 무엇인지 정확히 밝히지는 않았어요.

사원소와 제5원소

플라톤은 이 입체들이 더 작은 삼각형 조각으로 이루어져 서로 분해되고 재조립되면 원소 사이의 변환도 가능하다고 설명했습니다. 다만 흙은 정사각형으로 구성되어 있어, 다른 것에 비해 잘 변하지 않는다고 보았지요. 즉 다른 원소로 바뀌기 어렵고, 다른 원소들도 흙으로는 잘 변하지 않아요. 그래서 그는 흙은 가장 안정된 원소이고, 불－공기－물은 서로 쉽게 바뀔 수 있는 원소라고 생각했지요. 이러한 플라톤의 구상은 오늘날의 원자·분자 이론과는 다르지만, 물질을 수학적 구조로 이해하려는 시도로서 이후 자연 철학의 발전과 과학적 상상력에 큰 영향을 주었습니다.

아리스토텔레스의 사원소설

엠페도클레스의 네 가지 원소의 개념을 가장 체계적으로 발전시킨 사람은 바로 아리스토텔레스Aristotle예요. 아리스토텔레스는 엠페도클레스의 네 가지 원소 사상을 성질의 조합으로 체계화하고, 하늘을 설명하기 위해 제5원소(아이테르)를 더해 전체 틀을 정리했지요.

아리스토텔레스

아리스토텔레스는 기원전 384년, 마케도니아의 스타기라에서 태어났습니다. 그의 아버지는 마케도니아 왕의 주치의(왕실 의사)였어요. 아리스토텔레스는 어릴 적부터 자연과 생명에 대한 관심이 많았어요. 학문을 배우기 위해 아테네로 향한 아리스토텔레스는 그곳에서 플라톤이 세운 아카데미에 들어갑니다. 약 20년 동안 철학, 수학, 자연학을 배운 그는 플라톤을 통해 엠페도클레스의 사원소설을 접하게 됩니다.

플라톤은 이 세상의 모든 것 뒤에 추상적이고 완전한 '이데아(이상적인 본질)'의 세계가 존재한다고 믿었습니다. 우리가 보는 현실은 그 이데아 세계를 불완전하게 비춘 그림자일 뿐이라고 생각했지요. 그래서 플라톤은 보이지 않는 진리와 이상적인 세계를 더 중요하게 여겼어요. 반면, 아리스토텔레스는 구체적이고 현실적인 세계에 주목했어요. 그는 세상을 이해하기 위해서는 직접 보고, 만지고, 경험하고, 관찰하는 것이 중요하다고 생각했지요. 그래서 아리스토텔레스는 현실 세계에서의 원인과 목적, 그리고 자연현상을 꼼꼼히 살피며 철학과 과학을 연결해 나갔어요.

플라톤이 죽은 뒤, 아리스토텔레스는 아테네를 떠나 고향인 마케도니아로 돌아갑니다. 당시 마케도니아는 필리포스 2세가 다스리고 있었는데, 그리스 북부의 신흥 강국으로 떠오르고 있었어요. 아리스토텔레스는 왕의 초청을 받아 궁정에 머물며 어린 알렉산더 왕자의 개인 교사가

아리스토텔레스(왼쪽)와 알렉산더 왕자(오른쪽)

되어 철학, 과학, 문학, 정치뿐만 아니라 윤리와 논리를 가르치기 시작합니다.

이후 기원전 336년, 필리포스 2세가 암살당하고 알렉산더가 20살의 나이로 마케도니아의 왕위에 오르자, 아리스토텔레스는 아테네로 돌아와 자신의 학문을 펼칠 수 있는 학교를 세웠습니다. 그곳이 바로 리케이온Lyceum이에요. 그는 이곳에서 학생들과 함께 산책하며 토론하는 '산책 학파(페리파토스 학파)'를 만들었고, 철학, 생물학, 물리학, 정치학 등을 연구했어요. 리케이온은 지금으로 말하면 종합연구소 겸 도서관 같은 곳이에요. 아리스토텔레스는 이곳에서 엠페도클레스의 사원소 이론을 본격적으로 발전시킵니다.

역사 속으로

알렉산더의 동방 원정과 헬레니즘

알렉산더는 동방 원정에 나서 페르시아 제국을 정복하며 거대한 헬레니즘 제국을 건설했습니다. 그는 이집트, 메소포타미아, 인도에 이르기까지 동서 문화를 융합하며 새로운 시대를 열었어요. 이때 헬레니즘 시대가 시작되었고, 아리스토텔레스가 정립한 논리와 과학적 탐구 정신은 이후 서양 사상의 근간이 되었답니다. 그의 사후, 제국은 후계자들에게 나뉘어 지금의 이집트, 서아시아, 마케도니아 등으로 재편되었어요.

아리스토텔레스는 특히 원소가 가진 성질(속성)에 관심을 가졌습니다. 그는 세상을 이루는 네 가지 원소에 뜨거움(열), 차가움(냉), 건조함(건), 축축함(습)이라는 성질을 부여했어요. 그는 한 원소가 뜨거움과 차가움 중 하나와 건조함과 축축함 중 하나를 항상 짝지어 가지게 된다고 생각했어요. 불은 뜨겁고 건조하며, 물은 차갑고 축축하며, 공기는 뜨겁고 축축하며, 흙은 차갑고 건조하다는 것이 그의 생각이었지요.

아리스토텔레스는 하나의 성질이 바뀌면 다른 원소로 변할 수 있다고 믿었습니다. 예를 들어, 불에서 건조함이 축축함으로 바뀌면 공기로 변하고 물에서 축축함이 건조함으로 바뀌면 흙으로 변하는 식이었어요.

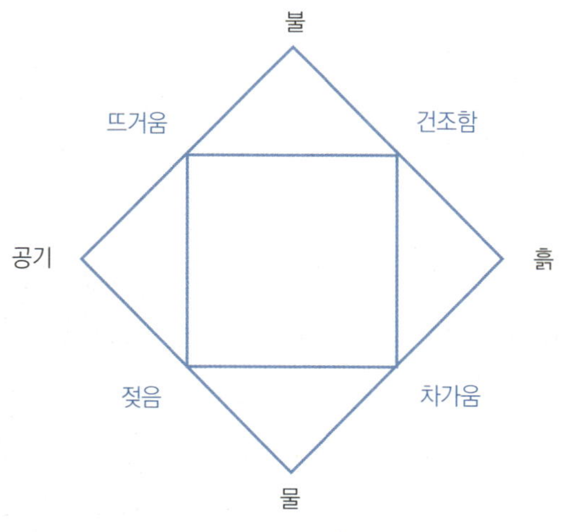

아리스토텔레스의 사원소와 그 성질

뿐만 아니라 아리스토텔레스는 네 개의 원소 외에 제5원소가 있다고 생각했습니다. 그는 달이나 태양과 같은 천체가 4개의 원소와는 다른 다섯 번째 원소로 이루어져 있다고 여겼지요.

아낙사고라스의 누스

한편, 아낙사고라스Anaxagoras는 물질을 네 가지 원소로만 나누는 것은 지나치게 단순하다고 보았습니다. 세상에는 너무나도 다양한 물질이 존재하고, 그 각각이 단순한 조합만으로 설명되기는 어렵다고 느꼈기 때문이에요. 그래서 그는 물질은 눈에 보이지 않을 만큼 작은 '알갱이'로 이루어져 있다고 주장했어요.

모든 물질은 무한히 작은 알갱이들로 이루어져 있으며 그 알갱이들은 서로 섞여 있고, 분리되어 있지 않다. 따라서 완전히 순수한 물질이란 존재하지 않는다.

아낙사고라스는 세상을 단순히 무작위로 섞인 혼란스러운 상태라고 생각하지 않았습니다. 대신 그 안에도 질서를 만들 수 있는 원리가 존재한다고 믿었어요. 바로 그 질서를 만들어 내는 것이 '누스Nous', 즉 생각하는 지성이라고 했지요.

아낙사고라스

누스는 혼란 속에서 섞여 있는 것을 분리하고, 정돈하고, 회전시켜, 지금의 세상을 만들어 낸다는 것이 그의 생각이에요. 이처럼 아낙사고라스는 혼돈 속에도 질서를 이끌어 내는 이성적인 힘이 있다고 믿었고, 이 생각은 훗날 철학자들이 정신과 물질, 질서와 혼돈에 대해 깊이 사유하는 중요한 바탕이 되었어요.

데모크리토스의 원자

데모크리토스

데모크리토스Democritus는 스승 레우키포스Leucippus와 함께 원자론을 세운 인물입니다. 그는 감각보다는 이성, 추측보다는 구조와 질서를 믿었어요. 우주의 모든 것을 작은 입자들의 운동으로 설명하고자 했던 데모크리토스는 세상이 더는 쪼갤 수 없는 알갱이와 그 알갱이가 움직일 수 있는 빈 곳인 진공으로 이루어져 있다고 주장했어요.

그는 이 알갱이를 원자Atom라고 불렀습니다. atom이라는 말은 그리스어 a-tomos에서 왔는데, a는 '아니다', tomos는 '자르다'라는 뜻이에요. 그러니 원자는 '더 이상 나눌 수 없는 것'이라는 의미를 갖고 있지요.

데모크리토스는 모든 물질은 원자로 이루어져 있고, 원자는 변하지 않으며, 물질마다 원자의 모양과 배열, 운동이 다르다고 주장했습니다. 그는 사물의 성질은 원자의 모양·크기·배열에 따라 달라진다고도 했지요. 그는 또한 맛, 색, 촉감도 원자의 운동과 충돌이 감각기관에 미치는 효과라고 여겼어요. 예를 들면 매운 음식은 날카로운 원자로 단 음식은 둥글고 매끄러운 원자로 이루어졌다는 식이지요.

데모크리토스는 원자는 너무 작아서 볼 수는 없지만, 그들이 움직이며 부딪힐 때 생기는 소용돌이가 바로 원자가 존재한다는 증거라고 주장했어요. 하지만 아리스토텔레스와 그의 지지자들은 데모크리토스의 원자론을 강하게 거부했어요. 결국 아리스토텔레스의 이론이 지배하는 동안 원자론은 소외되었고, 19세기 돌턴에 의해 부활합니다.

생각의 가지

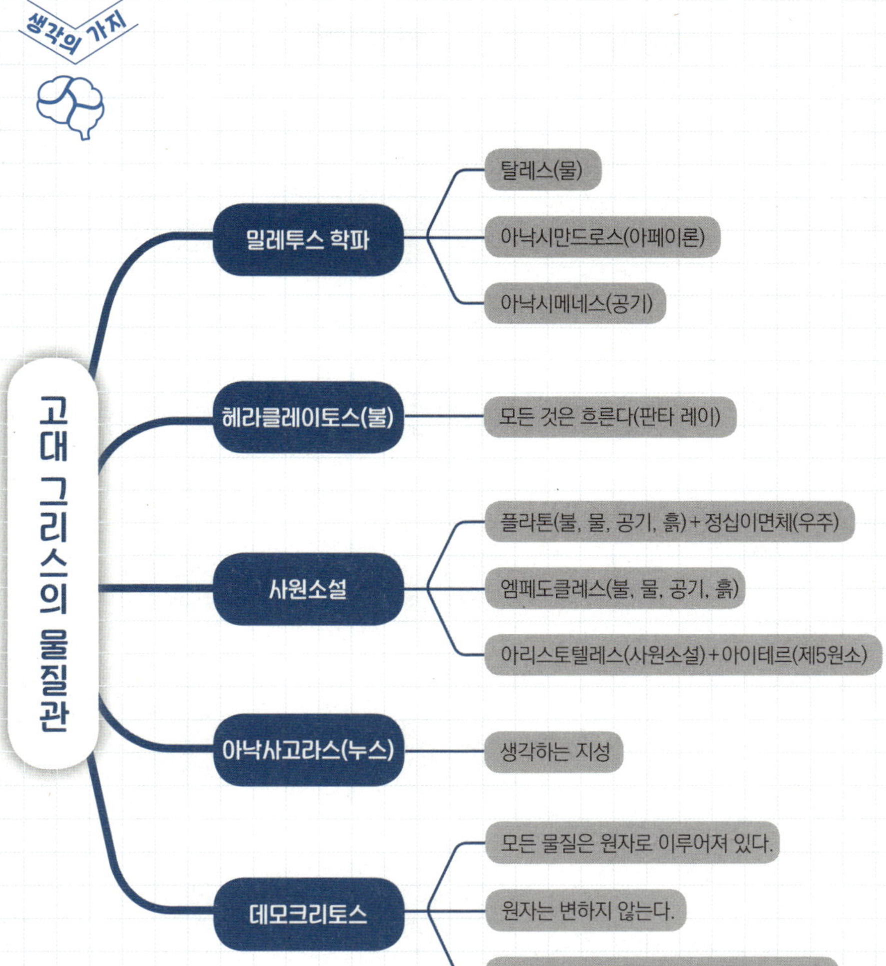
고대 그리스의 물질관
밀레투스 학파
탈레스(물)
아낙시만드로스(아페이론)
아낙시메네스(공기)
헤라클레이토스(불)
모든 것은 흐른다(판타 레이)
사원소설
플라톤(불, 물, 공기, 흙)+정십이면체(우주)
엠페도클레스(불, 물, 공기, 흙)
아리스토텔레스(사원소설)+아이테르(제5원소)
아낙사고라스(누스)
생각하는 지성
데모크리토스
모든 물질은 원자로 이루어져 있다.
원자는 변하지 않는다.
물질마다 원자 모양, 크기, 배열이 다르다.

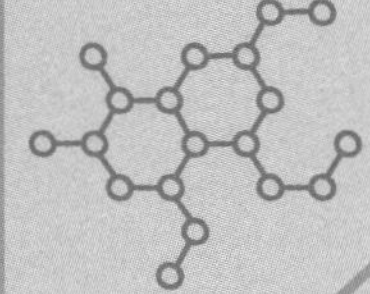

3장

연금술의 역사

폴란드의 연금술사, 미하엘 센디보기우스

정교수의 pick

◆ 연금술 ◆ 증류 ◆ 물중탕 ◆ 크리소포이아
◆ 자비르 이븐 하이얀 ◆ 로저 베이컨 ◆ 르네상스

비밀과 상징의 언어, 연금술

한밤의 궁정, 활활 타는 가마 앞에서 한 연금술사가 무릎을 꿇고 작은 도가니를 들어 올립니다. 왕과 신하들이 숨을 죽이고 바라보는 사이, 연금술사는 손끝으로 한 줌의 가루를 떨어뜨리고 낮게 속삭였어요. "금은 원소의 완전한 비율이지요." 불꽃이 번쩍이고, 금빛의 덩어리가 서서히 모습을 드러내자, 사람들은 탄성을 터뜨렸어요. 그렇게 폴란드의 연금술사 센디보기우스가 왕 앞에서 금을 빚었다는 소문이 퍼지기 시작합니다.

그는 공기 속에 타오름과 생명을 돕는 보이지 않는 어떤 것, 곧 '생명의 양식'이 숨어 있다고 생각했습니다. 가마의 불과 도가니, 금의 유혹과 보이지 않는 기체가 한자리에 모였을 때, 연금술은 서서히 화학의 언어로 탈바꿈하기 시작했어요.

연금술은 금속의 성질을 바꾸고 더 나은 물질을 얻으려 했던 기술의 역사입니다. 금처럼 값비싼 금속만이 아니라, 더 단단한 합금, 더 깨끗한 약·염료, 오래 가는 재료를 만들려는 시도가 이어졌지요. 그 과정에서 가열·증류·여과·승화 같은 실험법이 쌓여 오늘의 화학으로 발전했습니다.

연금술의 시작

연금술은 납이나 철처럼 흔한 금속을 이용하여 금이나 은과 같은 귀금속을 만드는 기술을 말합니다. 연금술은 영어로 Alchemy라고 부르는데 이 단어는 아라비아어 알키미아al-kīmiyā'에서 왔어요. 여기서 Al은 정관사 'the'를 뜻하고, kīmiyā'는 금속을 다루는 기술이라는 뜻인 그리스어Khēmeía에서 유래했지요. 이로써 우리는 연금술이 고대 그리스와 이집트의 기술과 사상을 거쳐 이슬람 세계를 통해 다시 유럽으로 이어졌음을 알 수 있어요.

연금술과 가장 관련 있는 자연 과학 분야는 화학이라 할 수 있습니다. 연금술을 이용해 금을 만들려고 시도한 사람들을 연금술사라고 부르는데, 그들이 바로 최초의 화학자들이에요.

서양의 연금술은 아리스토텔레스의 사원소설을 이론적 기초로 삼았습니다. 사원소설은 세상의 모든 물질이 불, 물, 공기, 흙의 네 가지 원소로 이루어졌다고 보는 고대 그리스의 자연 철학 이론이었어요.

기원전 331년, 이집트에 세워진 알렉산드리아에서 이 철학은 새로운 형태로 꽃피기 시작합니다. 헬레니즘 시대의 알렉산드리아는 그리스 철학, 이집트의 신비주의, 바빌로니아의 점성술, 인도의 금속 지식이 융합되는 도시였는데, 이곳에서 서양 연금술이 본격적으로 태동하게 됩니다. 연금술사들은 이렇게 믿었어요.

사원소가 가장 완벽한 비율로 섞여 있는 금속이 바로 금이다.

고대 연금술사들의 실험 상상도

납이나 주석처럼 불완전한 금속도 내부 사원소의 비율만 바꿔 주면, 완전한 금이 될 수 있다고 생각한 거예요. 그들에게 연금술은 단순한 기술이 아니라, 물질의 본질을 조절하고 자연의 질서를 바꾸는 철학적 탐구였어요. 특히 아리스토텔레스는 금속이 '두 종류의 증기'로 이루어져 있다고 생각했는데, 이때 두 증기는 흙의 증기와 물의 증기를 말해요.

시간이 흐르면서, 연금술사들은 아리스토텔레스의 생각을 바탕으로 자신들만의 이론을 더 발전시킵니다. 그들은 '불의 증기'를 유황, '물의 증기'를 수은이라고 해석했어요. 그리고 금속마다 유황과 수은의 비율이 달라져 철, 구리, 은, 금 같은 다양한 금속이 생긴다고 생각했지요.

그들은 유황과 수은이 완벽한 조화를 이루면 '현자의 돌Philosopher's

Stone'이 탄생한다고 믿었습니다. 이 현자의 돌은 붉거나 하얀 가루처럼 생겼고, 평범한 금속을 순금으로 바꾸는 능력을 갖췄다고 여겨졌어요. 그래서 연금술사들은 현자의 돌을 찾는 실험에 자신의 모든 시간과 재산을 바치기도 했답니다.

연금술사들은 자신들의 존재를 철저히 숨겼습니다. 누구인지, 어디에서 실험했는지, 어떤 과정을 거쳤는지 비밀로 했기 때문에 우리는 그들의 진짜 이름이나 실험실의 위치조차 알 수 없어요. 서기 100년부터 300년 사이에 활동한 연금술사들은 데모크리토스, 클레오파트라, 이시스, 헤르메스 트리스메기스투스, 마리아 등으로 알려져 있는데, 사실 이 이름들도 대부분 가명이거나 신화 속 인물의 이름이에요.

더 알아보기

연금술의 언어와 기호

연금술의 언어는 매우 복잡합니다. 하나의 금속을 가리키는 말이 수십 가지가 넘었고, 심지어 같은 말이 전혀 다른 의미로 사용되기도 했어요. 예를 들어, 수은만 해도 '은의 물', '끊임없이 도망가는 것', '신의 물', '남성적인 여성', '용의 알', '바다의 물', '달의 물', '검은 황소의 젖'처럼 여러 별칭을 가졌습니다. 이렇게 복잡하고 상징적인 언어를 쓴 이유는, 단순한 물질 이상의 정신적·철학적 의미를 담고 싶었기 때문이에요. 연금술사들에게 금속은 단지 금속이 아니라, 우주와 인간, 자연과 신성을 담고 있는 신비로운 존재였어요. 또한 연금술사들은 물질을 나타내는 기호를 만들었는데, 덕분에 복잡한 내용을 간단하게 적을 수 있었고 비밀을 지킬 수 있었답니다.

연금술사 마리아, 실험 도구의 어머니

연금술의 역사에서 가장 먼저 이름이 전해지는 여성 연금술사가 있습니다. 그녀의 이름은 바로 마리아Maria the Jewess로 기원후 1~3세기 무렵 이집트 알렉산드리아에서 활동했다고 알려져 있어요. 동시대의 연금술사 조시모스Zosimos of Panopolis가 그녀의 장치와 기술을 정리했지요.

마리아는 당시 연금술의 전통적 목표였던 '금 만들기'보다는 직접 손으로 실험하고 도구를 만드는 일에 더 큰 관심이 있었습니다. 그녀는 증류기와 가열 장치를 고안하기도 했어요. 증류란 액체를 끓여서 생긴 증기(김)를 다시 식혀서 깨끗한 액체를 얻는 방법이에요. 물이 끓을 때 생긴 증기를 다시 식히면 물방울이 되는데, 이 원리를 이용해 순수한 물질을 골라내는 방법이 증류예요. 예를 들어, 소금물이 담긴 병을 끓이면 소금은 남고 물만 증기로 올라가요. 나중에 다시 식히면 물만 따로 얻을 수 있지요.

연금술사 마리아

마리아가 만든 증류기는 몸체, 뚜껑, 그리고 유출관이라는 세 가지 부분으로 이루어져 있었습니다. 먼저 몸체에 액체를 넣고 불로 끓이면, 뚜껑 안쪽에 증기(김)가 생기고, 이 증기가 유출관을 따라 흘러가면서 식어요. 그리고 식은 증기는 다시 액체, 즉 물방울로 변하지요.

마리아가 만든 또 다른 중요한 장치에는 케로타키스Kerotakis가 있습니다. 이 장치 아래에서 불을 지피고, 그 위에 금속을 올려놓은 받침대를 두었어요. 그리고 그 위로 유황의 증기를 흘려보냈지요. 이때 뜨거운 유황 증기가 위에 있던 금속과 반응하면서 금속 표면이 검게 변하는 현상이 나타났어요. 이런 과정을 '흑색화'라고 불러요. 연금술사들은 이 현상을 금속이 다시 태어날 준비를 하는 정화의 시작이라고 여겼어요.

또한 마리아는 아주 특별한 가열 방법도 고안했습니다. 바로 '물중탕'이에요. 물중탕이란, 끓는 물에 다른 실험 용기를 넣어 직접 불에 닿지 않도록 하면서 천천히, 일정한 온도로 가열하는 방법이에요. 이렇게 하면 재료가 타지 않고, 골고루 부드럽게 데워지지요. 연금술사들은 어떤 물질이 너무 강하게 열을 받으면 오히려 망가질 수 있다고 생각했어요.

연금술사 조시모스

연금술사 중에서 비교적 정확하게 이름이 알려진 사람은 조시모스입니다. 그는 3~4세기경, 이집트의 파노폴리스에서 활동했다고 알려져 있어요. 조시모스는 그리스어로 글을 남긴 연금술사로 『연금술의 열다섯 장』 등 수많은 문헌을 저술했어요. 그는 연금술을 단순한 물질 변환 기술이 아니라, 영혼과 육체를 정화하는 종교적·철학적 여정으로 이해했어요.

그래서 마리아는 이 방법을 통해 안정적으로 물질을 가열할 수 있게 한 거예요.

마리아의 목욕탕

이 방식은 오늘날에도 여전히 쓰이고 있습니다. 화학 실험실에서는 물론이고, 초콜릿을 녹이거나, 달걀찜을 만들 때도 사용돼요. 그래서 이 가열법은 지금도 '마리아의 목욕탕Bain-Marie'이라는 이름으로 불린답니다.

마리아는 단순한 장치를 만드는 데 그치지 않았습니다. 그녀는 실험을 통해 자연의 질서를 탐구하고 물질의 변화 속에 숨겨진 철학적 원리를 이해하려고 했어요. 그녀는 "하나에서 둘이 나오고, 둘에서 셋이 나오며, 셋이 모든 것을 만든다"라는 연금술의 원리를 상징하는 문장을 남기기도 했지요. 이처럼 마리아는 단순한 연금술사가 아니라 실험 과학의 어머니이자, 연금술 장비의 발명가였어요. 그녀가 만든 도구와 방법은 지금도 화학의 역사에서 중요한 출발점으로 기억되고 있어요.

클레오파트라의 금 만들기

연금술은 단순히 금속을 바꾸는 '기술'만이 아니라 상징과 철학, 그리고 실제 실험이 함께 얽힌 세계였습니다. 그 모습을 한 장에 압축한 자료가 바로 고대 여성 연금술사 '클레오파트라'의 도해 〈크리소포이아 Chrysopoeia(금 만들기)〉랍니다. 연금술사 클레오파트라는 이집트 여왕이었던 클레오파트라 7세가 아니라, 3~4세기경 이집트와 로마 제국권에서 활동했다고 전해지는 연금술사예요.

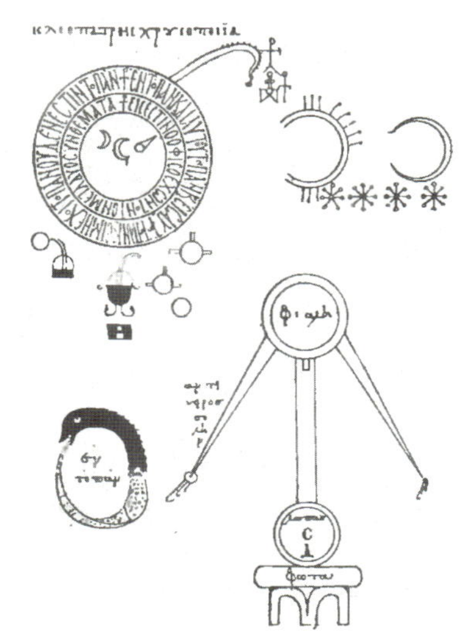

클레오파트라의 크리소포이아

이 그림을 자세히 들여다보면, 그 안에 숨어 있는 아주 흥미로운 상징들을 발견할 수 있습니다. 오른쪽 아래를 보면, 유리로 된 도구 하나가 놓여 있어요. 바로 증류기지요. 연금술사들은 금속을 정제하거나, 서로 다른 성분이 섞여 있는 액체에서 특정한 성분만을 골라내는 데, 이 장치를 사용했어요.

왼쪽 아래에는 자신의 꼬리를 물고 있는 뱀이 보이지요? 이건 '우로보로스'라고 불리는 상징이에요. 이 뱀은 끝없이 순환하는 자연의 순리, 죽음과 재생 그리고 영원한 변화를 나타낸답니다.

그 위에 있는 기하학적인 도형은 단순한 장식이 아니라 우주의 질서와 조화, 창조의 원리를 상징해요. 연금술사들은 우주의 구조가 수와 도형으로 이루어졌다고 믿었기 때문이에요.

왼쪽 위의 원 안에는 금(☉), 은(☽), 수은(☿)을 뜻하는 특별한 기호들을 볼 수 있습니다. 이 세 가지는 연금술에서 아주 중요한 물질이에요. 금은 태양, 은은 달, 수은은 이 둘을 중재하는 존재로 여겨졌어요. 그래서 이 물질들은 물질의 변화뿐 아니라, 철학적인 의미도 담고 있었어요.

마지막으로 오른쪽 위를 보면, 금속이 천천히 변화하여 금으로 변해가는 모습이 그려져 있음을 알 수 있습니다. 이것은 단순히 금속의 변화만을 뜻하지 않아요. 연금술사들은 이 과정을 인간의 마음이 정화되고 완성되는 내면의 여정으로 보았답니다.

그렇다면 실제로 연금술사들은 어떻게 금을 만들려고 했을까요? 연금술사들은 금으로 바꾸기 쉬운 금속으로 구리나 납을 주로 사용했습니다. 이들은 흑색화 → 백색화(또는 황색화)→ 광택화라는 세 단계의 변환 과정을 통해 금을 만들 수 있다고 믿었어요.

첫 번째 단계는 흑색화입니다. 이 단계는 금속이 '죽는 과정'을 의미해요. 구리나 납 같은 금속에 황을 섞으면 표면이 검게 변하는데, 이렇게 만들어진 검은 물질은 새로운 변화의 씨앗이 돼요.

두 번째는 백색화 또는 황색화입니다. 흑색화된 금속에 황화 비소를 넣으면 표면이 하얗게 변하고, 석회, 황, 식초를 섞은 폴리황화칼슘을 사용하면 노란색으로 변해요. 연금술사들은 이 과정을 통해 금이 거의 완성되었다고 생각했어요.

마지막 단계는 광택화로, 이 단계에서 금속 표면에 심홍색의 무지갯빛 광택이 생깁니다. 연금술사들이 '진짜 금'이 완성되었다고 인정하는 순간이에요.

알렉산드리아 연금술사들의 실험과 장비

고대 이집트의 알렉산드리아는 지식과 기술이 모이던 곳이었습니다. 이곳에서 활동하던 연금술사들은 금속 변화의 비밀을 찾기 위해 수많은 실험을 반복했고, 그 과정에서 오늘날 화학의 기초가 되는 기술들을 다듬고 축적했어요. 이런 공정은 오늘날 화학 실험의 뼈대가 되었지요.

연금술사들이 즐겨 사용한 실험 방법 중에는 고체 가루를 액체에 녹이는 용해 과정, 입자의 크기가 다른 두 물질을 분리하는 여과 과정, 용액에서 고체를 다시 얻는 결정화 과정, 고체가 기체로 직접 변하는 승화 과정, 그리고 증류 과정이 있었습니다. 특히 증류 기술은 연금술사들에 의해 점점 발전했고, 나중에는 물을 이용한 응축기까지 등장했어요. 이 응축기는 길게 뻗은 관을 통해 뜨거운 증기가 지나가도록 하고, 그 관을 찬물로 식히는 방식으로 설계되어 있었어요. 덕분에 증기는 관 속을 지나면서 빠르

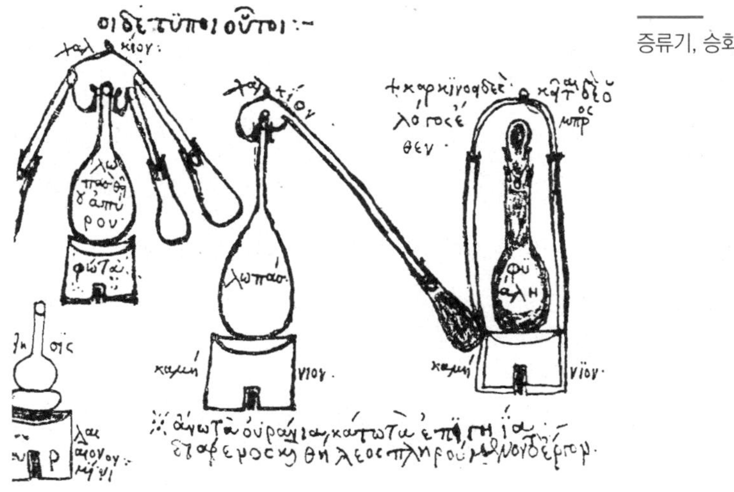

증류기, 승화기, 습침기

게 식고, 다시 액체로 응축될 수 있었지요.

이처럼 알렉산드리아의 연금술사들은 단순히 금을 만들겠다는 욕망만 가진 사람들이 아니었습니다. 그들은 직접 손으로 실험을 하면서 물질의 성질을 하나씩 관찰하고 이해하려고 노력했어요. 그들의 집념과 호기심이 모여 지금 우리가 배우는 화학이라는 학문의 소중한 기반이 되었던 거예요.

이슬람 연금술

로마 제국이 쇠퇴한 후 연금술은 알렉산드리아·시리아 계보를 타고 이슬람 세계로 옮겨갑니다. 이슬람의 연금술사들은 연금술에 대한 많은 내용을 기록으로 남겼어요.

7세기 후반, 우마이야 왕조 칼리드 이븐 야지드Khalid ibn Yazid는 우마이야 왕조의 왕자였습니다. 그는 단순한 귀족이 아니라 지식과 과학에 큰 관심을 가진 인물이었어요. 기록에 따르면 그는 알렉산드리아의 기독교 수도사 모리엔누스Morienus에게 연금술을 배웠다고 해요. 훗날 1144년, 영국의 체스터의 로버트Robert of Chester가 라틴어로 옮긴 『연금술의 구성에 관하여Liber de compositione alchemiae』는 칼리드와 모리엔누스의 대화로 이루어져 있어, 이슬람권의 연금술 이론과 실험이 유럽에 소개되는 계기가 되기도 했어요.

칼리드가 불러온 연구의 흐름은 연금술을 과학적 탐구로 발전시킨 자비르 이븐 하이얀Abū Mūsā Jābir ibn Ḥayyān에게 이어졌습니다. 그는 이슬람 황금기를 대표하는 연금술사로, 근대 화학의 아버지로도 불려요. 페르시아의 투스Tus에서 태어나 약제사 아버지 밑에서 자란 자비르는 어렸을 때부터 자연스럽게 연금술과 화학에 관심을 갖게 되었어요. 후에 예멘으로 가서 하르비 알 히므야리Harbi al-Himyari라는 스승 밑에서 연금술뿐 아니라 약학, 철학, 천문학 등 다양한 학문을 배웠지요. 자비르 이븐 하이얀은 단순히 실험만 하는 사람이 아니라, 깊은 생각과 넓은 지식을 함께 갖춘 과학자였어요.

그가 남긴 책은 무려 3,000권에 이른다고 전해지는데, 그중에는 철학에 관한 책이 약 300권, 기계 장치와 장비 설계에 관한 책이 1,300권, 그리고 연금술과 화학에 관한 책이 수백 권이나 된다고 합니다. 이 책들 가운데 오늘날까지 전해지는 저술은 '자비르 전집Corpus Jabirianum'이라는 이름으로 불리고 있는데, 그 안에는 『화학의 서』, 『커다란 자비의 책』, 『112권의 서적들』, 『70의 책』, 『균형의 서책들』, 『500의 책』 등이 있어요.

이 중 『화학의 서』와 『70의 책』은 서양 화학의 초석을 놓은 책으로도 유명하답니다. 하지만 자비르는 단지 책만 쓴 이론가는 아니었어요. 그는 금속의 정련과 표면 처리, 철 제련, 직물·가죽 염색, 방수·광택 공정 등 생활과 공예에 바로 쓰이는 기술을 제시했고, 실제 실험을 거듭해 재료의 성질을 바꾸는 방법을 축적했습니다. 전승에 따르면 그는 자료를 폭넓게 수집하고 결과를 꾸준히 기록해

근대 이슬람 화학의 아버지로 불리는 자비르 이븐 하이얀

독립된 연구서도 다수 남겼다고도 해요. 그의 열정과 수많은 연구 덕분에 연금술은 단순한 금 만들기에서 한 걸음 더 나아가 '반응과 공정'이라는 언어로 자연을 다루는 화학의 토대를 이루었습니다.

중세 유럽의 연금술

12세기에는 아랍어로 쓰인 연금술 문헌이 라틴어로 본격 번역되면서 유럽에서 연금술이 다시 활기를 띠었습니다. 앞서 말했던 『연금술의 구성에 관하여Liber de compositione alchemiae』가 그 신호탄이 되었어요. 이 흐름 속에서 아랍어와 페르시아어에서 유래한 과학 어휘도 유럽어에 자리 잡기 시작합니다. 예를 들어, alcohol(알코올)은 아랍어 al-kuḥl에서, elixir(엘릭서)는 al-iksīr에서, athanor(아타노르·연금로)는 al-tannūr(오븐)에서 왔다는 설명이 널리 받아들여지지요. carboy(카보이·대형 유리병)는 페르시아어 qarābah에서 유래한 것으로 보지요. 이러한 용어와 함께 12~13세기에는 제라르두스 크레모넨시스 같은 번역가들이 활동했고, 14세기에는 이른바 '가짜 게베르'의 『Summa perfectionis』가 중세 유럽의 연금술·야금 지식을 표준화하는 데 큰 영향을 주었습니다.

유럽의 수도사들도 연금술에 깊은 관심을 보였습니다. 특히 프란체스코 수도회의 일부 수도사들은 연금술을 단지 금을 만드는 기술이 아니라, 신앙과 자연 철학을 연결하는 도구로 받아들였어요. 이런 흐름을 영국까지 퍼뜨린 사람이 있었어요. 바로 로버트 그로스테스트Robert Grosseteste예요. 그는 옥스퍼드 대학교에서 자연과학, 철학, 신학을 함께 가르쳤는데, 연금술도 자연을 이해하는 중요한 방법이라고 생각했어요.

그로스테스트의 생각은 영국의 철학자이자 신학자 로저 베이컨Roger Bacon에게 영향을 주었습니다. 프란체스코회 수사였던 베이컨은 연금술을 단순히 '쇠를 금으로 바꾸는 마법'처럼 보지 않았어요. 그는 연금술이란 자연의 법칙과 물질의 근원을 밝히는 과학이라고 믿었어요. 그는 지식은 신의 계시로만 얻는 것이 아니라, 인간 스스로 실험하고 관찰해서도 얻을 수 있다고 주장했어요. 하지만 이 생각은 교회의 가르침과 충돌해, 한때 감시를 받기도 했어요.

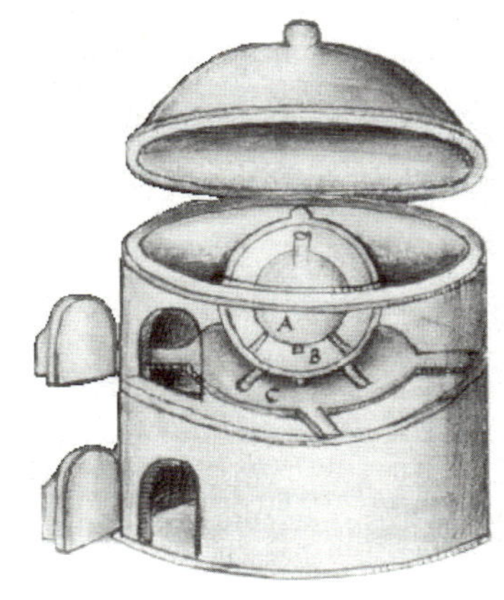

아타노르

이 시기 수도사들은 기독교 성경 속 창세기를 연금술의 원리로 해석하려 했습니다. 그들은 '신이 흙에 숨결을 불어 넣어 아담을 만든 순간'이 바로 연금술의 시작이라고 믿었어요. 하지만 이런 생각은 시간이 지나면서 기독교 세계관과 조금씩 충돌하게 되었어요. 기독교는 '세상의 모든 질서는 오직 신의 뜻으로만 생긴 것'이라고 믿었지만, 연금술은 '인간도 자연을 바꾸는 힘을 가질 수 있다'라

로저 베이컨의 서재

고 생각했기 때문이에요. 결국 교회는 점점 연금술을 신의 절대성을 흔드는 위험한 생각으로 보기 시작합니다.

르네상스 이후의 연금술

중세 시대에는 종교 재판과 마녀사냥, 이단 단속 등으로 사람들은 몰래 연금술을 이어갈 수밖에 없었습니다. 교회는 운명을 결정한다고 여겨진 점성술 같은 활동을 의심스러운 마법으로 보았고, 여러 연금술사가 처벌

유럽의 마녀사냥

르네상스와 종교 개혁이 이어지던 유럽에서는 무서운 마녀사냥이 본격적으로 시작되었습니다. 마녀사냥은 단순히 미신적 두려움에서 비롯된 것이 아니라, 연금술사나 점성술사들을 잡아들이기 위한 구실이 되기도 했지요. 연금술사들은 금속을 연구하는 데 그치지 않고, 별을 관찰해 인간의 운명을 예측하거나, 약초를 이용해 간단한 약을 만들거나, 미래를 점치는 활동을 하기도 했어요. 그러나 교회는 이런 행위를 신앙에 위배되는 '마법'으로 간주했습니다. 여러 연금술사와 치유사들이 '마녀'나 '이단자'라는 죄목을 뒤집어쓰고 붙잡혔으며, 고문과 심문을 당하고 심지어 처형되기도 했어요. 당시 유럽 사회는 흑사병과 전쟁, 기근 같은 불안에 시달리고 있었는데, 사람들은 이해하기 힘든 고통을 마법과 이단의 탓으로 돌리곤 했습니다. 그 결과 연금술사와 같은 지식인들마저도 두려움과 의심의 희생양이 되었던 것이지요.

의 대상이 되기도 했어요. 하지만 시간이 흘러 르네상스 시대가 찾아왔습니다. 이 시대는 인간의 이성과 노력, 고대 지식의 부활을 중시했기에 연금술사들은 교회의 눈치를 덜 보며 연구할 수 있었고, 연금술은 과학으로 향하는 길을 걷기 시작했지요.

15세기 유럽은 르네상스의 바람이 퍼지기 시작하던 시기였습니다. 고대 그리스의 지식이 다시 소환되었고, 인간의 이성이 강조되었지요. 이 시기 많은 유럽의 군주들은 연금술을 국가의 힘으로 여기고, 궁정에 연금술사를 두었어요. 지식인들은 연금술사가 쓴 책을 통해 자연과 우주의 원리를 탐구하고자 했습니다.

요하네스 케플러Johannes Kepler는 천체의 움직임을 수학적으로 설명한 인물이지만, 그가 살던 시대에는 별과 인간, 자연의 원소들이 서로 연결되어 있다고 믿는 세계관이 지배적이었습니다. 그는 숫자와 기하학을 통해 신의 조화를 찾고자 했고, 행성들의 궤도조차도 우주의 조용한 질서 속 한 조각으로 생각했어요. 그에게 천문학과 연금술은 같은 진리를 다른 방식으로 설명하는 도구였던 셈이에요. 아이작 뉴턴Isaac Newton도 마찬가지였어요. 우리가 아는 뉴턴은 사과에서 영감을 받아 만유인력을 발견한 과학자지만, 그가 남긴 유고 중 상당수는 연금술 실험 기록입니다. 그는 연금술을 통해 물질의 본질, 즉 모든 물체가 어떻게 존재하고 변화하는가를 탐구했고, 그 과정을 신의 창조 질서를 이해하기 위한 단서로 보았어요.

16세기에 접어들면서, 연금술을 둘러싼 분위기는 점차 달라지기 시작했습니다. 그전까지는 지식인들과 군주들의 후원을 받으며 자연 철학의 한 갈래로 여겨졌던 연금술이 점차 회의와 비판의 대상이 되기 시작한 거예요. 연금술을 믿는 사람들과 그것을 비과학으로 간주하는 사람들 사이에 심한 갈등이 생겼고, 일부 사람들은 연금술사를 조롱하며 '수은쟁이Quicksilver quacks'라는 별명으로 부르기도 했어요. 이는 수은을 자주 사용한 그들의 실험을 허황되고 위험한 것으로 여겼기 때문이었어요.

18세기에 이르러 연금술은 자연의 신비를 푸는 지적 탐구라기보다 미신이나 사기로 간주되며, 무대 뒤로 사라졌습니다. 1720년대부터는 연금술과 화학이 명확히 구분되기 시작했고, 계몽주의 시대에는 과학이 합리적이고 체계적인 실험으로 정의되면서 연금술은 주류에서 밀려났어요. 특히 계몽주의 시대의 지식인들은 이 구분을 더욱 분명히 했어요. 그들은 과학을 합리적이고 체계적인 탐구로 정의하면서, 연금술이 지녔던 신비주의적이고 상징적인 요소들을 과감히 걷어냈지요. 1740년대를 지나면서 '연금술'이라는 단어 자체가 오해와 조롱의 뉘앙스를 갖게 되었고, 연금술사는 더는 진지한 사상가가 아니라, 금 만들기에 집착하는 괴짜나 사기꾼으로 묘사되곤 했습니다.

이러한 흐름은 대학과 학술기관에서도 뚜렷하게 나타났습니다. 공식 교육 과정에서 연금술 용어나 개념이 점차 사라졌고, 출판계에서도 연금술 관련 서적은 시대착오적인 책으로 분류되었어요. 그 결과, 연금술은 점점 과학의 주류 무대에서 밀려났지요. 하지만 완전히 사라진 건 아니었습니다. 눈에 보이지 않는 질서를 탐구하고 물질 너머의 의미를 찾으려는 열망은 화학, 의학, 심리학, 심지어 예술과 문학에 이르기까지 다양한 형태로 살아남아 영향을 주었어요.

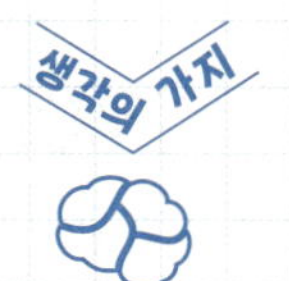

연금술의 역사

- **연금술**
  - 흔한 금속(납이나 철)으로 귀금속(금이나 은)을 만드는 기술
  - 이론적 배경_ 아리스토텔레스의 사원소
  - 물질의 본질을 조절하고 자연의 질서를 바꾸는 철학적 탐구
- **연금술사**
  - 마리아_ 증류기, 가열 장치 고안
  - 조시모스_ 영혼과 육체를 정화하는 종교적·철학적 여정
  - 클레오파트라_ 크리소포이아
  - 알렉산드리아_ 용해, 여과, 결정화, 승화, 증류 기술
- **이슬람의 연금술**
  - 자비르 이븐 하이얀_ 물질의 반응과 공정을 체계화
  - 반응과 공정으로 자연을 다루는 화학의 토대
- **중세 유럽의 연금술**
  - 신앙과 자연 철학을 연결하는 도구
  - 로저 베이컨_ 자연의 법칙과 물질의 근원을 밝히는 과학
- **르네상스 이후의 연금술**
  - 15세기 유럽, 고대의 지식이 다시 소환됨.
  - 18세기에 이르러 점점 사라지기 시작함.
  - 계몽주의 시대

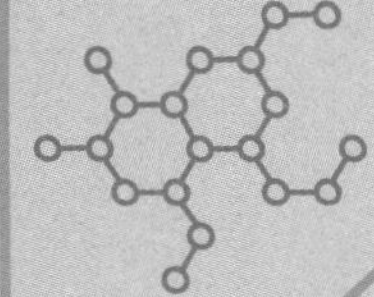

4장

플로지스톤 이론과 기체의 발견

LNG의 주성분인 메테인은 산소와 반응해 연소한다.

정교수의 pick

◆ 물질의 세 가지 상태 ◆ 기름 흙 ◆ 플로지스톤 ◆ 러더퍼드
◆ 셸레 ◆ 프리스틀리 ◆ 수소 ◆ 질소 ◆ 산소 ◆ 이산화 탄소

기체의 시대가 시작되다

우리는 매일 가스를 사용하고 있습니다. 불을 켜서 밥을 짓고, 따뜻한 물을 틀어 씻고, 자동차 연료로 쓰기도 하지요. 그중 LPG, 액화석유가스Liquefied Petroleum Gas는 정유 과정에서 얻은 프로판과 부탄을 압축해서 액체로 만든 거예요. 기체 상태일 때는 공기보다 무거워서 바닥에 깔리는 성질이 있어요. 그래서 가스가 누출되면 위로 날아가지 않고 지면 근처에 머물게 되지요. 또 '도시가스'의 연료로 사용되는 액화천연가스, LNG도 있습니다. 액화천연가스Liquefied Natural Gas는 메테인을 아주 낮은 온도에서 냉각해 액체화한 연료로, 공기보다 가벼워 위로 퍼지는 성질이 있지요. LPG와 LNG 모두 깨끗하게 잘 타고 효율이 높기 때문에 다양한 곳에서 널리 쓰이고 있어요.

그렇다면 가스는 왜 타는 걸까요? 지금은 산소와의 화학 반응이라고 쉽게 설명할 수 있지만, 300년 전 사람들은 그렇게 생각하지 않았어요. 그들은 불이 탈 때, 물질 속에 있던 어떤 '불의 요소'가 빠져나간다고 믿었기 때문이에요. 그 물질의 이름은 바로 플로지스톤이에요. 당시에는 연소 현상을 설명해 주는 그럴듯한 이론처럼 보였답니다.

물질의 세 가지 상태

우리가 사는 세상은 다양한 모습의 물질로 가득 차 있습니다. 돌멩이처럼 단단한 것도 있고, 물처럼 흐르는 것도 있어요. 또 공기처럼 눈에 보이지 않지만, 어디에나 퍼져 있는 것도 있지요. 사람들은 오래전부터 이 세 가지 모습을 구별하려고 애썼어요. 그러나 과학적으로 정확한 이름을 붙이게 된 것은 비교적 최근의 일이랍니다.

1704년, 영국의 과학자 아이작 뉴턴은 그의 책 『광학Opticks』에서 세상의 물질이 아주 작은 입자로 이루어져 있다고 생각했습니다. 그는 입자들이 서로 강하게 끌어당기고 단단히 붙어 있을 때, 물질은 형태를 가지게 된다고 했어요. 이것이 바로 고체 상태의 물질이에요.

뉴턴보다 조금 앞서, 로버트 보일은 물질의 성질을 관찰로 설명하려 했어요. 그는 물처럼 흐르지만, 양은 일정한 물질이 있다는 것을 액체라고 불렀어요. 알다시피 액체는 고체처럼 모양을 가지지는 않지만, 부피는 유지하는 독특한 성질을 가졌어요. 그래서 물을 여러 가지 컵에 따르면 컵의 모양이 달라져도 물의 부피는 같지요.

그리고 17세기 초, 얀 밥티스타 판 헬몬트Jan Baptist van Helmont는 과학계에 결정적인 이름을 선물합니다. 물질이 사라지는 것이 아니라 다른 모습으로 바뀐다고 믿었던 헬몬트는 식초를 석회석에 부었을 때 새어 나오는 기운을 관찰했어요. 그것들은 눈에 보이지 않고 손으로 잡을 수도 없었지만, 분명히 무언가가 존재했어요.

“이 신기하고 잡히지 않는 존재를 뭐라고 불러야 할까?” 헬몬트는 고민 끝에 단어를 하나 떠올립니다. 모든 것이 뒤섞이고 아무런 형태도 없던 세계의 시작, 카오스Chaos였어요. 형태가 없고 혼란스러우며, 설명할 수 없는 성질을 지녔다는 점에서 카오스를 닮았다고 느낀 헬몬트는, 이 보이지 않는 물질을 기체Gas라고 불렀어요. 그러고는 기체를 고체도 아니고, 액체도 아닌, '제3의 물질'이라고 정의했지요. 이렇게 기체를 독립된 '제3의 상태'로 보는 시각이 굳어지며, 서로 다른 '공기들'이 존재한다는 생각이 힘을 얻기 시작합니다.

베허의 세 가지 흙

요한 요아힘 베허Johann Joachim Becher는 당시에는 신성로마제국이었던 독일의 슈파이어에서 태어났습니다. 아버지는 루터교 목사였지만, 베허가 아주 어릴 때 세상을 떠났어요. 아버지를 잃은 후, 베허는 13살 무

얀 밥티스타 판 헬몬트

•1580년경: 벨기에 브뤼셀에서 태어남.

•1593년: 13살에 대학교에 입학해 철학과 의학을 공부함.

•1609년: 의학 박사 학위 취득.

•17세기 초: '기체'라는 용어를 만들어, 공기와 다른 보이지 않는 물질의 존재를 설명함.

•1618년: 버드나무를 큰 화분에 심고 5년 동안 물만 주며 잘 자라는지 확인하는 버드나무 실험을 함.

•1644년: 브뤼셀 근교에서 사망함. 생전의 많은 저술이 미출간 상태로 남겨져, 그의 아들이 유고를 모아 1648년에 『의학의 기원Ortus Medicinae』을 출간함.

렵 어머니와 두 동생의 생계를 떠맡아야 했지요. 그는 생업에 필요한 수공 기술을 닥치는 대로 익히며 낮에는 일을 하고, 밤에는 책과 사유 속으로 파고들었습니다. 경제적 궁핍과 고단함 속에서도 그는 '세상의 이치'를 알고 그것을 쓸모 있게 쓰겠다는 꿈을 포기하지 않았어요.

요한 요아힘 베허

청년이 된 베허는 라이프치히·마인츠·바젤 등지를 전전하며 배움을 이어 갔습니다. 출발은 의학과 약학이었지만, 관심은 광물·금속·화학 변화, 나아가 국가를 부강하게 하는 기술·산업 정책으로 넓어졌어요. 그는 이론가에 머물지 않고 실용 지식인으로 성장했습니다.

그는 1657년, 마인츠 대학 의학교수로 임명되고 대주교-선제후의 공식 의사가 되었으며, 1666년에는 빈에서 상업 고문Commerzienrat으로 활동하며 레오폴트 1세 치하의 상공업 진흥 정책에 참여했습니다. 황제의 명으로 네덜란드에 파견되었을 때 단 열흘 만에 『Methodus Didactica』를 집필했다는 일화도 전해져요.

저술 활동도 왕성했습니다. 1660년에는 『야금술Metallurgia』, 1663년에는 『화학의 오이디푸스Oedipus Chemicus』와 『동물과 약초와 광물에 관한 책Thier-, Kräuter- und Bergbuch』를 잇달아 펴냈고, 1669년 대표작 『땅속의 자연 철학Physica Subterranea』를 발표했습니다. 특히 대표작인 『땅속의 자연 철학』에서 베허는 지구 내부를 거대한 '지하 화학 실험실'로 보며, 광물과 금속이 지열과 유체의 작용 속에서 형성된다고 설명했어요. 이는 채

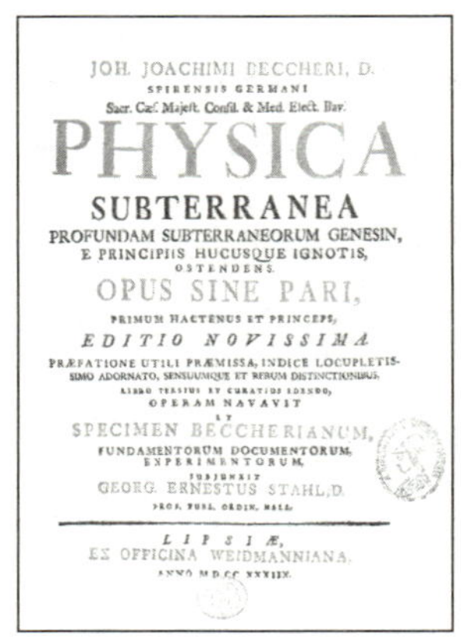
JOH. JOACHIMI BECCHERI, D.
SPIRENSIS GERMANI
Sacr. Cæs. Majest. Consil. & Med. Elect. Bav.
PHYSICA
SUBTERRANEA
PROFUNDAM SUBTERRANEORUM GENESIN,
E PRINCIPIIS HUCUSQUE IGNOTIS,
OSTENDENS.
OPUS SINE PARI,
PRIMUM HACTENUS ET PRINCEPS,
EDITIO NOVISSIMA
PRÆFATIONE UTILI PRÆMISSA, INDICE LOCUPLETISSIMO ADORNATO, SENSUUMQUE ET RERUM DISTINCTIONIBUS,
LIBRO TERTIUS ET CURATIUS EDENDO,
OPERAM NAVAVIT
ET
SPECIMEN BECCHERIANUM,
FUNDAMENTORUM DOCUMENTORUM,
EXPERIMENTORUM,
SUBJUNXIT
GEORG. ERNESTUS STAHL, D.
PROF. PUBL. ORDIN. HALL.
LIPSIÆ,
EX OFFICINA WEIDMANNIANA,
ANNO MDCCXXXIIX.

베허의 대표작인『땅속의 자연 철학』

광술의 지침을 넘어, 자연을 능동적으로 생산하고 조율하는 존재로 보는 철학적 관점을 담은 독창적인 시도였지요.

무엇보다 베허는 전통적인 사원소설만으로는 자연 현상을 충분히 설명하기 어렵다고 보았어요. 대신 그는 세 가지 기본 물질을 새롭게 제안했어요. 바로 세 가지 흙Terra으로, 돌 흙Terra Lapidea, 액체 흙Terra Fluida, 기름 흙Terra Pinguis이었어요. 그는 돌 흙은 광물과 암석을 구성하는 견고한 물질을, 액체 흙은 물과 같은 유동성을 가진 물질을, 기름 흙은 불에 탈 수 있는 물질을 만든다고 생각했어요. 또 이 세 가지 '흙'이 다양한 방식으로 섞이고 변형되면서 지구 내부와 지표면의 모든 현상이 생겨난다고 보았어요. 특히 그는 연소 현상, 즉 불이 붙는 과정을 기름 흙이 빠져나가는 것으로 설명했는데, 이 생각은 이후 게오르크 에른스트 슈탈Georg E. Stahl이 '플로지스톤' 이론으로 정식화하는

더 알아보기

베허의 '땅속의 자연 철학'

베허에게 지구 속은 거대한 실험실이었습니다. 그는 지열과 지하의 유동체가 끊임없이 작용하여 광물과 금속이 서서히 만들어지고 익어 간다고 보았어요. 이 과정을 가마나 오븐에 비유해 "지하에서 금·은·구리·납이 천천히 요리된다"라고 설명했는데, 이는 단순한 비유가 아니라 지하 변화가 동적인 화학 과정이라는 강조였습니다. 이런 관점에서 볼 때, 자연은 채굴 대상이 아니라 스스로 생산하고 조율하는 능동적 주체가 되지요. 과학적 설명에 우화와 철학이 포개진 이 관점은, 광물 형성과 연소·변성 같은 현상을 하나의 흐름으로 바라보게 하는 사고의 틀을 제시해요. 그래서『땅속의 자연 철학』은 기술 안내서를 넘어 자연을 새롭게 읽는 방법을 열어 준 책으로 평가된답니다.

데 중요한 사상적 토대가 되었습니다.

슈탈의 플로지스톤

게오르크 에른스트 슈탈은 당시 신성로마제국이었던 독일 안스바흐에서 태어났습니다. 그는 예나 대학교에서 의학을 공부해 1683년, 의학 박사 학위를 받았고, 같은 대학교에서 강의하며 명성을 쌓았어요. 그리고 1687년에는 작센-바이마르 공작의 궁정 의사로 임명되었고, 1694년에는 신설된 할레 대학교 의학과 교수로 옮겨 동료 프리드리히 호프만과 함께 새로운 의학 교육 체제를 이끌었지요. 이어 1715년부터는 프로이센 국왕 프리드리히 빌헬름 1세의 주치의이자 고문으로 활동하면서, 베를린 의료 위원회 업무를 맡아 국가 보건 행정을 주도했습니다.

슈탈은 생명체와 무생물을 단순히 구조나 움직임으로만 비교하지 않았습니다. 그는 무생물이 기계처럼 작동한다고 보았어요. 즉, 외부의 힘이 공급되면 움직이고, 멈추면 그대로 멈추는 수동적인 존재로 이해했어요.

하지만 생명체는 달랐습니다. 스스로 변화하고, 회복하며, 방향성을 가지고 움직이는 특성을 보였어요. 그는 살아 있는 존재 안에는 무언가 더 깊고, 보이지 않는 원리가 작용하고 있다고 믿었어요. 그리고 이

게오르크 에른스트 슈탈

차이를 설명하기 위해 '아니마Anima', 즉 '령Spiritus'이라는 개념을 도입합니다. 그에게 '령'은 물질적인 것도, 눈에 보이는 것도 아니었지만, 생명을 지탱하고 조직을 유지하며, 부패를 막는 중심 원리로, 생명체가 왜 스스로 움직이고, 소화하고, 성장하는지를 설명하는 개념이었어요. 이처럼 생명 현상을 내적 원리로 설명하려는 그의 관점은, 곧 자연의 변화와 연소를 이해하는 화학적 사고로 이어졌습니다.

슈탈의 화학사적 의의는 그가 플로지스톤 이론Phlogiston Theory을 정식화했다는 데 있습니다. 그는 스승인 베허의 '기름 흙' 개념에서 큰 영감을 받았어요. 베허는 불타는 물질 안에 '연소의 원인'이 되는 어떤 성분이 들어 있다고 보았는데, 슈탈은 이 개념을 발전시켜 '플로지스톤Phlogiston'이라는 이름을 붙입니다. 이 단어는 고대 그리스어 phlogistos에서 유래했는데, 뜻은 '불태워진 것' 혹은 '불의 정수'라는 의미예요.

슈탈에 따르면, 어떤 물질이 불에 타면 그 안에 있던 플로지스톤이 공기 중으로 빠져나가고, 남은 재는 연소 후의 본질, 즉 탈플로지스톤 상태의 물질이라는 거예요. 예를 들어, 나무가 타고 난 뒤에 재만 남는 이유는, 나무 속의 플로지스톤이 빠져나갔기 때문이라고 설명했지요. 또한 슈탈은 연소 과정에서 공기의 역할도 중요하게 보았는데, 그는 공기가 플로지스톤을 흡수하는 공간이자 매개체라고 믿었어요. 그래서 공기 중에 플로지스톤이 들어갈 공간이 충분할 때만, 연소가 계속된다고 생각했지요.

슈탈은 연소뿐만 아니라 금속이 녹스는 과정도 플로지스톤 이론으로 설명했어요. 금속을 공기 중에 두면 그 안에 있던 플로지스톤이 점차 빠져나가고, 그 결과로 무겁고 부서지기 쉬운 성질을 가진 물질, 즉 칼크스

Calx가 남는다고 보았지요. '칼크스'는 금속이 산화되었을 때 남는 흰색이나 회색의 가루 형태의 물질로, 슈탈은 이 칼크스를 플로지스톤을 잃은 금속의 본래 상태라고 여겼어요.

하지만 곧 결정적 모순이 드러났습니다. 많은 실험에서 금속을 가열해 칼크스로 만들면 오히려 질량이 증가했어요. 만약 플로지스톤이 빠져나갔다면 질량이 줄어들어야 하지만, 반대였던 거예요. 이 난관을 피하려고 일부 학자들은 "플로지스톤이 음의 무게를 가진다"라는 가설까지 내놓았지만, 설득력이 약했지요. 결국 18세기 후반, 라부아지에가 산소와 질량 보존의 관점에서 연소 및 칼크스 형성을 재해석하면서, 플로지스톤 이론은 역사 속으로 물러났습니다. 하지만 슈탈의 공헌은 적지 않아요. 그는 베허의 생각을 발전시켜 연소와 금속의 변화를 하나의 원리로 설명하려 했고, 그 덕분에 이후 산소 이론이 등장했을 때 사람들이 무엇이 달라졌는지 이해할 수 있는 길을 열었답니다.

캐번디시의 수소 발견

플로지스톤 이론을 지지하던 18세기 화학자들은, 실험실에서 보이지 않는 공기들을 직접 포집하며 하나씩 정체를 밝혀가기 시작했습니다. 수소, 이산화 탄소, 질소, 산소 같은 기체가 그 대표적인 예지요. 이 과정에서 이론 자체가 모든 것을 가르쳐 준 것은 아니었지만, 연소를 설명하려는 플로지스톤 이론과 물을 채운 통 위에서 기체를 모으는 기술이 결합하면서 '보이지 않던 공기'를 눈앞의 실험 대상으로 바꾸는 전환이 이루어졌습니다.

이 흐름 속에서 중요한 전환점이 된 실험이 1766년, 영국의 헨리 캐번디시Henry Cavendish에 의해 이루어졌습니다. 그는 영국의 부유한 귀족 가문 출신으로 수줍음이 많았고, 대부분의 삶을 집에 틀어박혀 과학 실험에 몰두하는 데 바쳤어요. 사람들과 어울리는 것을 싫어했던 그는 조용한 실험실 안에서 세상의 비밀을 하나씩 밝혀나갔어요.

헨리 캐번디시

1766년, 헨리 캐번디시는 조용한 실험실 안에서 금속과 산을 조심스럽게 반응시키고 있었습니다. 금속 조각을 유리 플라스크에 넣고, 묽은 산(황산 또는 염산)을 한 방울씩 아주 조심스럽게 떨어뜨렸어요. 그러자 곧 금속 표면에서 기포가 발생했고, 캐번디시는 거꾸로 세운 유리 용기를 이용해 기포를 모았습니다. 투명한 물을 채운 컵이나 유리통을 거꾸로 세우고, 기포가 물 위로 올라가면서 용기 속으로 기체가 모이게 하는 방식이었어요. 이 실험 방식은 당시 '수기법Pneumatic Trough Method'이라고 불렸어요.

이렇게 모은 기체는 공기보다 훨씬 가볍고 불을 대면 펑 소리를 내며 폭발적으로 연소했어요. 캐번디시는 이 기체를 '가연성 공기Inflammable air'라 불렀고, 뒤에 라부아지에가 이 기체를 수소Hydrogen라고 명명했습니다.

이산화 탄소의 발견

우리가 숨 쉴 때 내쉬는 공기 속에는 이산화 탄소가 들어 있습니다. 하지만 이런 보이지 않는 기체의 존재를 사람들은 오랫동안 알지 못했어요. 눈으로 볼 수 없고, 냄새도 거의 나지 않기 때문이지요. 그래서 공기 속에 어떤 성분이 섞여 있다는 것 자체를 떠올리기 어려웠던 거예요.

17~18세기에 이르러서야, 과학자들은 공기가 단일한 물질이 아니라 여러 가지 기체가 섞인 혼합물이라는 사실을 밝혀내기 시작합니다. 앞서 만난 헬몬트는 실험을 통해 나무를 태우거나 음식이 발효되는 과정에서 눈에 보이지 않는 무언가가 나온다는 것을 알아냈는데, 이 무언가를 숲의 기체라는 뜻의 'gas sylvestre'라고 불렀어요. 그는 이 기체가 일반 공기와는 다르다고 생각했어요. 하지만 그 기체가 어떤 성분으로 이루어졌는지까지는 알지 못했지요.

시간이 흘러 18세기, 스코틀랜드의 과학자 조지프 블랙Joseph Black이 등장해요. 블랙은 보르도(프랑스)에서 태어난 스코틀랜드계로, 글래스고에서 의학과 화학을 공부한 뒤 에든버러로 옮겨 연구를 이어 갔습니다. 박사과정 무렵 그는 위산 과다와 관련된 치료를 고민하며 당시 마그네시아 알바Magnesia Alba와 석회 계열 물질을 비교하는 실험을 했어요. 이 하얀 가루는 위산을 중화하는 데 사용되었어요.

조지프 블랙

실험 도중, 블랙은 뜻밖의 현상을 관찰하게 됩니다. 산을 마그네시아 알바에 떨어뜨리자,

작은 거품이 일면서 눈에 보이지 않는 기체가 발생한 거예요. 블랙은 곧 이 기체의 성질을 하나씩 실험을 통해 조사하기 시작했어요. 가장 먼저, 이 기체는 촛불을 끄는 성질이 있었어요. 이는 이 기체가 연소를 유지할 수 있는 산소와는 다르다는 뜻이었죠. 또한, 이 기체를 석회수에 통과시키자 뿌옇게 흐려지는 반응이 나타났고, 기체의 무게를 비교해 보니 일반 공기보다 무겁다는 사실도 확인할 수 있었어요.

이처럼 공기와는 전혀 다른 반응을 보이는 이 기체를 블랙은 '고정 공기Fixed Air'라고 이름 붙였어요. 이름 그대로, 고체 물질 속에 고정되어 있다가 화학 반응을 통해 방출되는 특수한 공기라고 본 것이지요. 이 기체가 바로 우리가 잘 알고 있는 이산화 탄소CO_2랍니다.

1772년, 프리스틀리는 발효 중인 맥주 통에서 나오는 이 기체를 물속으로 통과시켜 보았습니다. 그는 직접 실험을 통해 이산화 탄소를 물에 직접 통과시키는 장치를 만들었고, 결과적으로 톡 쏘는 맛이 나는 물, 즉 탄산수를 만들어 냈어요. 프리스틀리는 이 내용을 1772년, '고정 공기를

Who? Who!

조지프 블랙

•1728년: 프랑스 보르도에서 스코틀랜드계 가문의 여섯째로 태어남.

•1746년: 글래스고 대학교에 입학해 철학, 수학, 의학, 화학 등 폭넓게 배움.

•1754년: 의학 박사 학위를 취득함.

•1756년: 석회수의 무게 변화를 관찰해 '고정 공기(이산화 탄소)'를 밝혀내며, 공기가 하나의 물질이 아님을 증명함.

•1761년 전후: 물질이 상태 변화에 쓰는 숨은 열(잠열) 개념 정립

•1766년: 에든버러 대학교 화학 교수로 부임함.

•1770~1790년대: 기체열 현상 교육과 실험법 정착에 기여

•1799년: 에든버러에서 사망함.

물에 주입하기Impregnating Water with Fixed Air'라는 글로 발표합니다.

질소의 발견

공기에서 가장 높은 비율을 차지하는 기체는 질소N_2입니다. 그런데 이 기체는 연소도, 호흡도 돕지 않아요. 이 사실을 실험으로 보여 준 사람이 있습니다. 바로 다니엘 러더퍼드Daniel Rutherford예요. 러더퍼드는 에든버러에서 태어나, 윌리엄 컬런과 조지프 블랙에게 의학과 화학을 배웠습니다.

그는 "공기에서 불과 생명을 유지하는 성분을 없애면 무엇이 남는가?"라는 질문으로 실험을 시작했습니다. 알다시피 이 물질은 오늘날 우리가 산소라고 부르는 성분이지요. 그는 공기에서 산소를 제거한 후 남는 기체에 관심을 보였어요.

먼저 러더퍼드는 밀폐된 용기 안의 산소를 제거하기 위해 초에 불을 붙여 용기 안에 두었습니다. 산소가 사라지면 촛불은 자연스럽게 꺼지게 되겠지요. 다음으로는 용기 안에 생쥐를 넣어 남은 산소를 모두 제거했어요. 마지막으로 석회수$Ca(OH)_2$가 이산화 탄소를 흡수하는 성질을 이용해 이산화 탄소도 제거했습니다. 이제 러더퍼드는 남은 기체를 관찰했어요.

다니엘 러더퍼드

이 기체는 불을 붙여도 타지 않고 생명체도 살아남지 못하고 무색무취이며, 반응성이 낮았습니다. 그는 이 기체를 '유해한 공기'라고 불렀어요. 훗날 프랑스의 화학자 장 앙투안 샤프탈Jean-Antoine Chaptal은 이 기체를 니트로젠이라고 했고, 이것이 오늘날 질소Nitrogen라는 이름이 되었어요.

산소의 발견

오늘날 우리는 산소가 생명과 불꽃에 필수적인 기체라는 걸 알고 있습니다. 하지만 18세기 중반까지만 해도, 사람들은 공기를 단일한 물질로 여겼고, 공기 속에 서로 다른 기체가 섞여 있다는 생각조차 없었어요. 이런 인식을 앞당긴 인물 가운데 한 사람이 조지프 블랙입니다. 그는 석회와 마그네시아를 다루는 실험에서 고정 공기, 오늘날 이산화 탄소의 성질을 체계적으로 보여 주며, 공기가 단일물이 아님을 분명히 했어요.

사실 공기 속의 산소를 발견하는 과정은 오랜 시간 다양한 과학자들의 실험과 관찰이 겹친 결과입니다. 그중 두 사람, 칼 빌헬름 셸레와 조지프 프리스틀리는 산소 발견에 큰 공헌을 한 사람들이에요.

[칼 빌헬름 셸레]

칼 빌헬름 셸레Carl Wilhelm Scheele는 1742년, 당시 신성 로마 제국 내 스웨덴 자치령이었던 스트랄순드에서 태어났습니다. 그의 아버지 요아힘 크리스티안 셸레는 곡물 무역과 양조업을 하던 명망 높은 상인이었어요.

어릴 때부터 셸레는 책보다는 손으로 무언가를 만지며 배우는 걸 좋아하는 아이였어요. 부모님의 친구들은 그에게 약제학과 화학 표기법, 처방전 읽는 방법을 가르쳐 주었어요. 이런 교육은 셸레의 미래를 결정짓는 중요한 계기가 되었지요.

칼 빌헬름 셸레

14살이 되자, 셸레는 스웨덴 예테보리의 약제사 마르틴 안드레아스 바우흐Martin Andreas Bauch 밑에서 견습 약제사 생활을 시작합니다. 그는 무려 8년 동안 약국에서 낮에는 일하고, 밤에는 혼자 실험하며, 틈틈이 고전 화학 서적을 읽었어요.

1765년, 셸레는 말뫼로 이동해 약제사 켈스트룀 밑에서 일했어요. 이곳에서 그는 룬드 대학교에서 활동하던 안데르스 야한 레치우스Anders Jahan Retzius를 알게 되었어요. 1767년에는 스톡홀름으로 옮겨 약제사로 일하며 본격적인 실험에 돌입합니다. 낮에는 약국에서 일하고, 밤에는 실험실에서 물질을 가열하고 섞으며 화학 반응의 비밀을 하나씩 밝혀가는 조용한 탐구의 시간을 보냈어요.

이 시기 셸레는 타르타르산(포도주산)을 순수한 형태로 분리해 냈어요. 이는 와인의 침전물로 알려진 '크림 오브 타르트Cream of Tartar' 속에서 새로운 유기산을 찾아낸 의미 있는 발견이었어요. 또한 그는 생석회와 탄산 칼슘(석회석)의 관계도 깊이 연구했어요. 생석회를 물에 넣었을 때 열이 발생하고, 공기 중 이산화 탄소와 반응해 다시 딱딱하게 굳는 과정을 통해 화학적 변화 속에 숨어 있는 물질 구조와 성질의 차이에 주목했지요.

1770년 가을, 칼 빌헬름 셸레는 스웨덴 웁살라 시내에 있는 이름난 약국의 책임자로 임명되었어요. 이 약국은 단순한 약재 판매소가 아니라, 웁살라 대학교의 유명 화학자 토르베른 베리만Torbern Bergman에게 실험용 화학 물질을 제공하며 연구를 뒷받침하던 거점이었지요.

이곳에서 셸레는 본격적으로 과학자들과의 지적 교류를 시작합니다. 그는 어느 날, 베리만과 그의 조수 요한 고틀리프 간Johan Gottlieb Gahn이 고심하던 특정 화학 반응의 난제를 깔끔하게 해결해 내면서 주목받게 되었어요. 이 일은 셸레의 실험 능력을 단번에 인정받는 계기가 되었고, 그 보답으로 그는 베리만의 실험실을 무료로 사용할 수 있게 되었지요.

셸레는 놀라운 직관과 실험 기술을 가진 탐구자였습니다. 그가 분리하거나 발견한 물질의 목록만 봐도 그의 업적이 얼마나 방대한지 실감할 수 있어요. 그가 분리하거나 성질을 규명한 대표적인 물질로는 산소(O_2), 염소(Cl_2), 망간(Mn), 글리세롤, 사이안화 수소(HCN, 청산), 불산(HF), 젖산, 구연산 등이 있어요.

[조지프 프리스틀리]

조지프 프리스틀리Joseph Priestley는 영국 요크셔 지방의 한 작은 마을에서 태어났습니다. 목사의 아들인 그는 어릴 때부터 독립적인 사고와 자유로운 탐구 정신을 배웠어요. 정식 대학 교육을 받지 않았지만, 신학, 철학, 언어학, 과학 등 다양한 분야를 폭넓게 공부했지요.

프리스틀리는 단지 뛰어난 실험 과학자일 뿐 아니라, 신념을 행동으로 실천한 철학자이자 신학자였어요. 그는 합리적 이성과 양심의 자유를 중시했고, 그의 사상은 당시에는 급진적이고 위험한 것으로 여겨졌지요. 특히 프리스틀리는 왕권을 비판하고, 미국 독립 전쟁을 지지했으며, 프랑스 혁명을 공개적으로 찬양했어요. 이런 입장은 영국 사회의 보수적인 계층과 강하게 충돌했고, 그를 향한 적대감은 점점 커져만 갔지요.

조지프 프리스틀리

1791년, 버밍엄에서 반혁명 폭도들이 그의 집과 실험실을 습격해 불태우는 사건이 벌어집니다. 그는 더는 영국에 안전하게 머물 수 없게 되었어요. 정치적 망명자에 가까운 처지가 된 그는 1794년, 미국으로 이주합니다. 미국 땅에서도 프리스틀리는 연구를 멈추지 않았어요. 새로운 기체의 성질을 실험하며 화학 연구를 계속했고, 동시에 종교의 자유와 교육 개혁을 위한 활동도 이어 갔어요. 그는 합리주의 신학과 과학 교육의 중요성을 설파했고, 개인의 신앙과 지식 탐구의 자유를 지켜야 한다고 믿었어요.

[셸레와 프리스틀리의 산소 발견]

1771년에서 1772년 사이, 셸레는 산화 수은(빨간색 가루)이나 질산염을 가열하는 과정에서 불꽃을 훨씬 더 밝게 타오르게 하는 기체를 분리하고, 이를 '불꽃 공기Fire Air'라고 불렀어요. 셸레는 자신의 발견을 정리해 『공기와 불에 관한 화학 논문Chemische Abhandlung von der Luft und dem Feuer』이라는 책으로 출판하려고 했어요. 그는 책의 서문을 베리만에게 부탁했는데, 너무 바쁜 나머지 차일피일 미루다, 결국 1777년이 되어서

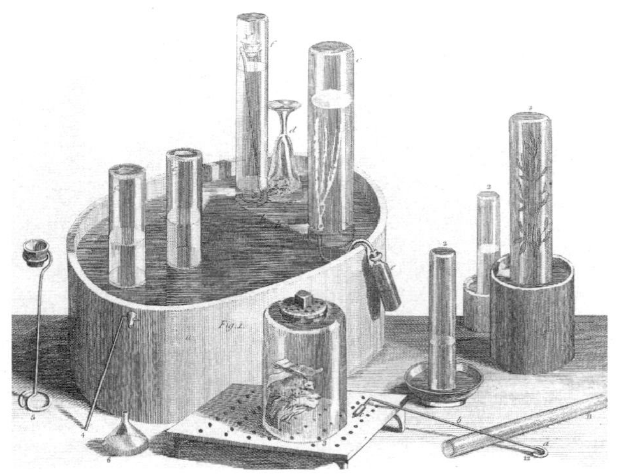

프리스틀리의 실험 기구들

프리스틀리의 실험실

야 책은 세상의 빛을 볼 수 있었다고 해요.

셸레의 책 출간이 차일피일 미루어지고 있는 사이, 프리스틀리는 1774년 여름, 영국 윌트셔에서 매우 특별한 실험을 하고 있었습니다. 그는 붉은 산화 수은 가루를 굴절된 유리 렌즈로 햇빛을 모아 가열했어요. 그러자 산화 수은 가루가 점점 줄어들면서 어떤 기체를 방출하기 시작했고, 프리스틀리는 이 기체를 유리 튜브로 모아서 저장했어요.

EXPERIMENTS

AND

OBSERVATIONS

ON DIFFERENT KINDS OF

AIR.

By JOSEPH PRIESTLEY, LL.D.F.R.S.

The SECOND EDITION Corrected.

LUCAN

LONDON:

Printed for J. JOHNSON, No. 72, in St. Paul's Church-Yard.

MDCCLXXV.

프리스틀리의 『공기와 관련된 실험 및 관찰』

프리스틀리는 새로 얻은 기체로 다양한 실험을 합니다. 이 기체 속에 넣은 촛불은 훨씬 더 밝고 오래 타올랐고, 생쥐는 평소보다 오래 살아 있었어요. 이건 그냥 '공기'가 아니었어요. 생명과 불꽃을 더욱 강하게 유지하는 무언가였지요.

당시 프리스틀리는 플로지스톤 이론을 믿고 있었어요. 그래서 그는 이 기체를 '탈 플로지스톤 공기Dephlogisticated Air'라고 불렀는데, 훗날 라부아지에가 이를 산소라고 명명해요. 프리스틀리는 1775년, 자신의 실험 결과를 정리해 『공기와 관련된 실험 및 관찰Experiments and Observations on Different Kinds of Air』이라는 책으로 출판했어요.

일산화 탄소의 발견

오늘날 우리는 일산화 탄소를 '보일러 사고의 원인', '밀폐된 공간의 위험한 기체'로 알고 있습니다. 그런데 이 기체의 정체를 알아내기까지는 오랜 시간이 걸렸고, 그사이 많은 사람이 이유도 모른 채 피해를 보기도 했어요.

고대 로마 시대에도 사람들이 벽난로나 화덕 옆에서 질식하는 일이 있었습니다. 특히 목탄Charcoal을 피운 방에서 잠을 자다 죽는 일이 흔했지요. 그들은 연기가 원인이라는 것은 알았지만, 연기 안에 어떤 보이지 않는 무색 기체가 있다는 생각에는 이르지 못했어요.

17세기 초, 헬몬트는 석탄을 태운 뒤 생기는 질식성 공기에 주목합니다. 하지만 이 기체가 무엇인지 정확히 구분하거나 이름을 붙이지는 못했어요. 그저 '공기를 더럽히는 어떤 것'이라고만 기록했을 뿐이에요. 18세기 중엽, 조지프 블랙은 이산화 탄소를 발견하는 과정에서 또 다른 기체를 발견합니다. 이 기체는 오늘날 일산화 탄소로 알려진 기체였는데, 그는 이산화 탄소와 일산화 탄소를 구분하지는 못했어요.

결정적인 순간은 18세기 말이 되어서야 찾아왔습니다. 1800년경, 윌리엄 크루익생크William Cruikshank는 일산화 탄소를 별개의 기체로 분리해 연구했어요. 그는 이 기체는 무색이고 냄새도 거의 없지만, 불에 잘 타는 성질이 있다는 사실을 밝혀냅니다. 또한 이 기체가 산소가 부족한 상태에서 탄소가 완전히 타지 못할 때 생긴다는 사실도 함께 밝혔지요. 당시 사람들은 연료가 타기만 하면 끝이라고 생각했지만, 크루익생크는 '완전한 연소와 불완전한 연소는 다르다'라는 것을 보여 주었어요.

시간이 흘러 19세기 후반, 과학자들은 일산화 탄소가 인체에 치명적인 이유를 찾아냅니다. 혈액 속 헤모글로빈은 산소와 결합해 우리 몸에 산소를 운반해요. 그런데 문제는 일산화 탄소는 이 결합력이 산소보다 약 200배나 강하다는 사실이에요. 몸에 아무리 산소가 많아도, 일산화 탄소가 들어오면 산소가 헤모글로빈과 결합하지 못하게 되는 거예요. 결국 몸은 산소가 부족해 질식 상태에 빠지게 되지요.

웃음 가스의 발명

아산화 질소N_2O, 일명 웃음 가스는 조지프 프리스틀리가 처음 만들어 성질을 기록한 뒤, 험프리 데이비Humphry Davy가 생리 작용을 집중적으로 연구하며 유명해졌습니다. 1798년, 의사 토머스 베드도스Thomas Beddoes가 영국 브리스틀에 세운 기체 연구소Pneumatic Institution에 20살의 데이비가 합류합니다. 이곳은 프리스틀리 등 선배들의 기체 화학 유산을 이어받아, 기체의 인체 작용을 탐구하는 곳이었어요.

데이비는 아산화 질소를 직접 흡입하며 흥분·웃음·감각 변화를 상세히 기록했습니다. 그는 1800년 출간한 책에서 아산화 질소가 통증을 줄이는 효과(마취성)가 있다고 제안했고, 외과 마취에의 응용 가능성까지 언급했어요. 또 "이 가스를 마시자, 숨이 가빠지고 얼굴 근육이 경련하듯 수축하며, 억제할 수 없는 웃음이 터졌다"라고 기록하기도 했지요.

당시 런던과 브리스틀의 상류층 사회는 이 새로운 기체의 체험에 매료되었습니다. 기체 연구소에서는 '웃음 가스 파티'가 열리며 과학·오락·

대중 홍보가 뒤섞인 장면이 펼쳐졌고 웃음과 흥분 속에서 새로운 시대의 과학을 경험했어요.

한편 데이비는 런던 왕립 연구소Royal Institution에서 시연형 공개 강연으로 과학 대중화를 이끌었습니다. 그의 강연은 오늘날의 과학 강연에 마술쇼가 더해진 듯한 분위기였지요. 전기 불꽃이 튀고, 알록달록한 불꽃 반응이 폭발하면서, 데이비는 과학을 마치 예술처럼 설명했어요. 그의 강연은 인기가 많아서 런던의 귀족, 시인, 정치인들까지도 좌석을 얻기 위해 줄을 설 정도였다고 해요.

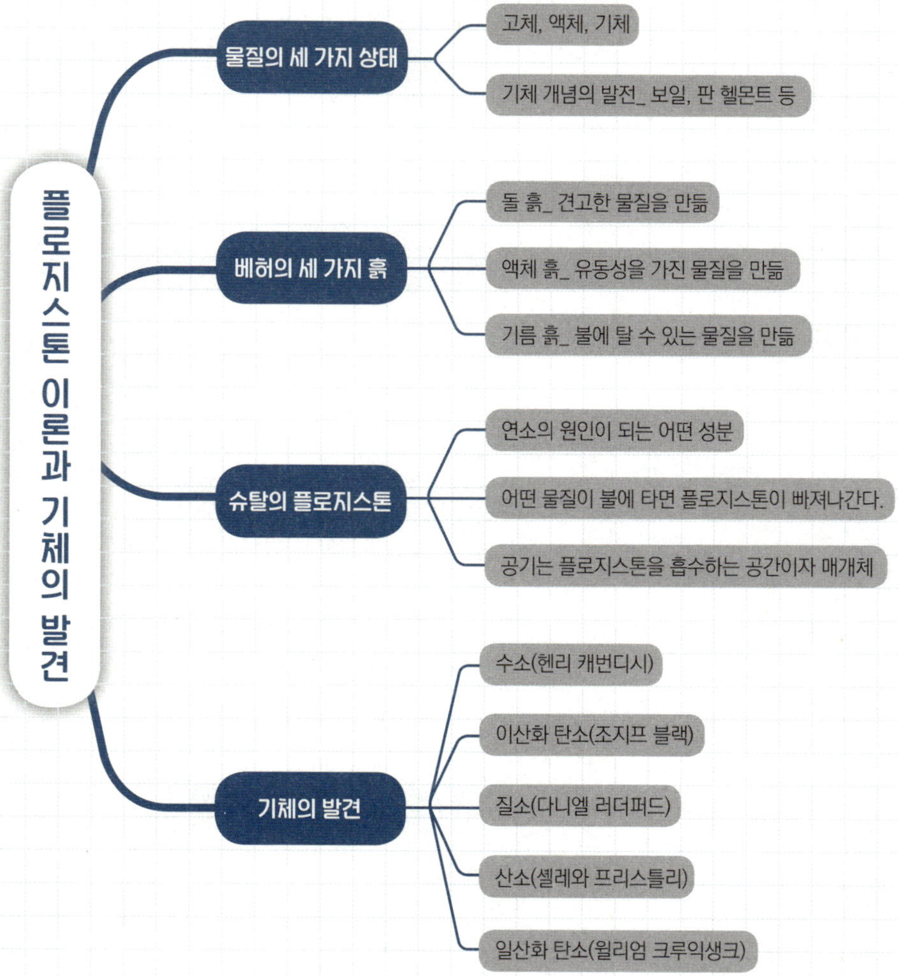

플로지스톤 이론과 기체의 발견

- 물질의 세 가지 상태
  - 고체, 액체, 기체
  - 기체 개념의 발전_ 보일, 판 헬몬트 등
- 베허의 세 가지 흙
  - 돌 흙_ 견고한 물질을 만듦
  - 액체 흙_ 유동성을 가진 물질을 만듦
  - 기름 흙_ 불에 탈 수 있는 물질을 만듦
- 슈탈의 플로지스톤
  - 연소의 원인이 되는 어떤 성분
  - 어떤 물질이 불에 타면 플로지스톤이 빠져나간다.
  - 공기는 플로지스톤을 흡수하는 공간이자 매개체
- 기체의 발견
  - 수소(헨리 캐번디시)
  - 이산화 탄소(조지프 블랙)
  - 질소(다니엘 러더퍼드)
  - 산소(셸레와 프리스틀리)
  - 일산화 탄소(윌리엄 크루익생크)

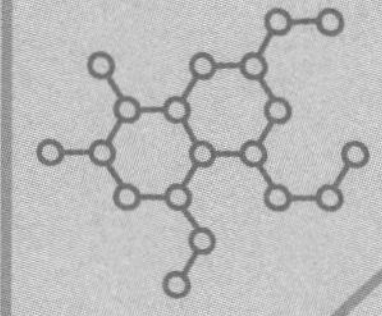

5장

보일과 샤를의 법칙

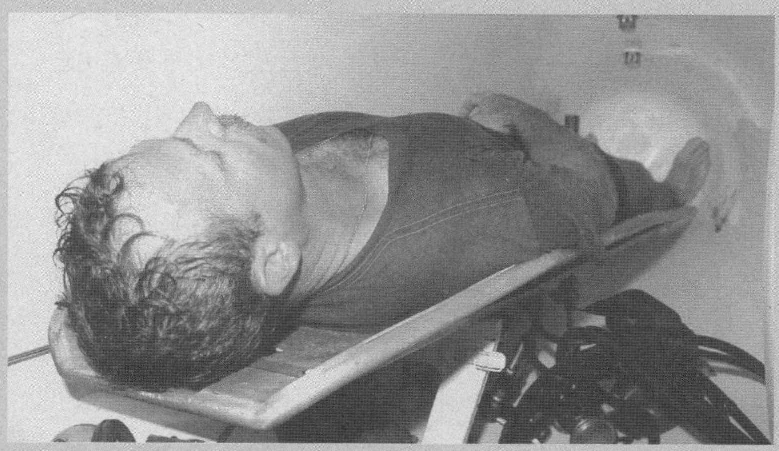

감압실 속 잠수부는 보일과 샤를의 법칙을 몸으로 경험하게 된다.

정교수의 pick

◆ 보일의 법칙 ◆ 샤를의 법칙 ◆ 열기구
◆ 수소 기구 ◆ 비행선 ◆ 체펠린 ◆ 힌덴부르크호

압력과 온도, 기체를 지배하다

깊은 바다에서 작업하는 잠수부들은 물 위로 올라올 때, 아주 천천히 올라와야 합니다. 그리고 올라오면 바로 감압실에 들어가야 하지요. 이는 '잠수병Decompression sickness'으로 알려진 질환을 예방하기 위해서예요. 이 무서운 병 뒤에는 깊은 곳에서 질소가 몸속에 녹아드는 과정과 함께, 17세기 영국 과학자 로버트 보일Robert Boyle이 발견한 단순한 물리 법칙이 숨어 있어요. 바로 보일의 법칙Boyle's Law이에요.

바닷속으로 깊이 잠수하면, 주변의 수압이 점점 높아집니다. 수심이 깊어질수록 몸에 가해지는 압력은 높아지고, 그 압력 때문에 우리 혈액과 조직 안에는 질소 기체가 더 많이 녹아들게 돼요. 이 상태로 서서히 올라오면 괜찮습니다. 몸속에 녹아 있던 질소가 천천히 팽창하면서 호흡을 통해 배출되기 때문이지요.

하지만 갑자기 빠르게 올라오면 문제가 생깁니다. 수압이 급격히 줄어들면서 보일의 법칙에 따라 기체는 급격하게 팽창해요. 그 결과, 녹아 있던 질소 기체의 부피가 증가해 신경이나 혈류를 막아 통증, 마비, 호흡 곤란 같은 잠수병 증상이 생기는 거예요.

잠수병은 단순히 '기체가 터지는 현상'이 아니라, 물리 법칙을 무시했을 때 인체가 어떻게 반응하는지를 보여 주는 대표 사례입니다. 그래서 다이버들은 수심을 조절하며 천천히 상승하고, 일정 시간마다 감압 정지를 해야 해요. 이렇게 압력과 기체의 관계를 이해하고 지키는 것이 바로 '보일의 법칙을 몸으로 지키는 과학적 생존 기술'인 셈이에요.

근대 화학의 선구자, 로버트 보일

로버트 보일은 아일랜드 워터포드 카운티의 리스모어 성에서 태어났습니다. 그의 아버지 리처드 보일은 '코크 백작'으로 불린 대부호였고, 보일은 무려 14남매 중 일곱째 아들이었어요. 당시 상류층 자녀들이 그렇듯, 보일도 유모의 돌봄 속에서 자랐습니다. 라틴어, 그리스어, 프랑스어를 일찍 익히며 학문적 재능을 드러냈지요.

보일의 어머니는 그가 세 살 때 세상을 떠났습니다. 어린 보일은 형 프랜시스와 함께 영국의 명문 학교인 이튼 칼리지에 입학해 약 3년 동안 공부했습니다. 이후 그는 가정교사 아이작 마르콩브와 함께 유럽으로 유학을 떠났어요. 당시 유럽 대륙은 과학과 예술, 철학이 꽃피는 시대였고, 보일은 그 중심에서 새로운 세상을 마주하게 되지요. 프랑스와 이탈리아를 여행하던 중 피렌체에서 갈릴레이의 책을 접했고, 이 경험은 그의 사고에 깊은 영향을 주

로버트 보일

었습니다.

1644년, 보일은 유럽에서의 여정을 마치고 영국으로 돌아왔습니다. 그 무렵 부친이 세상을 떠나자, 그는 도싯 주의 스탈브리지 영지와 아일랜드의 토지를 물려받았지요. 스탈브리지 하우스 한쪽에 작은 실험실을 마련한 보일은 자연의 비밀을 탐구하기 시작했습니다. 이때부터 '실험 과학자 로버트 보일'의 삶이 본격적으로 열렸어요.

그로부터 10년 뒤인 1654년, 보일은 실험 여건이 더 좋은 옥스퍼드로 거처를 옮겼습니다. 당시 옥스퍼드는 과학과 철학이 활발히 논의되던 도시였어요. 보일은 약제사의 집에 방을 빌려 살면서 그 실험 공간을 함께 사용했지요. 거기서 그는 다양한 장치를 직접 설계하고 실험했습니다. 이 시기 그는 크리스토퍼 렌, 존 윌킨스 같은 학자들과 교류하며, 특히

역사 속으로

보일과 보이지 않는 대학

보일은 동시대의 학자들과 활발히 교류한 과학자였습니다. 편지를 통해 아이디어와 실험 결과를 끊임없이 나누었지요. 그가 속했던 모임이 바로 '보이지 않는 대학The Invisible College'이었습니다. 이 모임은 정식 기관이 아니라, 과학과 철학을 사랑하는 사람들이 자발적으로 만든 지식 공동체였어요. 구성원들은 서로의 실험을 공유하고, 새로운 발견을 검증하며, 자연의 법칙을 탐구했습니다. 보일은 여기서 진공과 기체, 연소 같은 주제를 실험하며 '경험과 관찰'에 근거한 과학의 방향을 다졌습니다.

이 '보이지 않는 대학'은 훗날 영국 왕립 학회Royal Society로 이어졌습니다. 1660년, 런던에서 과학자들이 공식적으로 모여 학회를 창립했고, 1662년과 1663년에 찰스 2세가 왕실 헌장을 부여하면서 세계 최초의 근대 과학 학회로 자리 잡았지요. 보일은 이 학회의 창립 멤버로서 실험 중심의 과학 문화를 정립하는 데 큰 역할을 했습니다. 왕립 학회는 이후 전 세계 과학자들이 연구를 공유하고 검증하는 전통을 세웠고, 오늘날까지도 과학의 상징적인 기관으로 남아 있습니다. 즉, '보이지 않는 대학'은 근대 과학의 씨앗이었고, '왕립 학회'는 그 씨앗이 제도적 형태로 자라난 나무였어요. 보일은 그 두 시대를 잇는 다리이자, 실험과 지식이 함께 성장하던 과학의 초석을 놓은 인물이었지요.

로버트 훅과 함께 공기 펌프 실험을 발전시켰습니다. 훗날, 이 연구는 '보일의 법칙'으로 정식화되어 과학사에 남게 되지요.

1668년, 보일은 런던 폴 몰에 사는 누이 캐서린 존스Katherine Jones의 집으로 거처를 옮깁니다. 레이디 라넬라Lady Ranelagh라고도 불린 그녀의 집은 철학자와 예술가, 과학자들이 모이는 살롱 문화의 중심지였어요. 보일은 이곳에 실험실을 꾸리고 연구를 이어 갔습니다. 누이 캐서린은 그의 학문적 동반자였고, 글을 함께 다듬으며 보일의 사상과 저작을 세상에 전하는 데 중요한 역할을 했어요. 하지만 1669년 이후 보일의 건강이 점점 나빠지기 시작합니다. 그는 일주일에 네 번만 손님을 맞이하고, 나머지 시간은 연구와 글쓰기에 전념했어요. 말년의 보일은 신앙과 과학이 조화를 이룰 수 있다고 믿었습니다. 그는 유언으로 강연 기금을 남겼고, 그 뜻을 따라 '보일 강의Boyle Lectures'가 이어졌습니다. 이 강연은 오늘날까지 '신앙과 이성의 대화'로 이어지고 있어요.

보일은 자연을 관찰하며 신의 질서를 이해하려 했고, 실험과 기록을 통해 세상과 소통했습니다. 그의 삶에는 늘 이런 믿음이 깃들어 있었어요. "지식은 인류를 앞으로 나아가게 한다." 그래서 사람들은 그를 근대 화학의 선구자이자 과학과 철학을 잇는 다리로 부르기도 한답니다.

보일의 법칙

풍선을 손으로 꾹 누르면 어떻게 될까요? 풍선의 부피는 줄어들고, 그 안의 공기 압력은 높아집니다. 손을 떼면 풍선은 다시 부풀고, 압력은 낮아지지요. 이렇게 온도가 일정할 때, 기체의 압력이 높아지면 부피가 줄고, 압력이 낮아지면 부피가 커지는 관계를 우리는 '보일의 법칙'이라고 부릅니다. 이 법칙은 다음과 같은 수식으로 표현할 수 있어요.

(기체의 압력) × (기체의 부피) = 일정

이 법칙은 보일이 1650년대, 진공 장치(공기 펌프와 J자형 유리관의 수은 기둥)를 이용해 공기를 압축·팽창시키며 정량 측정을 반복하는 과정에서 발견합니다. 그는 기체가 공간을 차지하면서 압력을 가지는 성질이 있다는 걸 알아냈어요. 이후 보일은 동료 로버트 훅의 도움으로 장치를

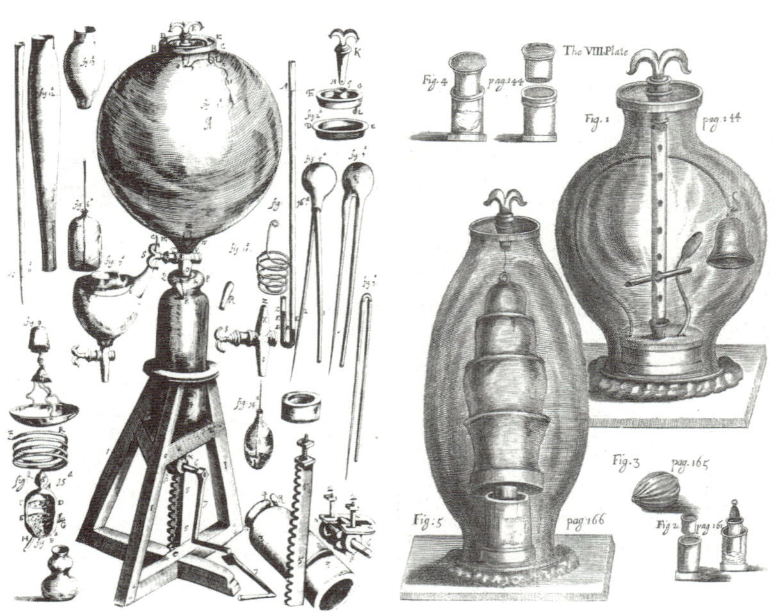

보일의 법칙 실험

개선했고, 1662년에 실험 결과를 묶어 발표하며 관계식을 체계화합니다.

하지만 보일보다 앞서, 이 관계를 관찰한 사람이 있었습니다. 1660년대의 과학자인 리처드 타운리와 헨리 파워예요. 이 두 사람은 공기를 유리관에 넣고 압력을 가하면서, 압력이 높아질수록 부피가 줄어든다는 사실을 관찰했어요. 그들은 공기의 압력과 밀도, 부피 사이에 관계가 있음을 언급하며 1663년, 헨리 파워의 책 『실험 철학Experimental Philosophy』에 이 내용을 수록합니다. 보일은 1662년, 이 관계를 정밀한 실험으로 확인하고, 이를 '타운리의 가설Mr. Towneley's Hypothesis'이라 부르며 공을 돌렸어요. 지금은 이 법칙을 '보일의 법칙'이라 부르지만, 보일은 자신보다 앞선 생각의 흐름을 정직하게 밝혀 두었답니다.

의심 많은 화학자

보일은 1661년에 대화체로 쓰인 과학서 『의심 많은 화학자』를 펴냈습니다. 이야기의 무대는 정원으로, 카르네아데스(보일의 분신격), 테미스티우스(아리스토텔레스파), 필로포누스(의방화학·연금술 옹호), 엘레우테리우스(중립적 사회자)가 토론을 이끌어요. 형식은 문학적이지만, 핵심은 분명합니다. 주장은 신념이 아니라 실험으로 검증해야 한다는 원칙이에요.

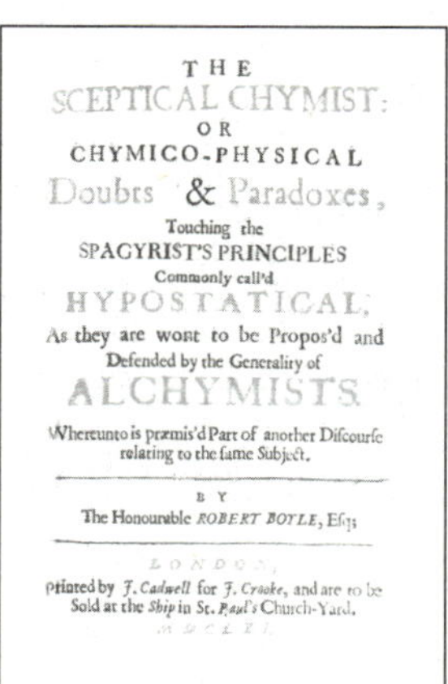

THE
SCEPTICAL CHYMIST:
OR
CHYMICO-PHYSICAL
Doubts & Paradoxes,
Touching the
SPAGYRIST'S PRINCIPLES
Commonly call'd
HYPOSTATICAL,
As they are wont to be Propos'd and
Defended by the Generality of
ALCHYMISTS.
Whereunto is præmis'd Part of another Discourse
relating to the same Subject.

BY
The Honourable *ROBERT BOYLE*, Esq;

LONDON,
Printed by *J. Cadwell* for *J. Crooke*, and are to be
Sold at the *Ship* in St. *Paul's* Church-Yard.

보일은 여기서 고대의 사원소설과 파라켈수스의 삼원소설을 비판하며, 물질을 미세한 입자의 결합으로 파악하는 관점을 제시했습니다. 더 나아가 '원소란 더 이상 다른 것으로 분해되지 않는, 완전히 섞이지 않은 것'이라고도 정의했지요. 결과적으로 『의심 많은 화학자』는 연금술적 설명에서 실험·관찰 중심의 화학으로 넘어가는 전환점이 되었고, 오늘날까지 근대 화학의 출발을 상징하는 저작으로 평가받고 있어요.

샤를의 법칙의 탄생

기체는 눈에 보이지 않지만 온도에 아주 민감하게 반응해요. 더우면 팽창하고, 차가우면 수축하지요. 마치 살아 있는 것처럼요. 프랑스 과학자 자크 알렉상드르 세자르 샤를Jacques Charles은 바로 이 점을 실험으로 탐구해 '압력이 일정할 때, 온도가 오르면 기체의 부피가 온도에 비례해 증가한다'라는 관계를 실험으로 밝혀내는 데 결정적 역할을 했습니다. 이것이 오늘 우리가 샤를의 법칙이라고 부르는 내용이에요.

샤를은 1746년, 프랑스 보장시Beaugency에서 태어났습니다. 1779년, 성인이 된 뒤 파리로 건너간 샤를은 전기와 기체를 주제로 공개 시연과 연구를 이어 갔고, 같은 시대 파리에 머물던 벤자민 프랭클린을 만나 전기와 공기에 대한 실험을 배우며 과학에 깊이 몰입하게 되었어요. 또한 그는 1783년, 로베르 형제와 함께 세계 최초의 수소 기구 비행을 준비하며 기체가 온도와 압력에 따라 달라지는 성질을 몸으로 겪은 과학자이기도 했습니다.

샤를은 약 1787년경, 여러 기체를 같은 조건에서 가열해 온도 상승에 따라 부피가 일정 비율로 늘어난다는 사실을 반복 실험으로 확인했습니다. 다만 그는 그 결과를 정식 논문으로 발표하지 않았어요. 그래서 실험 결과는 연구 노트로만 알려졌지요.

자크 알렉상드르 세자르 샤를

이 관계를 학술지에 명확히 발표한 사람은 조제프 루이 게이뤼삭Joseph Louis Gay-

Lussac입니다. 그는 1802년, 「기체와 증기의 팽창에 관한 연구Recherches sur la dilatation des gaz et des vapeurs」에서 "모든 기체는 같은 온도 간격에서 동일 비율로 팽창한다"라는 결론을 제시했고, 본문에서 샤를의 미발표 실험을 명시적으로 인용해 공을 돌렸어요. 이후, '압력이 일정할 때, 기체의 부피는 온도(절대 온도, K)에 비례한다', 즉 $V \propto T$(압력 일정)라는 형태가 교과서에 자리 잡으면서 이 법칙은 샤를의 법칙Charles's Law으로 불리게 됩니다.

열기구의 발명

하늘을 난다는 꿈은 아주 오래전부터 사람들의 상상력을 자극했습니다. 중국에서는 작은 종이 주머니 안에 불씨를 달아 뜨거운 공기로 띄우는 '천등(하늘 천, 공명 등)'이 오랫동안 쓰였어요. 전통적으로는 삼국지의 제갈량(공명)이 군사 신호에 활용했다는 이야기가 널리 전해지지요. 공명 등은 사실 지금 우리가 보는 열기구의 원리와 아주 비슷해요. 등 안쪽에서 불이 타오르면, 그 열로 인해 공기 분자가 빨리 움직이며 가벼워지고 위로 올라가게 되고, 등 안에 있는 공기가 주변보다 가벼워져 부력을 얻어 공중으로 떠오르게 되는 거예요. 영국의 과학사 연구자 조지프 니덤은 아주 이른 시기부터 중국에서 작은 열기구가 신호용으로 쓰였을 가능성을 제기했어요. 여기서 중요한 점은 '가열된 공기는 팽창해 주변 공기보다 가벼워진다'라는 원리를 아주 이른 시기에 생활 기술로 이용했다는 사실이에요.

이 원리가 사람이 타는 '유인 비행'으로 이어진 곳은 18세기 프랑스였습니다. 1783년 6월 4일, 프랑스 남부의 아노네Annonay에서 몽골피에 형제Joseph & Étienne Montgolfier가 종이와 천으로 거대한 풍선을 만들어 첫 공개 실험을 합니다. 풍선은 하늘로 올라가 수 분 동안 비행하며 사람들에게 큰 충격을 주었어요. 같은 해 9월 19일, 베르사유궁에서 몽골피에 형제가 양·오리·수탉을 태운 열기구를 띄우는 장면이 공개됐습니다. 동물 승객을 태운 열기구는 고도가 수백 미터에 이르렀고, 안전하게 착지했어요.

동물 실험이 성공하자, 몽골피에 형제는 사람도 탈 수 있을지 실험해 보기로 합니다. 마침내 1783년 11월 21일, 인류는 하늘을 나는 꿈을 현실로 만든 날을 맞이하게 돼요. 그날, 파리 근교 라 뮈에트La Muette 정원에서는 수많은 사람이 숨을 죽인 채 하늘을 올려다보고 있었습니다. 열기구에 올라탄 두 사람은 필라트르 드 로지에Pilâtre de Rozier와 귀족인 아를랑드 후작Marquis d'Arlandes이었어요.

두 사람은 몽골피에 형제가 만든 거대한 열기구 바구니에 올라탔습니다. 하지만 출발은 쉽지 않았어요. 기구 곳곳에서 바람이 새고, 이음새가 터지는 문제가 생겨 출발이 잠시 연기되기도 했지요. 사람들의 기대와 긴장 속에, 몽골피에 형제는 급히 기구를 수리했고, 마침내 불꽃이 타오르며 열기

몽골피에 형제의 열기구 실험

구가 천천히 하늘로 떠오르기 시작했어요. 열기구는 약 25분 동안 파리 상공을 9킬로미터가량 비행했고, 고도는 3,000피트에 이르렀다고 해요. 이 장면은 당대 파리에 머물던 벤자민 프랭클린이 직접 기록으로 남기기도 했답니다.

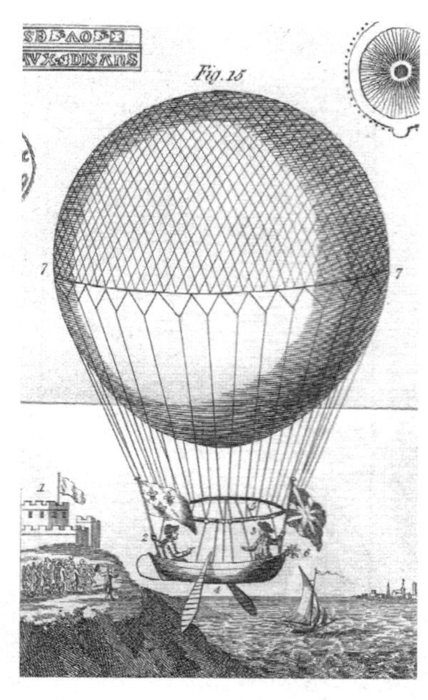

블랑샤르와 제프리스의 영국 해협 횡단

사람들은 열기구 열풍을 타고 장거리 비행에까지 도전하기 시작했습니다. 1785년 1월 7일, 프랑스의 장 피에르 블랑샤르Jean-Pierre Blanchard와 미국의 의사 존 제프리스John Jeffries는 영국 도버에서 프랑스 칼레까지, 영국 해협을 최초로 횡단하는 데 성공했어요. 이때 사용한 것은 뜨거운 공기가 아니라 수소 기체를 채운 기구였다고 해요.

하지만 같은 해에는 비극적인 사건도 일어납니다. 최초의 유인 비행을 했던 로지에가 뜨거운 공기와 수소를 결합한 '하이브리드 기구'로 영국 해협 횡단을 시도하다 1785년 6월 15일, 비행 도중 기체가 혼합되면서 폭발이 일어나 프랑스 불로뉴-쉬르-메르 근처 상공에서 추락해 세상을 떠났습니다. 이는 인류 최초의 항공 사망 사고로 기록돼요.

비행 도중 기체가 혼합되어 폭발하고 만 로지에의 열기구

수소 기구의 발명

이러한 한계는 공기보다 가벼운 기체 자체의 부력에 주목하게 만들었습니다. 1766년, 영국 화학자 헨리 캐번디시가 인화성 공기인 수소를 발견하면서, "공기보다 가벼운 기체라면 뜰 수 있다"라는 상상은 과학적으로 가능성을 띤 사건으로 바뀌기 시작했어요. 같은 시대 영국과 프랑스의 과학자들은 이 가벼운 기체를 모아 풍선을 띄우려는 실험을 잇달아 시도합니다. 특히 조지프 블랙은 수소의 부력을 이용한 풍선 가능성을

일찍이 제안했고, 손님을 초대한 자리에서 수소로 채운 풍선을 띄우는 시범을 보이기도 했어요. 이어 티베리우스 카발로가 1782년에 수소를 넣은 소형 풍선 실험을 공개해 대중의 관심을 끌었습니다.

결정적 발명은 1783년, 프랑스 파리에서 일어났습니다. 자크 샤를은 공기보다 가벼운 수소의 특성에 주목해, 로베르 형제와 손잡고 세계 최초의 수소 기구를 설계하기에 이릅니다. 그는 "수소를 풍선에 넣으면 뜨거운 공기보다 훨씬 강력한 부력을 얻을 수 있다"라고 생각했어요. 이것이 바로 수소 기구라는 새로운 발명으로 이어지게 되었지요.

하지만 문제는 수소가 천을 잘 빠져나간다는 점이었습니다. 로베르 형제는 이 문제를 해결하기 위해 테레빈유에 고무를 녹인 바니시로 비단 천을 코팅해 가스가 새지 않도록 했어요. 그들은 시각적으로도 두드러지도록 빨간색·흰색 실크를 번갈아 이어 붙였는데, 바니시 처리 과정에서 흰색이 연노랑으로 변색되어 빨강·노랑 줄무늬 풍선이 되었지요.

1783년 8월 27일, 파리의 샹 드 마르스Champ de Mars에서 사람들이 숨을 죽이고 지켜보는 가운데, 지금은 에펠탑이 세워져 있는 자리에서 세계 최초의 수소 기구가 하늘로 떠오릅니다.

풍선은 북쪽으로 약 45분간 비행했고, 약 21킬로미터 떨어진 고네스Gonesse라는 마을에 착륙했어요. 낯선 물체를 처음 본 마을 사람들이 겁에 질려 풍선을 찢어 버렸다는 일화는 당대 판화와 기록으로 남아 있지요.

1783년, 수소 기구가 처음으로 하늘을 날았을 때, 사람들은 흥분을 감추지 못했습니다. 그러고는 곧 이런 질문을 던집니다. "하늘을 나는 건 좋은데, 원하는 방향으로 움직일 수는 없을까?" 이 질문에 프랑스의 과학자 장 밥티스트 뫼스니에Jean Baptiste Meusnier는 길쭉한 모양의 기구에

최초의 수소 기구 비행

기구를 처음 본 고네스 사람들

내부 공기주머니Ballonnet를 넣고, 방향타와 추진 장치까지 결합한 설계를 제안합니다. 샤를과 로베르 형제는 이 아이디어를 받아들여, 실제로 조종이 가능한 초기 비행선을 만들기로 했어요.

1784년 7월 15일, 로베르 형제와 콜랭-헐랭M. Colin-Hullin, 그리고 루이 필리프 2세Louis-Philippe II가 탑승한 풍선은 생 클라우드Saint-Cloud를 출발해 뫼동Meudon까지 약 45분간 비행합니다. 비행선에는 방향타와 노가 달려 있었지만 실제로는 거의 작동하지 않았어요. 노를 젓는다고 해도 바람 앞에서는 역부족이었지요. 게다가 이 기구에는 가스를 빼내는 '가스 방출 밸브'가 없었어요. 그래서 고도가 너무 높아졌을 때, 기체가 팽창하면서 폭발할 위험이 있었어요. 이를 피하려고 탑승자들은 기구 안에 있는 공기주머니를 칼로 찢어야 했어요. 그만큼 이 비행은 위험하고 아슬아슬한 모험이었어요.

같은 해 9월 19일, 로베르 형제는 다시 한번 대기록을 세웁니다. 그들은 콜랭-헐랭과 함께 파리를 떠나, 북부 프랑스의 뵈브리Beuvry까지 무려 186킬로미터를 약 6시간 40분에 걸쳐 비행해요. 이는 인류 최초로 100킬로미터 이상을 비행한 기록으로 수소 기구가 장거리 비행에서도 뛰어난 잠재력을 지녔음을 보여 주었어요.

비행선의 탄생

하늘을 '조종하면서' 나는 방법을 처음으로 설득력 있게 보여 준 사람 중 한 명은 프랑스의 앙리 지파르Henri Giffard입니다. 1852년 9월 24일, 그는 증기 기관과 프로펠러를 단 비행선으로 파리 경마장부터 트라프까지 시속 약 10킬로미터의 속도로 비행했어요. 강한 바람을 이길 힘은 부족했지만, 동력과 조종 비행선의 가능성을 처음으로 증명한 장면이었습니다.

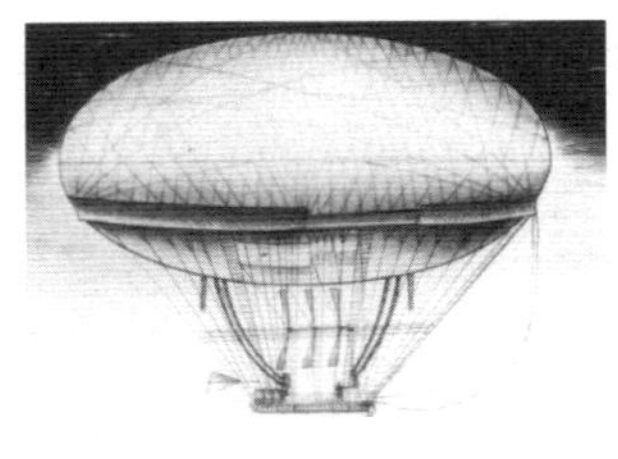
초기 비행선의 형태

하지만 한계는 분명했습니다. 증기 기관은 너무 무거웠고 출력 대비 효율이 떨어졌어요. 사람들은 더 가벼운 동력원을 찾아 나섰고, 이어서 전기 모터와 내연 기관이 차례로 시험 무대에 올랐습니다.

비행선의 산업화와 장거리화를 실제로 이끈 사람은 독일의 페르디난트 폰 체펠린Ferdinand von Zeppelin이었습니다. 그는 1900년, 보덴 호수에서 첫 경식 비행선 'LZ 1'을 띄워요. 경식 비행선은 구조가 단단한 강철 프레임을 가진 비행선이에요. 이 비행선은 '체펠린Zeppelin'이라는 이름

지파르의 비행선

으로 널리 알려졌고 장거리 여행과 군사용으로 크게 활약했어요.

이 강골 비행선을 기반으로 독일은 1909년, 세계 최초의 항공사 델라그DELAG를 세우고 1910년부터 정기 여객 운항을 시작합니다. 1910년에서 1914년 사이 1,500회 이상 비행, 3만 4천 명 이상 수송 등의 기록은 당시로서는 경이적인 성과였어요. 이렇게 비행선은 우편·여객·홍보 비행으로 대중의 하늘을 열었습니다.

그러나 전쟁은 비행선의 또 다른 얼굴을 드러냈습니다. 제1차 세계대전 동안 독일은 체펠린을 장거리 야간 폭격에 투입해 1915년~1916년 사이 영국 본토를 공격했어요. 전략적 효과는 제한적이었지만, 공중 전력의 심리적·정치적 파급을 각인시킨 사례였지요.

하지만 비행선의 시대는 극적인 사건 하나로 급격히 저물게 됩니다. 바로 1937년 발생한 힌덴부르크호Hindenburg 참사 때문이에요. 당시 세계 최대 규모였던 이 비행선은 독일에서 미국까지 대서양을 건너는 상업용 비행선이었어요. 같은 해 5월 6일, 뉴저지 레이크허스트에 접근하던 LZ 129 '힌덴부르크'는 착륙 도중 화재로 순식간에 불길에 휩싸이고 맙니다. 이 사고로 30명 이상이 사망했어요. 여전히 사고 원인은 정확하지 않지만 가연성 수소의 사용과 안전

런던 상공의 체펠린(1930년)

힌덴부르크호
폭발 장면

설계에 대한 한계를 여실히 드러낸 사건으로 기록되었지요. 결국 항공기의 발전과 맞물리며 비행선의 황금기는 빠르게 막을 내리고 말았습니다.

생각의 가지

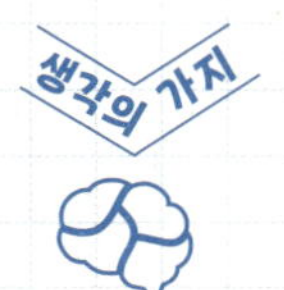

보일과 샤를의 법칙

- **보일의 법칙**
  - 온도가 일정할 때, (기체의 압력) × (기체의 부피) = 일정
- **샤를의 법칙**
  - 압력이 일정할 때, 기체의 부피는 온도(절대온도, K)에 비례한다.
  - $V \propto T$ (압력 일정)
- **열기구**
  - 가열된 공기는 팽창해 주변 공기보다 가벼워진다.
  - 몽골피에 형제
- **수소 기구**
  - 블랑샤르와 제프리스의 영국 해협 횡단
  - 자크 샤를과 로베르 형제
  - 공기보다 밀도가 낮아 큰 부력을 얻을 수 있다.
- **비행선**
  - 지파르_ 증기 기관과 프로펠러를 단 비행선
  - 체펠린_ 경식 비행선(강철 프레임)

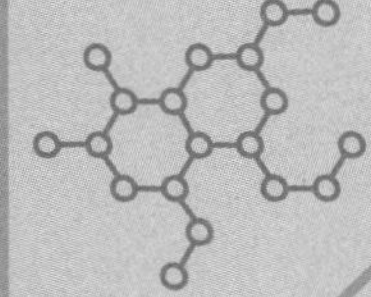

6장

질량 보존의 법칙에서 분자까지

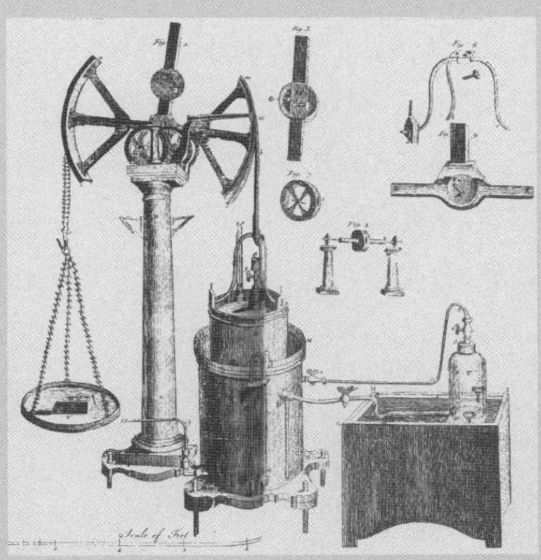

라부아지에의 『화학 개론』에 실린 저울

정교수의 pick

◆ 라부아지에 ◆ 질량 보존의 법칙 ◆ 프루스트 ◆ 일정 성분비의 법칙
◆ 존 돌턴 ◆ 배수 비례의 법칙 ◆ 원자설 ◆ 헨리의 법칙
◆ 게이뤼삭 ◆ 기체 반응의 법칙 ◆ 아보가드로

근대 화학 문법의 완성

18세기 후반, 화학은 정성적 관찰 중심에서 정량 측정 중심으로 바뀌기 시작했습니다. '얼마나'와 '무엇으로 이루어졌는가'를 묻는 실험이 화학의 중심이 되었지요. 녹슨 금속의 무게가 늘어난다는 사실은 단순한 우연이 아니었습니다. 라부아지에는 연소와 산화의 과정을 저울 위에서 확인하며 '질량 보존의 법칙'을 세웠어요. 그는 물질의 변화를 설명하는 기준을 신비가 아니라 수학과 측정으로 옮겼지요. 또한 프루스트는 화합물에서도 일정한 비율로 원소가 결합한다는 '일정 성분비 법칙'을 밝혔고, 돌턴은 서로 다른 화합물에서 '배수 비례 법칙'을 발견했어요. 이 세 가지 법칙은 함께 모여 근대 화학의 기초 문법이 되었습니다.

이제 화학은 눈앞의 반응을 묘사하는 데서 멈추지 않고 자연의 규칙을 찾아내는 과학이 되었습니다. 라부아지에, 프루스트, 돌턴 등이 연이어 결정적 결과를 내놓으며 한 시대의 화학을 이끌었어요. 그들의 실험은 물질의 본질을 묻는 새로운 질문을 열었지요.

라부아지에, 근대 화학의 문법을 세우다

앙투안 라부아지에

앙투안 로랑 라부아지에는 1743년 8월 26일, 프랑스 파리에서 태어났습니다. 아버지는 파리 고등법원의 변호사였고 부유한 가문 출신이었어요.

라부아지에는 1754년, 11살의 나이로 파리의 콜레주 데 카트르나시옹Collège des Quatre-Nations에 입학해 화학, 식물학, 천문학, 수학 등 다양한 과학 분야를 배웠습니다. 특히 천문학자 아베 니콜라 루이 드 라카이유Abbé Nicolas Louis de Lacaille의 영향을 받아 기상 관측과 정량적 사고에 눈을 떴고, 이후 기압과 기온의 일일 관측을 평생 습관처럼 이어 갔어요. 비가 오는 날에도, 눈이 오는 날에도, 라부아지에는 두꺼운 외투를 입고 옥상에 올라 바람의 방향, 구름의 모양, 습도, 기온 변화를 꼼꼼히 노트에 적었다고 해요.

과학에 대한 열정에도 불구하고, 라부아지에는 부모님의 뜻에 따라 법학을 공부합니다. 그는 법학 학사 학위를 받은 후, 정식 변호사 면허를 취득했지만 변호사로 활동하지는 않았어요. 대신 틈나는 대로 실험을 계속했지요.

1764년, 첫 화학 논문을 발표하다

과학에 대한 열정을 놓지 않은 라부아지에는 1764년, 21살의 나이에 석고(수화 황산 칼슘)의 물리·화학적 성질을 다룬 첫 논문을 프랑스 과학 아카데미에 발표합니다. 그는 실험을 통해 석고가 가열되면 수분을 잃고 무게가 변한다는 사실을 확인했어요. 다시 물을 흡수하면 굳어지는 성질도 과학적으로 분석했지요. 이 연구는 당시 과학계에서도 높은 평가를 받았어요.

지질 관찰과 기록의 중요성을 익히다

1763~1767년에는 장에티엔 게타르Jean-Étienne Guettard와 함께 프랑스 전역을 답사하며 암석·광물 지도를 제작했고, 1767년 알자스-로렌 지질조사에도 참여했습니다. 이 과정에서 라부아지에는 지질학적 관찰 방법과 자연현상 기록의 중요성을 몸으로 익혔어요.

도시 설계에 참여하다

1766년, 그는 도시 가로등 문제 개선에 대한 보고서를 제출해서 프랑

역사 속으로

계몽주의와 라부아지에

라부아지에가 청소년기와 청년기를 보내던 18세기 중반 프랑스는 계몽주의 시대였습니다. 지식, 이성, 실험을 중시하는 시대 분위기 속에서 라부아지에는 자연스럽게 과학에 대한 열정을 키울 수 있었어요. 그는 특히 피에르 맥케르Pierre Macquer가 쓴 화학 사전에 매료되었는데, 이 책은 당시 가장 체계적이고 현대적인 화학 개론서 중 하나였지요.

또한 라부아지에는 프랑스의 계몽주의 철학자 에티엔 콩디약Étienne Condillac에게도 큰 영향을 받았습니다. 콩디약은 "모든 지식은 감각과 경험에서 비롯된다"라고 강조했는데, 라부아지에는 이 생각을 깊이 받아들였고, 직접 관찰하고 실험하는 과학 방법론을 신념처럼 여기게 되었어요.

스 국왕 루이 15세로부터 금메달을 받았습니다. 또 1768년에는 프랑스 최고의 과학 기관인 프랑스 과학 아카데미Académie des Sciences에 준회원으로 선출되어 공식적인 과학 무대에 들어섰어요. 같은 시기, 라부아지에는 수로 설계 프로젝트에도 참여합니다. 목표는 이베트 강의 물을 파리로 끌어와, 시민들이 깨끗한 물을 마실 수 있도록 하는 것이었어요. 하지만 프로젝트가 중단되자, 센강의 물을 정화하는 방법을 연구하기 시작합니다.

공공 위생에도 관여하다

라부아지에는 공공의 건강과 위생에도 깊은 관심을 가진 과학자였습니다. 1772년, 파리의 대표적인 공공병원인 오텔듀Hôtel-Dieu에서 큰 화재가 발생합니다. 이후 병원 환경과 환기 문제가 사회적 쟁점이 되었고, 라부아지에는 실내 공기·환기·수질을 과학적으로 다루는 보고서를 작성하며 병원·도시 위생 전반에 과학적 기준을 적용하려 했어요.

호흡에 관한 실험을 하는 라부아지에(1770년)

페르메 제네랄과 담세벽

26살 무렵, 라부아지에는 과학자로 인정받는 한편, 페르메 제네랄Ferme générale이라는 왕실 세금 징수 금융회사 지분을 매입합니다. 이 회사는 왕실에 예상 세수를 선지급하고, 그 대가로 세금 징수권을 행사했어요. 라부아지에는 이 기관을 통해 안정적인 재정을 마련할 수 있었지요. 덕분에 그는 과학 연구를 자유롭게 할 수 있었고, 공공사업에도 적극적으로 투자할 수 있었어요. 하지만 프랑스 혁명이 일어나면서, 세금 징수원이라는 그의 신분은 그의 평판을 악화시키는 주요 요인이 됩니다. 그는 파리 도시 외곽에 담세벽(조세 장벽)을 건설하는 프로젝트를 맡았는데, 이 벽의 목적은 파리 안팎으로 출입하는 사람과 물품을 통제하고, 관세를 징수하기 위함이었어요. 하지만 이 벽은 시민들에게 경제적 부담을 주었고, 혁명 전야 불만을 키운 원인 중 하나가 되고 맙니다.

화약 위원회 활동과 이레네 뒤퐁

1775년, 프랑스 정부는 군수품, 특히 화약 공급 문제를 해결하기 위해 화약 위원회Commission on Gunpowder를 새로 조직합니다. 라부아지에는 이 위원회의 4명 중 한 명으로 화약의 원료와 제조 공정을 과학적으로 분석하고, 초석KNO_3, 숯, 유황S 같은 주요 원료들의 정제 방법을 표준화해 품질과 생산량을 크게 개선했어요. 그 공로로 왕립 무기고Royal Arsenal에 거주지와 실

라부아지에(왼쪽)와 뒤퐁(오른쪽)

험실을 배정받은 라부아지에는 약 17년 동안 연소 이론, 산소 연구, 질량 보존 법칙, 호흡 실험 등 근대 화학의 핵심이 되는 연구를 수행합니다.

라부아지에는 화약 제조법을 제자이자 동료였던 엘뢰테르 이레네 뒤퐁Éleuthère Irénée du Pont에게 전수했어요. 뒤퐁은 나중에 미국으로 건너가 듀폰 화약 회사DuPont Company를 설립했고 이 회사는 세계 최대 화학 기업 중 하나가 되어 현대 화학 산업의 역사에 큰 영향을 미쳤어요.

도량형을 개혁하다

1791년, 프랑스 혁명이 점점 격화되던 시기였지만, 라부아지에는 여전히 과학과 공공사업에 헌신하고 있었습니다. 그는 같은 해 3월, 새로운 단위 체계를 만들기 위한 도량형 위원회의 의장으로 선출되었어요. 라부아지에는 파리에서 북극까지 이어지는 자오선 길이의 1천만 분의 1을 1미터로 정하자는 제안을 했고, 위원회는 수학자들과 측량가들을 동원해 실제 측정에 들어갔어요. 그렇게 시작된 미터법은 1793년 8월 1일, 법제화를 거쳐, 이후 프랑스 정부의 공식 단위 체계로 자리 잡게 됩니다.

혁명 가운데 단두대의 이슬로 사라지다

하지만 그 무렵, 라부아지에의 삶은 전혀 다른 방향으로 흘러가기 시작합니다. 같은 해, 라부아지에는 페르메 제네랄 주주라는 신분 때문에 혁명가들의 표적이 되었어요. 그는 국가 세금을 사적으로 착복했다는 혐의, 담배에 물을 타서 품질을 떨어뜨렸다는 혐의 등 총 9가지 죄목으로 기소되었어요. 재판은 너무나도 빨리 진행되었고, 변론의 기회도 충분히 주어지지 않았어요. 결국 1794년 5월 8일, 라부아지에는 파리에서 단두대로 끌려가 처형당합니다. 그의 나이 50세였어요. 전해지는 이야기에 따르면, 라부아지에는 실험을 계속할 수 있게 해달라고 애원했지만, 판사는 "공화국은 과학자의 도움이 필요하지 않다"라고 냉정하게 거절했다고 해요.

하지만 시간이 흐른 뒤, 사람들은 라부아지에의 진가를 다시금 깨닫게 되었어요. 1795년, 프랑스 과학 아카데미는 그의 명예를 회복해 달라고 요청했고, 결국 라부아지에는 과학의 순교자로 불리며 복권됩니다. 오늘날 우리는 그가 남긴 유산 속에서 여전히 라부아지에의 정신과 마주하고 있어요.

라부아지에의 질량 보존의 법칙

1769년, 사람들은 유리병에 물을 넣고 오랫동안 끓이면 물 밑바닥에 고체 찌꺼기가 생기는 현상을 보고 "물에서 흙이 생겼다"라고 믿었습니다. 즉, 물이 흙으로 바뀌었다는 거예요. 요즘 생각하면 조금 황당한 이야기지만, 당시에는 과학적 근거로 받아들여졌던 설명이었어요.

하지만 라부아지에는 의문을 가졌습니다. 그는 유리 용기에 물을 담아 끓인 뒤, 용기 전체의 무게를 실험 전과 후로 정확히 측정했어요. 그 결과는 놀라웠어요. 반응 전 용기의 무게와 반응 후 생긴 침전물의 무게와 용기의 무게를 합친 값이 같았던 거예요. 이 침전물은 물이 흙으로 바뀐 게 아니라 유리가 조금씩 녹아 나온 결과였던 것이지요. 그는 이 결과를 1770년, 「물의 본성에 대하여Sur la nature de l'eau」로 아카데미에서 발표

라부아지에의 실험 장치

합니다.

라부아지에는 1772년에 아주 중요한 실험을 합니다. 이 실험은 오랫동안 과학자들을 사로잡았던 플로지스톤 이론에 결정타를 날려요. 당시에는 물질이 탈 때, 그 속에 들어 있던 플로지스톤이라는 불의 성분이 빠져나간다고 믿고 있었어요. 그래서 탈수록 가벼워지는 게 당연하다고 여겼죠. 하지만 라부아지에는 달랐어요.

라부아지에는 실험을 통해 정말 질량이 줄어드는지 확인하고자 했습니다. 라부아지에는 아주 큰 렌즈를 사용해 다이아몬드를 연소시키고, 연소 전과 후의 질량을 정밀하게 측정했어요. 놀랍게도 연소 후 생성된 물질의 질량은 오히려 더 늘어났습니다. 이 결과는 플로지스톤 이론으로는 설명할 수 없는 결과였어요. 만약 플로지스톤이 빠져나간다면 질량이 줄어야 하는데, 오히려 반대 결과가 나왔기 때문이에요. 라부아지에는 이렇게 결론을 내립니다.

연소란 무언가가 빠져나가는 게 아니라

공기 중에 있는 어떤 질량을 가진 기체와 결합하는 과정이다.

정리하자면, 그가 실험한 다이아몬드는 연소하면서 공기 속의 보이지 않는 무언가를 끌어당기고 있었고, 라부아지에는 이 기체가 공기 속에 있다는 것까지는 알아냈어요. 하지만 정확히 무슨 기체인지는 알지 못했지요. 이후 그는 1774년, 프리스틀리의 발견을 계기로 그 정체불명의 기체가 바로 산소라는 사실을 밝혀내게 돼요.

라부아지에는 이 실험을 통해 아주 중요한 사실 하나를 확신합니다.

화학 반응 전과 후에 물질의 총질량은 변하지 않는다.

가열 렌즈를 이용한 라부아지에의 연소 실험

이것이 바로 우리가 지금 배우는 질량 보존의 법칙이에요. 라부아지에는 이를 정량 실험의 원리로 삼아 교과서 『초등 화학 서론』에 체계화했고, 프랑스에서는 오늘도 "아무것도 잃지 않고, 아무것도 생겨나지 않으며, 모든 것은 변형될 뿐Rien ne se perd, rien ne se crée, tout se transforme"이라는 표현으로 가르치고 있어요.

프루스트의 일정 성분비의 법칙

1754년 9월 26일, 프랑스의 앙제Angers에서 한 아이가 태어납니다. 바로 조제프 루이 프루스트Joseph Louis Proust예요. 약제사의 아들로 태어난 프루스트는 어릴 때부터 아버지의 가게에서 약과 화학에 대해 배우며 자랐어요.

파리로 올라온 프루스트는 살페트리에르Salpêtrière 병원에서 약제사로 일하기 시작했습니다. 그리고 당대의 유명 열기구 비행사이자 과학자였던 필라트르 드 로지에와 교류하며 함께 화학 교육과 실험 활동을 이어갔어요.

1780년대 후반, 프랑스 학자들의 추천과 스페인 왕실의 요청으로 스페인에 초빙된 프루스트는 세고비아 왕립 포병 학교에서 화학과 야금학을 가르칩니다. 바로 이 시기에 프루스트는 실험을 통해 놀라운 사실을 밝혀냈어요. 천연 상태로 존재하는 염기성 탄산 구리와 실험실에서 인공적으로 만든 염기성 탄산 구리를 분석한 결과, 두 화합물 모두에서 구리, 탄소, 산소의 질량비가 정확히 같다는 것을 발견한 거예요.

이 실험을 통해 프루스트는 다음과 같은 중요한 결론을 내립니다.

조제프 루이 프루스트

원소들이 반응해 화합물을 만들 때,

원소의 조성비는 일정하다.

반응물이 얼마나 많이 섞여 있든지 간에, 반응하여 만들어지는 화합물 속의 성분비는 변하지 않아요. 다르게 말하면, 화합물은 늘 일정한 비율로 구성된다는 것이에요. 이러한 관찰은 단순한 경험의 결과가 아니라, 반복적인 실험과 비교·분석을 통해 얻은 과학적 사실이었습니다. 프루스트의 이 실험은 1799년경에 발표되었고, 이후 수많은 실험을 통해 확인되었어요. 프루스트는 이를 통해 현대 화학의 핵심 원리 중 하나인 일정 성분비의 법칙Law of Definite Proportions을 확립했어요. 이 법칙 덕분에 우리는 오늘날 화학식을 정확히 쓰고, 원소 간의 반응을 예측할 수 있는 기초 지식을 얻게 되었지요.

프루스트가 스페인의 세고비아에서 화학 교수로 활동하고 있던 1808

더 알아보기

구리의 녹청

오래된 구리 동상이나 구리 지붕이 초록빛으로 변해 있는 걸 본 적이 있을 거예요. 이것은 공기와 비에 의해 생긴 특별한 물질 때문입니다. 구리 금속이 공기 중의 산소, 이산화 탄소와 물을 만나면 생기는 화합물로, 염기성 탄산 구리가 대표적이에요. 이걸 녹청이라고도 부르는데, 구리가 오래되면 나오는 초록색이 바로 이 반응의 결과지요.

년, 나폴레옹은 스페인 원정을 감행합니다. 이 전쟁은 프랑스 혁명 이후 혼란스러운 유럽 정세 속에서, 나폴레옹이 스페인 왕위를 자기 형에게 넘기려다 벌어진 큰 사건이었어요. 스페인 국민은 게릴라전을 벌이며 저항했고, 결국 영국과의 연합군까지 개입하면서 전쟁은 수년간 이어졌어요. 이 혼란 속에서 프루스트가 연구하던 스페인의 연구소는 약탈과 방화로 큰 피해를 보았습니다. 실험 장비와 기록, 시약들이 모두 사라졌고, 프루스트는 연구를 계속할 수 없게 되었어요. 결국, 그는 프랑스로 돌아와 1826년 7월 5일에 고향인 프랑스 앙제에서 조용히 생을 마감합니다.

베르톨레의 반박

하지만 프루스트의 주장은 곧바로 받아들여지지는 않았습니다. 클로드 베르톨레Claude Louis Berthollet는 화합물의 조성이 변할 수 있다는 입장을 고수하며 프루스트와 논쟁을 벌였어요. 베르톨레는 1748년, 프랑스의 탈루아르Talloires에서 태어났습니다. 그는 의학 교육을 받았지만, 곧 화학으로 진로를 바꾼 프랑스 계몽기의 대표 화학자예요. 라부아지에와 함께 '새 화학 명명법(1787년)'을 정립했고, 화학 반응의 가역성·평형 사상을 이끈 이론가로 평가받지요.

베르톨레는 염소의 표백 작용을 산업적으로 도입한 선구자이기도 합니다. 1780년대 파리 자벨 지구 작업장에서 염소를 탄산칼륨 용액에 흘려 넣어 만든 차아염소산 칼륨 용액을 '자벨수Eau de Javel'라 부르며 직물을 표백하는 데 사용했고, 또 다른 표백제인 염소산 칼륨 $KClO_3$을 합성해

'베르톨레의 소금Berthollet's Salt'을 만들었어요. 베르톨레가 도입한 염소 표백은 이후 표백 산업의 비약적 전환점이 되었답니다.

클로드 루이 베르톨레

나폴레옹의 이집트 원정에서 베르톨레는 카이로에 이집트 연구소Institut d'Égypte 설립을 주도했습니다. 이 연구소는 과학 탐사를 지휘하고, 유적과 기술, 문화를 조사하며 기록하는 역할을 맡았어요. 그 성과는 1809년에서 1828년 사이에 간행된 『이집트에 관한 설명Description de l'Égypte』에 실렸으며, 우리는 이 책을 통해 고대 파라오의 유적, 피라미드의 구조, 이집트인의 기술 수준에 대해 더 많은 사실을 알 수 있게 되었어요.

귀국 후 베르톨레는 1803년, 그가 관찰하고 생각한 내용을 담은 『화학 정역학 에세이Essai de statique chimique』를 출간합니다. 이 책은 화학 반응이 정적 상태에서도 균형을 이룰 수 있다는 화학 평형의 개념을 제시한 아주 중요한 책이에요.

여기서 베르톨레와 프루스트의 논쟁이 벌어집니다. 프루스트는 "같은 '순수 화합물'은 항상 동일한 질량비로 성분이 결합한다"(일정 성분비의 법칙)라고 주장했고, 베르톨레는 "제조 방법과 조건에 따라 조성비가 달라질 수 있다"라고 맞섰습니다. 논쟁의 핵심은 무엇을 '같은 화합물'로 볼 것인가였지요.

베르톨레가 제시한 예 중 하나는 철 산화물이었습니다. 철과 산소의 질량비가 어떤 시료는 Fe:O = 56:16, 다른 시료는 56:24로 서로 다르므로 일정 성분비의 법칙이 틀렸다고 주장했어요. 이에 프루스트는 그 둘은 화합물 자체가 다르다고 반박합니다. 전자는 산화 제일철FeO, 후자는 산화 제이철Fe_2O_3에 해당하며, 같은 화합물 내부의 비율이 바뀐 것이 아니라 서로 다른 화합물을 섞은 결과라는 지적이었어요. 프루스트의 주장은 "같은 화합물에서는 항상 같은 비율로 이루어진다"라는 말이었지, "다른 화합물끼리도 비율이 같아야 한다"라고 말한 게 아니었어요. 이 공방은 학술지에서도 수년간 이어졌고, 결국 '같은 화합물의 조성은 일정하다'

역사 속으로

이집트 원정과 화학 평형의 기초

나폴레옹은 뛰어난 지략가이면서 과학과 예술을 아끼는 지도자였습니다. 베르톨레는 수학자인 가스파르 몽주Gaspard Monge와 장 밥티스트 푸리에Jean-Baptiste Fourier와 함께 이집트 원정에 참여해요. 이 원정에서 세 사람은 이집트의 기술과 문화를 연구합니다.

베르톨레가 특히 주목한 곳은 나일강 삼각주 서쪽 사막에 있는 나트론 호수Wadi el-Natrun였습니다. 이 호수에는 자연적으로 생긴 나트론Natron이라는 광물이 있었어요. 나트론은 수화 탄산 나트륨이라는 물질인데, 고대 이집트인들은 미라를 만들 때 방부제로 쓰거나 유리 제조에 사용했어요. 베르톨레는 관찰 과정에서 놀라운 사실을 발견합니다. 자연에서 나트론이 만들어지는 과정은, 실험실에서 화학자들이 하던 방식과 정반대였어요. 이 발견은 화학 반응이 항상 한 방향으로만 진행되지 않고 되돌아갈 수도 있다는, 즉 가역 반응이 실제 자연에서도 일어난다는 걸 보여 주는 중요한 단서였어요. 이 관찰은 훗날 화학 평형 개념으로 발전하는 출발점이 되었습니다.

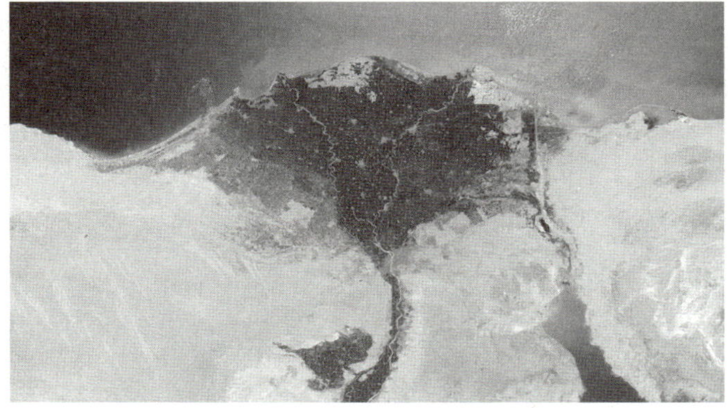

나일강 삼각주

라는 원칙이 정착합니다.

근대 화학의 아버지 돌턴

'근대 화학의 아버지', '화학의 언어를 발명한 인물'로 불리는 존 돌턴J. Dalton은 1766년 영국 컴벌랜드 지방의 작은 마을 이글스필드Eaglesfield에서 태어났습니다. 그의 집은 퀘이커교도 집안이었고 아버지는 직조공이었지요.

어린 돌턴은 존 플레처가 운영한 퀘이커 학교에서 기초를 닦았고, 열 살 무렵부터 부유한 퀘이커교도인 엘리후 로빈슨Elihu Robinson의 집에서 일하며 수학·천문·기상에 눈을 떴습니다. 로빈슨은 단순히 고용주가 아니었어요. 그는 수학과 기상학에 관심이 많은 아마추어 과학자였고, 어린 돌턴에게 많은 영향을 주었습니다. 로빈슨은 돌턴에게 천문학과 수학 문제를 함께 고민하게 해 주었는데, 이 경험은 훗날 돌턴이 기압, 기상, 색각 이상, 그리고 원자 이론을 탐구하는 데 토대가 되었어요.

15살이 되던 해에는 형 조너선과 함께 켄달Kendal의 퀘이커 학교에서 학생들을 가르치기 시작했고, 1793년에는 맨체스터 아카데미Manchester Academy의 수학 및 자연 철학 교사로 임용되어 맨체스터로 이주했어요. 당시 옥스퍼드와 케임브리지 같은 대학은 성공회 신자만 입학을 허용했기 때문에 돌턴은 소위 '반대자들의 아카데미'라 불리던 이곳에서 공부를 이어 갔습니다. 이 아카데미는 훗날 여러 변화를 거쳐 옥스퍼드대 해리스 맨체스터 칼리지로 계승돼요.

돌턴은 평생 기상학에 큰 관심을 가졌습니다. 1787년부터 시작한 관측 일지는 평생 20만 건이 넘는 기록을 남겼고, 북부 레이크 디스트릭트 일대를 오르내리며 고도에 따른 기압·기온·습도 변화를 꾸준히 측정했어요. 이 같은 습관은 이후 돌턴의 정량 화학과 기체 연구의 토대가 되었지요.

존 돌턴

1801년 10월, 돌턴은 협회에서 중요한 강연을 발표합니다. 제목은 〈실험적 수필 Experimental Essays〉이었는데, 강연의 내용은 혼합기체의 구성, 증기와 증기압, 증발, 열에 의한 기체의 팽창 등이었어요. 여기서 돌턴은 "모든 기체는 낮은 온도와 강한 압력으로 결국 액화될 수 있다"라고 밝힙니다. 이는 훗날 기체 액화 연구 발전에 기여해요.

[분압의 원리 발견]

돌턴은 0도에서 100도 사이에서 여러 액체의 증기압을 측정하며 "온도가 오르면 기체의 압력이 높아진다"라는 사실을 알아냈습니다. 이 내용은 프랑스의 게이뤼삭이 1802년, 자크 샤를의 미발표 결과를 인용해 발표한 법칙과 일치해요.

이어서 1803년 10월, 돌턴은 또 하나의 중요한 논문을 발표합니다. 제목은 「물과 다른 액체에 의한 기체의 흡수에 대하여 On the Absorption of Gases by Water and Other Liquids」예요. 이 논문에서 돌턴은 기체 혼합물의 전체 압력은, 같은 온도에서 각각의 기체가 단독으로 있을 때 압력의 합과 같다는 법칙을 밝혀요. 이것이 바로 '돌턴의 분압 법칙Dalton's Law of Partial Pressures'이에요. 예를 들어, 공기 속에는 질소, 산소, 이산화 탄소 등이 섞여 있어요. 이 각각의 기체의 압력(분압)을 모두 더하면 전체 공기의 압력이 된다는 뜻이에요.

[배수 비례의 법칙]

우리는 물질이 여러 가지 원소로 이루어져 있다는 것을 알고 있습니다. 예를 들어, 물은 수소와 산소, 이산화 탄소는 탄소와 산소, 암모니아는 질소와 수소가 결합해서 만들어져요. 그런데 원소들이 아무렇게나 섞여서 화합물을 만드는 건 아니에요. 항상 일정한 규칙이 있답니다. 그 규칙 중 하나가 바로 1803년, 돌턴이 발견한 배수 비례의 법칙이에요.

돌턴의 색각 이상 보고

우리는 빨강, 파랑, 노랑을 당연하게 구분하며 살아갑니다. 하지만 어떤 사람들은 이 색이 다르게 보이거나, 아예 구별되지 않기도 해요. 이런 상태를 우리는 색맹Color Blindness 또는 색각 이상이라고 불러요. 이 증상을 처음 과학적으로 연구한 사람이 바로 돌턴이에요.

1794년, 돌턴은 맨체스터에 도착한 직후 맨체스터 문학 및 철학 협회Lit & Phil의 회원이 됩니다. 그리고 몇 주 뒤, 그는 자신의 첫 논문인 「색채의 시각과 관련된 놀라운 사실」을 발표합니다. 돌턴은 자신과 형이 모두 같은 색을 구별하지 못한다는 사실에 의문을 품고 관찰했어요. 그는 이 현상이 단순한 개인 문제를 넘어서 유전될 수 있다는 가능성을 처음으로 제기합니다. 이 때문에 색각 이상을 가리키는 'Daltonism'이라는 말이 생겼어요.

돌턴은 자신의 색맹이 안구 속 액체의 색이 변해 생긴 문제라고 생각했어요. 즉, 눈 안의 어떤 매질이 빨강과 녹색 빛을 왜곡시킨다고 본 거예요. 그의 이론은 오늘날 기준으로 보면 정확하지 않지만 그는 자신의 증상을 관찰하고 과학적 가설로 설명하려고 한 첫 번째 인물이었어요.

두 가지 원소가 두 개 이상의 화합물을 만들 때,

한 원소의 일정한 양과 결합하는 다른 원소의 질량들은 정수비를 이룬다.

예를 들어 볼까요? 탄소C와 산소O는 두 가지 다른 화합물을 만들 수 있어요. 하나는 일산화 탄소CO, 다른 하나는 이산화 탄소CO_2예요. 두 경우 모두 탄소 1그램이 기준이 되도록 비교해 보면 일산화 탄소CO에서는 탄소 1그램당 약 1.33그램의 산소가 결합해요. 이산화 탄소CO_2에서는 탄소 1그램당 약 2.66그램의 산소가 결합하지요. 그런데 놀라운 사실은 탄소와 결합하는 산소의 비율이 2.66 ÷ 1.33 = 2, 즉 정수가 된다는 거예요. 돌턴은 일련의 사례들을 통해 이 규칙이 보편적 패턴임을 제시했고, 이것이 훗날 원자설의 결정적 근거가 됩니다.

[원자설의 탄생]

1803년, 돌턴은 배수 비례의 법칙을 통해 원자설을 주장했습니다. 바둑알로 원자를 비유해 볼까요? 주머니 속에 검은 바둑알과 흰 바둑알이 섞여 있다고 합시다. 검은 바둑알은 '검은 원소', 흰 바둑알은 '흰 원소'를 나타내요. 주머니에서 바둑알을 한 움큼 꺼내서 조합하는 경우의 수를 생각해 보도록 하지요.

처음에는 검은색 3개, 흰색 2개가 나왔습니다. 이걸 접착제로 붙이면 하나의 화합물 A가 돼요. 다음에는 검은색 2개, 흰색 1개가 나왔어요. 이것 역시 화합물 B를 만들 수 있어요. 두 화합물 모두 검은 원소와 흰 원소로 구성되었지만, 결합한 개수는 서로 달라요. 이때 화합물 A와 B에서 한 개의 검은 바둑알이 결합한 흰 바둑알 수의 비율을 따져 보면 A에서는 2개,

B에서는 1개니까 2:1이 되어 간단한 정수비가 되는 걸 알 수 있어요. 이것이 바로 배수 비례의 법칙이에요.

그렇다면 정수비는 왜 나올까요? 주머니 속 바둑알의 종류가 똑같기 때문이에요. 다시 말해, 검은 바둑알은 검은 원소의 원자 하나, 흰 바둑알은 흰 원소의 원자 하나를 나타내요.

돌턴은 "원소는 더 이상 나눌 수 없는 가장 작은 입자인 '원자'로 되어 있다"라고 생각했어요. 그리고 원자들이 결합할 때는 항상 1개, 2개, 3개처럼 정수 단위로 결합한다고 믿었어요. 그래서 화합물을 만들 때도 그 비율은 언제나 정수비가 되는 거예요.

돌턴은 1808년, 『화학 철학의 새로운 체계A New System of Chemical Philosophy』라는 책에서 원자설을 다음과 같이 정리했어요.

1. 물질은 더 이상 쪼갤 수 없는 원자로 이루어져 있다.
2. 원자의 종류는 원소에 따라 정해지며, 같은 원소의 원자는 질량과 성질이 서로 같고, 다른 종류의 원자는 질량과 성질이 서로 다르다.
3. 화학 변화가 일어날 때 원자는 새로 생성되거나 소멸하지 않는다.
4. 화학 변화는 원자가 서로 결합하거나 분해하는 변화이므로 화학 변화의 기본 단위는 원자이다.
5. 두 가지 원소가 둘 이상의 화합물을 만들 때, 한 원소의 일정한 양과 결합하는 다른 원소의 질량은 정수비를 이룬다.

돌턴은 이해를 돕기 위해 원자 기호를 도입했습니다. 그는 수소 원자를 기준(1)으로 삼아, 여러 원소의 상대적인 무게를 정리하기 시작했어요. 그는 산소, 질소, 탄소, 황, 인처럼 일상에서 많이 만나는 원소들의 상대적인 무게를 알아냈어요. 즉, 수소 원자와 비교했을 때 상대적으로 몇 배 무거운가를 나타낸 수치로 나타낸 거지요.

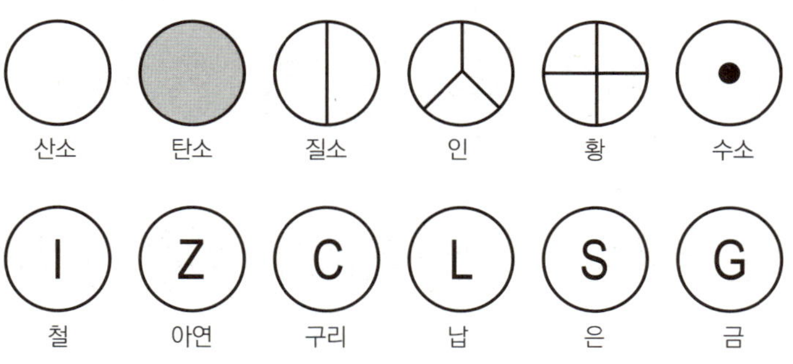

돌턴의 원소 기호

돌턴은 이 숫자를 어떻게 구했을까요? 그는 1803년 9월, 실험 노트에 화합물들의 성분비를 표로 정리하고, 그 자료를 바탕으로 상대 원자량을 계산했습니다. 이때 돌턴은 오늘날 우리가 쓰는 분자식(H_2O, NH_3, CO_2)을 그대로 쓰지 않았고, 당시 관례대로 가장 단순한 정수비로 된 '물 = HO', '암모니아 = NH'처럼 표기했어요. 특히 물에 대해서 돌턴은 '수소 1개와 산소 1개가 결합한다'라고 가정했고, 당시에 알려진 물의 조성치를 근거로 수소:산소 질량비를 대략 1:5.6(또는 1:7 전후)으로 잡았습니다. 그래서 수소를 1이라고 할 때, 산소의 상대 원자량을 약 5.6(또는 7 전후)으로 기록했어요.

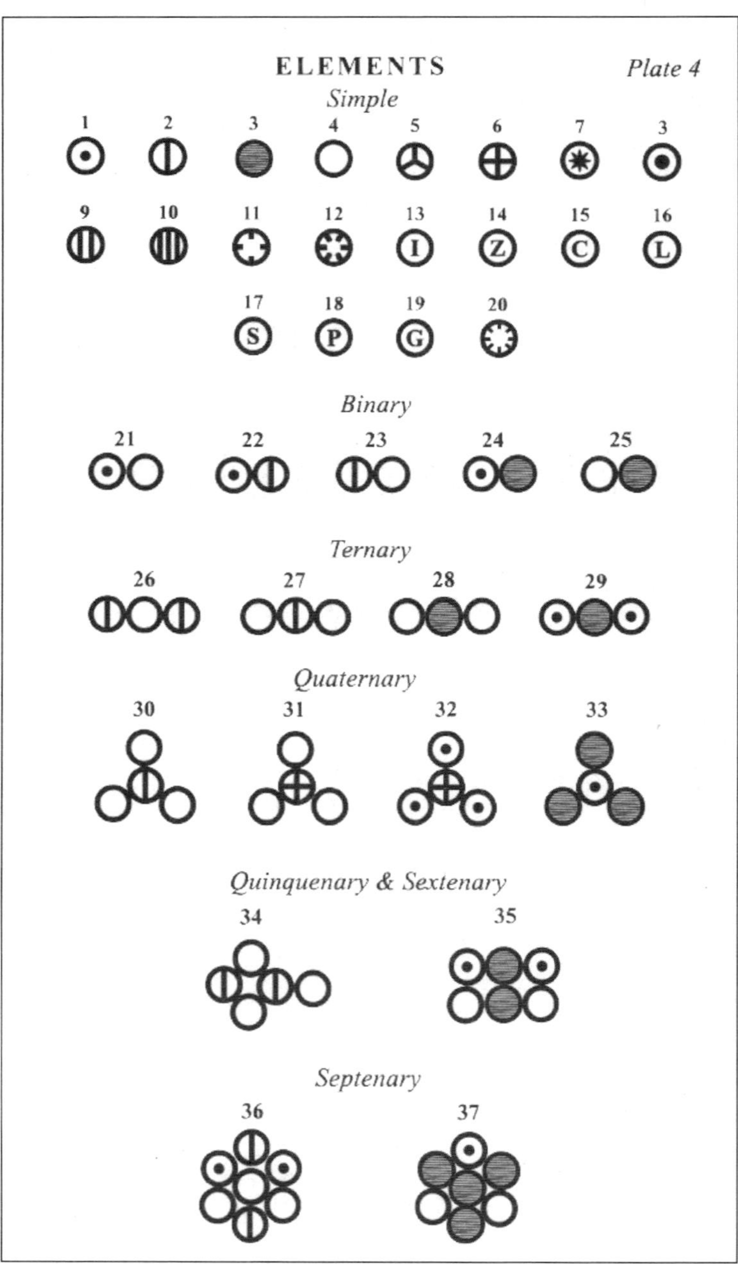
ELEMENTS
Plate 4
Simple
1
2
3
4
5
6
7
3
9
10
11
12
13
14
15
16
17
18
19
20
Binary
21
22
23
24
25
Ternary
26
27
28
29
Quaternary
30
31
32
33
Quinquenary & Sextenary
34
35
Septenary
36
37

돌턴의 상대적 원자량

헨리의 법칙

윌리엄 헨리

콜라병 뚜껑을 열면 기포가 튀어나오는 까닭은 무엇일까요? 액체 속에 녹아 있던 이산화 탄소가 압력이 떨어지자 밖으로 빠르게 빠져나오기 때문입니다. 이 현상을 처음으로 체계화한 사람이 영국 화학자 윌리엄 헨리William Henry입니다.

헨리는 맨체스터 출신으로, 의학자이자 윤리학자로 유명한 토머스 퍼시벌의 제자였습니다. 그는 맨체스터 인퍼머리 병원에서 존 퍼리어John Ferriar 등과 일하며 의학과 화학을 함께 공부했어요. 1795년에는 에든버러 대학교로 진학해 의학 학위를 준비했지만, 건강 문제로 의사로서는 그리 오래 활동하진 못했어요. 대신 헨리는 화학 연구에 전념하며 연구 업적을 착실히 쌓아 갔지요.

1803년, 헨리는 왕립 학회의 학술지에 기체가 물에 녹는 정도를 실험한 논문을 발표했어요. 그는 이산화 탄소, 산소, 수소 등과 같은 다양한 기체들이 서로 다른 압력과 온도에서 물에 얼마나 녹는지를 정밀하게 측정했어요. 그 결과, 그는 다음과 같은 놀라운 결론을 얻었어요.

기체가 액체에 녹는 양은, 주어진 온도에서 그 기체의 압력에 비례한다.

이 간단하면서도 강력한 법칙은 오늘날까지 '헨리의 법칙Henry's Law'

으로 알려져 있습니다. 예를 들어, 탄산음료 병은 뚜껑이 닫힌 상태에서는 압력이 높아 이산화 탄소가 물에 잘 녹아 있어요. 하지만 병을 열면 압력이 낮아지면서 녹아 있던 기체가 빠르게 빠져나오지요.

헨리는 맨체스터 문학·철학 협회에서 존 돌턴과 만납니다. 돌턴은 기체 혼합과 용해 현상을 원자·분압 개념으로 해석했고, 헨리는 대량의 정량 데이터로 이를 뒷받침했어요. 두 사람의 만남은 헨리의 법칙(용해 평형)과 돌턴의 분압 법칙(기체 혼합)을 서로 맞물린 하나의 원리로 정립하는 데 기여했습니다. 후에 돌턴은 이렇게 설명했어요.

왜 어떤 기체는 물에 잘 녹고, 어떤 기체는 거의 녹지 않을까?
그것은 기체를 구성하는 원자의 무게와 수에 따라 달라지기 때문이다.
즉, 기체는 아주 작은 입자인 원자들로 이루어져 있고,
그 원자들이 액체로 들어가서 균형을 이루는 방식에 따라 녹는 양이 다르다.

윌리엄 헨리는 1799년, 『실험 화학의 기초Elements of Experimental Chemistry』라는 책도 썼습니다. 그는 어려운 과학 개념을 실험 중심으로 쉽게 설명하려고 노력했어요. 이 책은 30년 동안 무려 11판이 발간될 만큼 당시 학생들과 일반인에게 큰 인기를 끌었어요.

화학을 숫자와 문자의 언어로 바꾼 베르셀리우스

베르셀리우스Jöns Jacob Berzelius는 1779년, 스웨덴 외스테르게틀란드

엔스 야코브 베르셀리우스

Östergötland지방 베베르순다Väversunda에서 태어났습니다. 어릴 때 부모를 차례로 잃고 친척들의 보살핌 속에서 자란 베르셀리우스는 자연 표본을 모으고 분류하는 데 즐거움을 느끼며 과학적 호기심을 키웠습니다. 1796년, 베르셀리우스는 웁살라 대학교에서 의학을 공부했는데, 거기서 탄탈럼의 발견자인 안데르스 구스타프 에케베리에게서 화학을 배웠고, 약국 견습생으로 일하며 유리 세공·증류·용액 조제 등 실험 기술을 탄탄히 익힙니다. 훗날 그가 분석한 메데비 온천수 연구는 스웨덴에서 그의 이름을 널리 알리는 계기가 되었어요.

1807년, 베르셀리우스는 스톡홀름의 카롤린스카 연구소(당시 의·약학 대학)에서 화학·약학 교수로 임명됩니다. 1808년에는 스웨덴 왕립 과학 아카데미 회원이 되었고, 1818년부터 사망할 때까지 학회를 재건하며 스웨덴 과학을 이끌었어요. 그는 수많은 실험과 연구를 정리하고, 체계화하는 데 힘을 쏟았답니다.

[문자로 쓰는 화학, 현대 기호와 식의 출발]

1813년, 베르셀리우스는 새로운 원소 기호 체계를 도입합니다. 그는 원소를 라틴어 이름의 첫 글자(필요하면 두 글자)로 표기하고, 화합물의 비(개수)는 숫자로 적었어요. 오늘날과의 차이는 아래첨자 대신 위첨자를 썼다는 점뿐입니다. 예를 들어, 물은 오늘날의 표기법으로 H_2O로 나타내지만 당시에는 H^2O처럼 썼지요. 이 원칙은 지금 사용하는 Fe(철), O(산소), Hg(수은; Hydrargyrum) 같은 기호 체계의 뼈대를 사실상 완성했습니다.

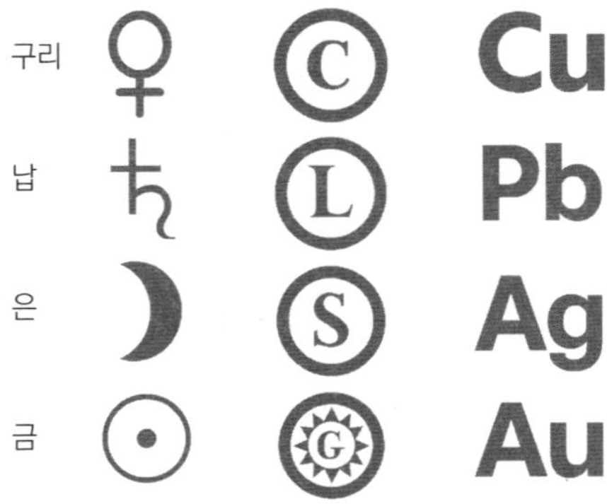

순서대로 연금술사, 돌턴, 베르셀리우스의 원소 기호

베르셀리우스는 삼산화 황이 황 원자 1개와 산소 원자 3개로 이루어져 있으므로 SO_3라고 쓰자고 주장했습니다. 또한 그는 산소를 점으로 나타내고 중복된 원소에 대해서 줄 기호를 사용하자고도 했어요. 예를 들어, 삼산화 황은 산소 원자 3개이므로 왼쪽 그림처럼 점을 찍어 나타냈어요. 그리고 물은 수소 원자 2개와 산소 원자 1개로 이루어져 있으니까, 아래 그림처럼 수소를 나타내는 H를 쓰고 아래에 줄을 그은 다음, O를 나타내는 점을 찍었지요. 하지만 이런 기법들은 널리 채택되지 못했고 문자와 숫자 표기법이 주류가 되었습니다.

베르셀리우스의 방법으로 나타낸 삼산화 황(SO_3) 줄기호로 나타낸 물(H_2O)

베르셀리우스는 수십 종 무기화합물의 정밀 분석을 통해 원자량Atomic Weight표를 만들었습니다. 특히 산소를 100으로 정한 다음, 여러 원소의 상댓값을 산출했고, 1826년에 개정해 더 정밀하게 정리했어요. 물론 지금은 탄소의 원자량을 12로 두고 다른 원소들의 원자량을 결정하지만, 그의 표는 오늘날 기준으로 환산해도 상당히 정확하다고 해요.

원자량으로 노벨상을 받은 리처즈

미국인 최초로 노벨 화학상을 받은 리처즈

19세기가 끝날 무렵, 화학자들은 더 정밀한 수치를 얻고 싶어 했습니다. 실험 기구가 발전하고 측정 단위가 세분화되면서 새로운 질문도 탄생하지요. 바로 "과연 원자의 무게를 얼마나 정확히 잴 수 있을까?"라는 질문이었어요. 그리고 그 연구의 흐름은 유럽에서 미국으로 넘어갑니다.

시어도어 윌리엄 리처즈Theodore William Richards는 미국 펜실베이니아 저먼타운에서 태어났습니다. 화가인 아버지와 시인인 어머니 밑에서 태어난 그는 학문과 예술이 자연스럽게 어우러진 집안에서 자랐어요. 어머니에게서 대부분의 기초 교육을 받았던 그는 어느 여름, 가족과 함께 찾은 로드아일랜드 뉴포트에서 인생을 바꾸게 되는 사람을 만나게 됩니다. 바로 하버드 대학교의 조시아 파슨스 쿡 교수였어요. 쿡 교수는 작은 망원경으로 리처즈에게 토성의 고리를 보여 주었고, 그 순간 리처즈는 자연과 우주에 대한 깊은 호기심을 품게 되었어요.

이후 리처즈는 14세에 해버포드에 진학했고, 곧 하버드로 옮겨 공부를 이어 갑니다. 그는 이때 쿡 교수의 지도를 받으며 본격적으로 원자량 연구에 입문하게 돼요. 그는 '수소에 대한 산소의 원자량'을 주제로 아주 정밀한 실험을 계속했어요.

리처즈는 1880년대 후반부터 원자량을 가능한 한 정확하게 구하는 새 실험법을 개발했습니다. 원자량을 정확하게 구하는 데 방해가 되는 오차를 체계적으로 제거하는 장치를 고안해 정확도를 끌어올렸어요. 이런 방법론 덕분에 그는 1912년 무렵까지 중요 원소 30여 종의 원자량을 기존보다 훨씬 정밀하게 다시 결정했고, 평생에 걸쳐 수백 편의 논문을 발표했습니다. 리처즈는 '다수 원소의 원자량을 전례 없이 정확히 결정'한 업적을 인정받아 1914년에 노벨 화학상을 받습니다.

특히 리처즈는 방사성 광물에서 유래한 납과 일반 납의 원자량이 서로 다름을 정밀하게 보여 주었습니다. 여러 연구에서 방사성 광물에서 얻은 납의 원자량은 약 206, 일반 납은 약 207 정도로 반복해서 나타났어요. 리처즈의 관측은 '같은 원소라도 원자량이 달라질 수 있다'는 사실을 뒷받침했습니다. 이후 유럽과 미국의 여러 연구팀이 잇달아 같은 결론을 내면서, "한 원소 안에 서로 다른 원자량을 가진 존재가 있다"라는 현대적 개념, 즉 동위 원소의 개념이 과학자들 사이에서 설득력을 얻기 시작했어요.

게이뤼삭의 기체 반응의 법칙

리처즈가 원자 하나의 무게를 다듬어 '숫자의 토대'를 놓았다면, 그 위에 '기체의 법칙'을 세우며 구조를 완성한 주역은 게이뤼삭이었습니다. 그리고 이제 무대는 원자량 표에서, 부피로 말하는 기체의 세계로 옮겨 갑니다.

조제프 루이 게이뤼삭은 프랑스 오트비엔Haute-Vienne 지방의 생레오

나르 드 노블라Saint-Léonard-de-Noblat에서 태어났습니다. 그는 혁명기의 격변 속에서 에콜 폴리테크니크에 들어가 수학·물리·화학을 배웠고, 이어 당대의 유명 화학자 베르톨레의 조수가 되어 파리 아르쾨이유의 연구 모임에서 본격적으로 실험 화학을 공부합니다.

조제프 루이 게이뤼삭

게이뤼삭은 단지 실험에만 몰두한 과학자가 아니었습니다. 그는 1809년부터 소르본 대학교에서 물리학을 가르쳤고, 1839년에는 프랑스 동료원(상원)에 입성하며 정치적으로도 영향력을 발휘했어요. 그는 과학 정책과 산업 문제에 관여했으며, 과학의 자율성을 강조한 인물로도 알려져 있어요.

[게이뤼삭의 기체 반응의 법칙]

당시에는 돌턴의 원자설이 널리 영향력을 넓혀가던 때였지만, 게이뤼삭은 그것만으로는 설명할 수 없는 이상한 법칙을 발견했습니다. 그는 다양한 기체끼리 반응할 때, 그 반응하는 기체들의 부피 비율이 이상하리만큼 딱 떨어진다는 것을 알아차렸어요. 예를 들어, 수소와 산소가 만나 수증기를 만든다면, 다음처럼 정확한 정수비가 나타났습니다.

수소 기체 2부피 + 산소 기체 1부피 → 수증기 2부피

2 : 1 : 2

게이뤼삭은 이것을 '기체 반응의 법칙'이라고 불렀어요. 정리하자면, 같은 온도와 압력에서 반응물과 생성물의 부피가 항상 간단한 정수비를 이룬다는 거예요. 이 법칙의 놀라운 점은, 질량이 아니라 '부피'가 기준이라는 점입니다. 기체들이 마치 "나는 2칸 쓸게, 넌 1칸 써!"라고 약속이나 한 것처럼, 꼭 정수 단위로 반응한다는 사실은 당시로선 정말 놀라운 일이었어요.

문제는 당시 널리 퍼진 돌턴의 원자설과 잘 맞지 않았다는 점이었습니다. 돌턴은 물을 H－O(수소 1개 + 산소 1개)로 가정했고, 또 수소·산소 같은 기체 원소를 단원자(한 개 원자) 기체처럼 취급하는 경향이 있었습니다. 이런 가정 아래서는 '2부피의 수소 + 1부피의 산소 → 2부피의 수증기'라는 수비 관계를 원자 수의 보존과 함께 깔끔하게 설명하기 어려웠지요.

그래서 기체 반응의 법칙은 돌턴의 원자설로 설명할 수 없었어요. 예를 들어, 수소 원자를 ●, 산소 원자를 ○라고 해 보지요. 돌턴은 수소와 산소가 1:1로 결합해 물을 만든다고 생각했어요.

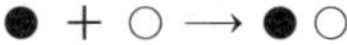

그런데 수소 2개, 산소 1개를 반응시키면 다음과 같아요.

●● + ○→●○●○

이 반응을 자세히 보면 수소 원자는 2개로 그대로지만, 산소 원자는 1개에서 2개로 늘어난 걸 볼 수 있습니다. 그런데 질량이 보존된다는 사실은, 반응에서 원자가 새로 생기거나 사라지지 않는다는 뜻이므로, 반응 전후에 원자 수가 보존되어야 해요. 하지만 산소 원자가 1개에서 2개로 갑자기 늘어났으니 돌턴의 원자설로는 부피 비를 설명할 수 없지요. 이 문제를 해결하는 사람은 바로 이탈리아의 아보가드로라는 과학자예요.

분자의 개념을 창시한 아보가드로

수소 2부피 + 산소 1부피 → 물 2부피

숫자는 분명했지만 이유는 아직 아무도 몰랐습니다. 이 모순을 설명해 준 사람이 바로 아메데오 아보가드로Amedeo Avogadro예요. 그는 숫자 뒤에 분자의 세계가 숨어 있다고 생각했어요.

아보가드로는 1811년에 다음과 같은 주장을 발표했습니다.

기체는 원자 하나가 아니라, 여러 개의 원자가 모인 분자 단위로 존재한다.

기체의 부피는 원자가 아니라 분자의 수에 따라 결정된다.

이 말은 수소 기체는 '수소 원자'가 아니라 '수소 분자'(●●)로 존재한다는 뜻이에요. 산소 기체도 마찬가지로, 산소 원자 2개로 이루어진 분자(○○)로 존재한다고 주장했어요.

이제 기체 반응을 분자로 그리면 다음과 같아요.

수소 분자 두 개 (●● ●●) + 산소 분자 하나 (○○)
= 수증기(물의 기체 상태) 분자 두 개 (●○● ●○●)

아보가드로의 분자 이론을 적용하면 반응 전후의 원자 수가 정확히 같고, 질량 보존의 법칙에도 정확하게 들어맞아요. 게다가 기체의 부피 비 2:1:2도 설명할 수 있지요.

따라서 같은 온도와 압력에서 같은 부피의 기체에는 같은 수의 입자(분자)가 들어 있으므로 위 반응은 2분자(H_2) : 1분자(O_2) → 2분자(H_2O)가 되어, 부피 정수비 = 분자 개수의 정수비로 정리할 수 있어요. 수소와 산소가 본래 이원자 분자(H_2, O_2)임을 생각하면, 물 분자가 H_2O(수소 2, 산소 1)여야 함도 자연스럽게 이해할 수 있지요. 이 아이디어 덕분에 과학자들은 기

아메데오 아보가드로

기체의 종류

모든 기체 분자가 똑같이 생긴 건 아닙니다. 어떤 기체는 원자 하나로, 어떤 기체는 원자 두 개로, 어떤 기체는 원자 세 개로 이루어져 있어요. 이들을 각각 단원자 분자, 이원자 분자, 삼원자 분자라고 불러요. 단원자 분자로는 헬륨(He), 네온(Ne), 아르곤(Ar) 같은 기체가 있고, 이원자 분자로는 산소, 수소, 질소, 염소와 같은 기체가 있어요. 삼원자 분자의 예로는 물 분자, 이산화 탄소 분자가 있어요.

체의 부피 관계를 분자 수의 정수비로 번역할 수 있었고, 물(H_2O)처럼 오늘 우리가 쓰는 현대적 화학식을 확립할 수 있었어요.

나아가 아보가드로는 같은 온도와 압력에서 같은 부피의 기체는 기체의 종류와 관계없이 같은 수의 입자를 갖고 있다는 것을 알아냈어요. 수소 1리터나 산소 1리터, 수증기 1리터나 이산화 탄소 1리터처럼 기체의 종류에 상관없이 그 속에 들어 있는 분자 수는 같다는 뜻이에요. 결국 아보가드로의 이 한 가지 통찰 덕분에 우리는 기체의 반응을 분자 개수의 언어로 명확하게 설명할 수 있게 되었어요.

질량 보존의 법칙에서 분자까지

- **라부아지에**
  - 지질 관찰, 도시 설계, 공공 위생에 관여함.
  - 담세벽과 화학 위원회 참여
  - 도량형 개혁(미터법)
- **질량 보존의 법칙**
  - 다이아몬드 연소 실험
  - 화학 반응 전과 후에, 물질의 총질량은 변하지 않는다.
- **프루스트의 일정 성분비의 법칙**
  - 두 원소가 반응해 화합물을 만들 때, 원소의 조성비는 일정하다.
  - 베르톨레_ 제조 방법과 조건에 따라 조성비가 달라질 수 있다고 주장
- **돌턴**
  - 분압의 원리, 배수 비례의 법칙, 원자설
  - 원소는 더 이상 나눌 수 없는 가장 작은 입자인 원자로 되어 있다.
- **헨리의 법칙**
  - 기체가 액체에 녹는 양은, 주어진 온도에서 그 기체의 압력에 비례한다.
- **게이뤼삭의 기체 반응의 법칙**
  - 일정한 온도와 압력에서 기체가 반응할 때, 반응하는 기체와 생성되는 기체의 부피 사이에는 간단한 정수비가 성립한다.
- **아보가드로**
  - 같은 온도와 압력 하에서 기체의 부피는 원자의 종류가 아니라 분자의 수에 따라 결정된다.

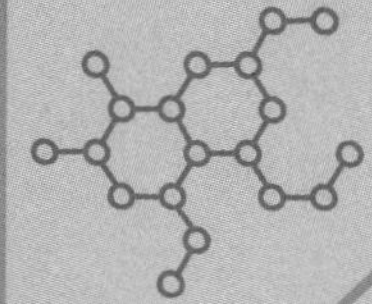

7장

산과 염기의 발견

식초를 넣으면 단백질이 천천히 변성되어 쉽게 가라앉지 않는 단단한 머랭이 된다.

정교수의 pick

◆ 산과 염기 ◆ 리트머스 시험지 ◆ 글라우버
◆ 라부아지에 ◆ 염 ◆ 암모니아

산과 염기가 드러낸 물질의 본성

부엌은 가장 작은 실험실입니다. 성질이 다른 식재료들이 함께 모여 있고, 그 차이가 맛과 질감, 색을 바꾸어 놓기 때문이지요. 식초, 레몬, 요구르트처럼 신맛이 나는 음식은 대부분 산성이에요. 고기를 레몬즙이나 식초에 재우면 단백질이 부드러워지고, 특유의 냄새도 사라져요. 반면 베이킹소다는 염기성입니다. 반죽 속 산성 성분과 만나 기포를 만들어 빵을 부풀게 하지요. 머랭을 만들 때 식초를 한 방울 넣으면 단백질 구조가 안정되어 단단한 거품이 만들어지고, 캐러멜을 만들 때는 산성 재료를 조금 섞어 설탕이 뭉치지 않게 합니다. 젤라틴이 산성에서 잘 굳지 않는 것도 이런 화학적 성질 차이 때문이지요. 하지만 오랫동안 사람들은 이런 변화를 '감각'으로만 구분했어요. 신맛, 쓴맛, 미끈거림 같은 체험이 화학의 언어로 번역되기까지는 긴 시간이 필요했지요. 식초와 잿물과 같은 생활 재료에서 시작해, 왕수와 리트머스 같은 실험 도구를 거쳐, 마침내 실험실의 비커로 이어지는 흐름 속에서 산과 염기는 과학의 개념으로 자리 잡았어요.

고대 그리스의 산과 염기

지금은 산과 염기를 pH 수치, 지시약, 중화 반응을 통해 배웁니다. 그런데 지금처럼 pH와 이론으로 체계화된 것은 19~20세기, 비교적 근대의 일이에요. 고대 사람들은 산과 염기를 혀와 코로 느끼며 구분했어요. 말 그대로 '맛보고' 이해한 셈이죠.

고대 그리스 사람들은 산과 염기의 성질을 막연하게만 알고 있었습니다. 맛과 감각, 일종의 작용으로 어림잡아 이해했지요. 그들은 물질을 구별하기 위해 다양한 실험을 했어요. 그중 하나로 미각을 사용해 신맛, 쓴맛, 짠맛, 단맛에 따라 물질을 구분했지요. 이 지식이 로마에 전해지면서 로마 사람들은 식초나 레몬주스와 같은 신맛이 나는 물질을 산Acid이라고 부르기 시작했는데, 이 단어는 '신맛'을 뜻하는 라틴어 acidus에서 왔어요. 반면 알칼리Alkali는 '잿물' 또는 '재'를 뜻하는 아랍어 al-qalīy에서 온 말로, 식물재를 태워 얻은 탄산염 용액을 가리켰어요. 당시 염기Base는 산을 중화시키는 물질로 알려져 있었지만, 이 시기에는 염기에 관한 체계적인 연구가 이루어지지 않았지요.

본격적인 연구는 이슬람 황금시대와 르네상스를 거치면서 더 활발해집니다. 연금술사들은 산에 대해 더 많이 이해하기 시작했어요. 특히 강한 산성 용액이 금속을 부식시키고, 심지어 암석까지 녹일 수 있다는 사실이 알려지면서 많은 연금술사가 실험에 뛰어들었지요. 중세 시대의 연금술사들은 이러한 산성 물질과 염기성 물질을 실험에 적극적으로 활용했습니다. 염산, 황산, 아세트산, 구연산 같은 산성 물질, 그리고 암모니아수, 잿물(오늘날의 수산화 나트륨에 해당), 소다(탄산 나트륨), 탄산 칼륨 같은 염기성 물질을 혼합하거나 가열하면서 다양한 반응을 관찰했지요. 이후 르네상스를 지나 근대로 넘어오면서 실험 문화가 급격히 발달하기 시작합니다. 리트머스나 제비꽃 시럽과 같은 식물성 지시약을 이용해 산성과 염기성을 구분하고 중화 실험을 하는 등, 산과 염기는 감각의 언어에서 숫자와 기호의 언어로 옮겨오게 됩니다.

왕수, 금을 녹이다

이슬람 과학자들은 증류·승화·여과 같은 공정을 정교하게 다듬으며 금속이나 광석을 다루는 데 활용했습니다. 그 과정에서 도가니나 레토르트, 알람빅 같은 장치가 크게 발전했지요. 특히 자비르 이븐 하이얀은 식초(아세트산)를 여러 번 증류해 산 성분을 농축하는 방법도 알아냈어요. 이 실험은 후에 산의 분리와 정제에 관한 기초 실험으로 이어졌고, 자비르는 염산 제조에도 성공합니다.

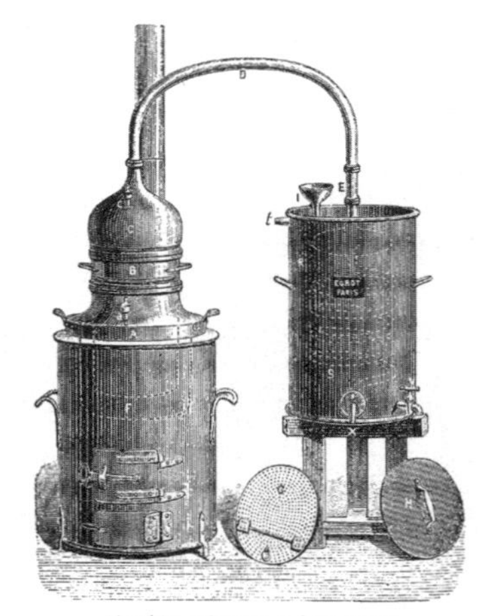

Alambic ordinaire à bain-marie.

이슬람 시대 실험 도구인 알람빅

자비르는 실험을 통해 염화 나트륨(소금)과 황산을 반응시켜 기체 상태의 염화 수소HCl를 만들고, 이것을 물에 녹여 액체 상태의 염산을 만들었습니다. 그는 이 강한 산을 이용해 금속을 부식시키고 광석을 분해하며, 다른 금속 정제 과정

백금이 왕수 속에서 녹으며 기포를 만드는 모습

에 응용했어요. 또 초석을 가열해 질산을 얻기도 했지요.

산은 금속 대부분을 녹이지만 금이나 백금은 산에 녹지 않아요. 자비르는 염산과 질산을 3:1로 혼합해 금을 녹일 수 있는 '왕수Aqua Regia'를 만들었어요. 왕수는 진한 질산과 진한 염산의 혼합액입니다. 이름 그대로 왕의 물인데, 금과 백금 같은 귀금속까지 녹일 수 있어 붙은 이름이에

역사 속으로

보이지 않는 노벨상 메달

제2차 세계대전, 유럽이 전쟁과 공포로 뒤흔들리던 그 시기, 덴마크 코펜하겐의 닐스 보어 연구소에서는 조용하지만 위대한 과학적 저항이 펼쳐집니다. 그 중심엔 헝가리 출신의 과학자 게오르크 헤베시George de Hevesy가 있었어요. 1935년, 독일 정부는 감옥에 있던 평화운동가 카를 폰 오시에츠키Karl von Ossietzky가 노벨 평화상을 받자 분노했어요. 이에 히틀러는 "앞으로 어떤 독일인도 노벨상을 받거나 보유하는 것을 금지한다"라는 명령을 내립니다. 나치에게 메달을 뺏길 것을 염려한 헤베시는 연구소에 맡겨져 있던 막스 폰 라우에Max von Laue와 제임스 프랑크James Franck의 메달을 왕수에 녹이기로 합니다. 그는 두 개의 노벨 메달을 왕수로 녹였어요. 그리고 그 용액을 플라스크에 담아 연구소 한쪽 시약 선반에 올려놓았어요. 덕분에 메달은 나치의 눈을 피할 수 있었지요. 전쟁이 끝난 1945년, 헤베시는 연구소로 돌아왔고, 그는 왕수 안의 금을 정제해 스웨덴 왕립 과학 아카데미와 노벨 재단에 보냈어요. 그리고 다시 주조된 메달은 라우에와 프랑크의 품에 돌아갈 수 있었답니다.

요. 두 산이 섞이면 염소Cl_2와 나이트로실 클로라이드NOCl 같은 물질이 생성됩니다. 이 용액에 금을 담그면 금 표면이 Au^{3+} 상태로 산화되고, 동시에 용액 속 염소 이온Cl^-과 결합해 금의 화합물이 만들어지지요. 즉, 금이 흔적도 없이 사라지게 됩니다.

리트머스 시험지의 발명

우리가 과학 시간에 쓰는 리트머스 시험지는 지의류Lichen에서 얻은 염료 혼합물을 종이에 흡착시킨, 가장 오래된 산·염기 지시약 가운데 하나입니다. 산성 용액에서는 파란 리트머스가 붉게, 염기성 용액에서는 붉은 리트머스가 파랗게 변하지요. '리트머스Litmus'라는 용어 자체도 '물이 드는 이끼'라는 뜻의 옛 노르웨이어에서 왔다고 해요.

이 리트머스 염료를 처음 사용한 사람은 스페인의 의사인 아르날두스 데 빌라 노바Arnaldus de Villa Nova예요. 1240년경에 태어난 그는 프랑스 몽펠리에에서 의학을 공부합니다. 그는 프랑스, 카탈루냐, 이탈리아를 거쳐 여행하다 1281년, 아라곤 왕의 주치의로 임명돼요. 이후 1285년, 아라곤 왕국의 표트르 3세가 사망하자 몽펠리에 의과대학으로 돌아가 학생들을 가르쳤지요. 1291년부터 1299년까지, 데 빌라 노바는 프랑스 파리 의과대학에서 활

아르날두스 데 빌라 노바

동하며 의사로서 큰 명성을 얻었어요. 그의 환자 중에는 세 명의 교황과 세 명의 왕이 있었을 만큼 그의 의술은 널리 알려져 있었지요.

그는 단순히 병만 고친 게 아니라 약물과 화학 물질에 대한 실험도 많이 했습니다. 특히 이끼와 곰팡이가 함께 사는 지의류라는 특이한 식물을 관찰했는데, 지의류에서 특별한 색소를 추출해 실험을 합니다. 이 색소를 적신 종이를 산성 용액에 넣었더니 붉게, 염기성 용액에 넣었더니 파랗게 색이 바뀌었어요. 그로부터 약 400년 뒤, 과학자 로버트 보일은 이 색소가 묻은 종이를 이용해 산성과 염기성을 구분하는 실험 도구를 만들었는데, 이 종이가 바로 '리트머스 시험지'예요.

실험실에서 공장으로

1604년, 독일의 칼슈타트 암 마인이라는 마을에서 한 소년이 태어났습니다. 그의 이름은 요한 루돌프 글라우버예요. 그는 유럽 여러 도시를 옮겨 다니며 일한 약제사이자 연금술사였습니다. 넉넉하지 않은 가정 형편 때문에, 학교를 오래 다니진 못했지만, 빈, 잘츠부르크, 바젤, 파리, 프랑크푸르트, 쾰른 같은 도시의 약국과 실험실을 옮겨 다니며 배우고 실험하고 약을 만들었어요. 그가 가장 오래 머문 도시는 네덜란드의 암스테르담이에요. 그곳에서 그는 자신의 실험실을 만들고, 황산, 질산, 황산 나트륨(글라우버 소금) 같은 새로운 화학 물질을 개발하고 판매하는 사업을 했어요. 이 사업은 한때 큰 성공을 거두었지요.

하지만 글라우버는 사업가로서는 너무 순진했어요. 자신이 개발한 기술과 실험 방법을 공짜로 알려주거나, 돈보다 과학적인 가치에 더 관심을 두었지요. 그러다 결국 1649년, 글라우버는 파산하고 말았어요. 그는 살던 곳을 떠나, 독일 베르트하임이라는 도시로 이사합니다. 뼈 아픈 실패에도 그는 포기하지 않았어요. 다시 약제사로 일하면서, 연구도 계속했지요. 하지만 1660년, 오랜 시간 실험에 사용했던 중금속(납, 수은, 안티모니)에 노출된 글라우버는 시름시름 앓기 시작합니다. 엎친 데 덮친 격으로 1666년에는 마차에서 떨어지는 사고를 당해 하반신을 크게 다쳐 움직이지 못하게 되지요. 그 뒤로는 침대에 누운 채로 생활해야 했고, 가족을 위해 책과 실험 도구들을 팔면서 생계를 이어 갔어요. 그리고 1670년 3월 16일, 그가 그렇게 사랑했던 도시 암스테르담에서 조용히 세상을 떠납니다.

요한 루돌프 글라우버

[글라우버의 황산 제조법]

글라우버 이전의 연금술사들은 녹색 유리석 같은 광물을 가열하거나 유황을 태워 나오는 연기를 모으는 등 경험적인 방법으로 일종의 황산을 얻으려 했습니다. 하지만 이 방법은 위험했고 얻을 수 있는 황산의 양도 아주 적었어요. 게다가 불순물이 많아서 실제로 사용하기가 어려웠지요.

이에 글라우버는 좀 더 체계적인 제조법을 떠올립니다. 그는 황S을 공기 중에서 태워서 이산화 황SO_2을 만들었어요. 여기에 질산HNO_3 같은 산화제를 넣어 삼산화 황SO_3을 만든 다음, 물에 녹여 황산H_2SO_4을 만들었지요. 이 방법은 당시에 더 좋은 품질과 충분한 양의 황산을 얻을 수 있게 해 주었어요. 그리고 훗날 산업용 황산 제조로 이어지는 중요한 출발점이 되었지요. 글라우버가 만든 황산은 순도도 높고, 양도 많아서 염료 제조, 금속 가공, 유리·세제 생산, 그리고 과학 실험에 실용적으로 쓰였답니다.

[글라우버의 소금]

글라우버의 이름을 오늘까지 남긴 것은 그가 1620년대에 주목한 황산 나트륨 십수화물$Na_2SO_4 \cdot 10H_2O$, 일명 '글라우버 소금Glauber's salt' 때문이에요. 보통 소금이라고 하면 흔히 하얗고 짠 식탁용 소금을 떠올리기 쉽습니다. 하지만 글라우버가 만든 소금은 음식뿐만 아니라, 약이 되기도 하고, 화학 수업에 등장하기도 하고, 심지어 공업 재료로도 쓰였어요. 글라우버 소금은 황산 나트륨이라는 화합물에 물 분자 10개가 붙어 있는 결정인데, 이렇게 물을 품은 소금을 수화염Hydrated salt이라고 불러요.

글라우버 소금은 아주 신기한 성질을 가지고 있습니다. 이 소금을 가

글라우버의 소금

열하면 물이 빠져나가고, 식히면 다시 물을 흡수해서 결정이 생겨요. 이처럼 열을 가했다가 식히면 다시 원래 모습으로 돌아가는 특징 때문에, 글라우버 소금은 열을 저장하거나 조절하는 재료로 연구·활용되기도 해요.

라부아지에의 산·염기 이론

산과 염기에 대한 이론을 체계화한 과학자는 프랑스의 앙투안 라부아지에입니다. 18세기 중엽까지는 금속이 산과 만나 기체를 내며 '소금(염)'을 만든다는 사실이 조금씩 알려져 있었는데, 실험을 통해 이 기체가 수소임을 체계적으로 보고한 이는 헨리 캐번디시였어요. 그는 아연 같은 금속을 산에 넣어 나오는 기체가 '가연성 공기', 즉 수소임을 보여주었고, 라부아지에는 이 기체가 산소와 결합해 물을 만든다는 점에서, 그것을 '수소(물을 만드는 자)'라고 불렀어요. 예를 들어, 아연Zn을 황산 H_2SO_4에 넣으면 수소H_2가 생기고 용액에는 황산 아연 $ZnSO_4$이 만들어져요. 이 반응에서 생성된 황산 아연처럼, 산의 음이온과 금속 양이온으로 만들어진 화합물을 우리는 염 또는 소금이라고 불러요. 그래서 황산 아연도 하나의 염류인 거예요.

또한 라부아지에는 이러한 화학 반응 속에서 특히 황과 산소로 이루어진 그룹인 황산 이온SO_4이 하나의 원소처럼 반응한다는 사실에 주목해요. 그리고 여기에 라디칼Radical이라는 이름을 붙입니다. 예를 들어, 황산의 '황산 라디칼'처럼 특정 산을 만드는 공통의 핵심 부분이 있다고 생각

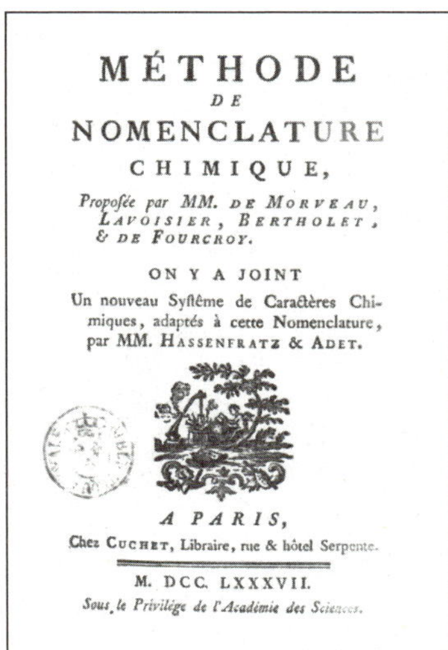

MÉTHODE
DE
NOMENCLATURE
CHIMIQUE,

Propoſée par MM. DE MORVEAU, LAVOISIER, BERTHOLET, & DE FOURCROY.

ON Y A JOINT
Un nouveau Syſtême de Caractères Chimiques, adaptés à cette Nomenclature, par MM. HASSENFRATZ & ADET.

A PARIS,
Chez CUCHET, Libraire, rue & hôtel Serpente.

M. DCC. LXXXVII.
Sous le Privilége de l'Académie des Sciences.

314 COMBINAISONS DE L'ACIDE BOMBIQUE.

TABLEAU des combinaiſons du Radical bombique oxygéné, ou Acide bombique, avec les ſubſtances ſalifiables, par ordre alphabétique.

	Noms des baſes ſalifiables.	Noms des ſels neutres. Nomenclature nouvelle.
Combinaiſons de l'acide bombique avec :	L'alumine........	Bombiate d'alumine.
	L'ammoniaque......	Bombiate d'ammoniaque.
	L'oxide d'antimoine.	Bombiate d'antimoine.
	L'oxide d'argent....	Bombiate d'argent.
	L'oxide d'arſenic....	Bombiate d'arſenic.
	La baryte..........	Bombiate de baryte.
	L'oxide de biſmuth.	Bombiate de biſmuth.
	La chaux..........	Bombiate de chaux.
	L'oxide de cobalt...	Bombiate de cobalt.
	L'oxide de cuivre...	Bombiate de cuivre.
	L'oxide d'étain.....	Bombiate d'étain.
	L'oxide de fer......	Bombiate de fer.
	L'oxide de manganèſe.	Bombiate de manganèſe.
	La magnéſie........	Bombiate de magnéſie.
	L'oxide de mercure.	Bombiate de mercure.
	L'oxide de nickel...	Bombiate de nickel.
	L'oxide d'or.......	Bombiate d'or.
	L'oxide de platine..	Bombiate de platine.
	L'oxide de plomb...	Bombiate de plomb.
	La potaſſe.........	Bombiate de potaſſe.
	La ſoude..........	Bombiate de ſoude.
	L'oxide de zinc.....	Bombiate de zinc.

Nota Toutes ces combinaiſons ont été inconnues aux anciens Chimiſtes.

라부아지에의 『화학 명명법』

한 거예요. 오늘날의 '자유 라디칼'과는 다르지만, 일종의 '산의 골격'을 가리키는 당시의 용어였답니다.

라부아지에는 화학명을 올바르게 사용하는 운동을 벌이기도 했습니다. 전에는 알가로트 분말, 황의 간, 비소 버터와 같은 연금술사들의 용어를 사용했는데, 라부아지에는 이를 바로 잡아야 한다고 생각했어요. 라부아지에는 1777년, 드 모르보, 베르톨레, 푸르크루아와 함께 『화학 명명법Méthode de Nomenclature Chimique』이라는 책을 씁니다. 라부아지에는 연금술식의 잡다한 이름은 버리고 구성과 규칙을 반영한 이름으로 바꾸자고 제안했어요. 이 개혁은 곧 표준이 되었고, '황산 기름'이라 부르던 것은 황산으로, 황산이 금속과 반응하여 만들어진 염은 황산염으로 불리게 되었어요.

라부아지에의 다음 목표는 완벽한 화학 교과서를 쓰는 일이었습니다.

그는 자신이 정리한 새로운 화학 개념과 실험 결과들을 바탕으로, 모두가 이해할 수 있는 체계적인 책을 만들고자 했어요. 그리고 마침내 1789년, 『화학 개론Traité élémentaire de chimie』을 출간합니다. 이 책은 근대 화학의 출발점이 되었고, '화학의 문법책'이라고 불릴 만큼 중요한 의미를 지니게 되었답니다.

TRAITÉ
ÉLÉMENTAIRE
DE CHIMIE,
PRÉSENTÉ DANS UN ORDRE NOUVEAU
ET D'APRÈS LES DÉCOUVERTES MODERNES;
Avec Figures:
Par M. LAVOISIER, de l'Académie des Sciences, de la Société Royale de Médecine, des Sociétés d'Agriculture de Paris & d'Orléans, de la Société Royale de Londres, de l'Institut de Bologne, de la Société Helvétique de Basle, de celles de Philadelphie, Harlem, Manchester, Padoue, &c.
TOME PREMIER.
A PARIS,
Chez GUCHET, Libraire, rue & hôtel Serpente.
M. DCC. LXXXIX.
Sous le Privilège de l'Académie des Sciences & de la Société Royale de Médecine.

라부아지에의 『화학 개론』

이 책은 모두 3부로 구성되어 있으며, 1부에서는 기체의 연소와 산의 생성에 관한 내용을 담고 있습니다. 2부에서는 두 가지 원소가 만드는 염에 관한 내용이고, 3부는 화학 실험 장치의 작동법에 관한 내용이에요. 이 책에서 라부아지에는 오랫동안 화학을 지배해 온 사원소설을 거부합니다.

자연계의 모든 물질이 네 가지 원소로 이루어져 있다는 것은 단순한 가정에 불과하다. 모든 진실은 실험을 통해 밝혀져야 한다.

하지만 라부아지에는 한 가지 큰 실수를 저지르고 맙니다. 그는 "모든 산은 산소를 포함해야 한다"라고 믿었어요. 그래서 1774년, 셸레Scheele가 발견한 염소Cl도 '염산 라디칼'이라는 이름으로 부르며, 그 안에 산소가 들어 있다고 생각했어요. 하지만 이것은 사실이 아니었어요. 1809년, 게이뤼삭Gay-Lussac과 테나르Thénard는 라부아지에의 생각에 의심을 품었어요. 그들은 염산이 산소 없이도 산성을 띤다는 것을 보여 주었고 이어 1810년, 험프리 데이비가 염산이 수소+염소의 화합물임을 확정해 이 문제를 매듭지어요. 그 결과, 모든 산에 산소가 반드시 있어야 하는 건 아니며, 산의 본질을 산소 하나로 설명할 수 없다는 것이 드러나게 됩니다.

암모니아

암모니아라는 이름은 고대 이집트 신전 '암몬Amun'에서 유래했습니다. 사막 지역의 낙타 오줌과 말똥이 말라붙으면 강한 냄새가 나는 흰 가루가 되는데, 이걸 고대인들은 '암모니아크 소금Sal ammoniac'이라고 불렀어요. 이것이 바로 염화 암모늄NH_4Cl이에요.

암모니아크 소금

중세 유럽의 연금술사들은 말똥이나 오줌을 가열할 때 톡 쏘는 냄새의 기체가 올라온다는 사실을 관찰했습니다. 이 기체는 자극적인 냄새가 나고, 금속과 반응하기도 했어요. 하지만 이 물질이 뭔지, 어떤 원소로 이루어져 있는지는 몰랐어요.

이어 1750년대, 스코틀랜드의 과학자 조지프 블랙을 비롯한 동시대 연구자들은 염화 암모늄을 알칼리와 반응시켜 기체가 발생하는 걸 관찰합니다. 하지만 그것이 어떤 기체인지는 정확히 밝히지 못했어요. 이후 프리스틀리는 공기 펌프로 여러 종류의 기체를 모아 성질을 비교했는데, 물에 잘 녹고 톡 쏘는 냄새가 나는 새로운 기체를 보고합니다. 그는 이 기체가 공기보다 가볍고, 물에 잘 녹으며, 자극적인 냄새가 있다는 걸 알아냈어요. 그리고 1774년경, 이 기체를 '알칼리성 공기Alkaline air'라고 불렀어요. 지금 표현으로 하면 암모니아 기체 NH_3지요.

암모니아가 어떤 원소로 이루어졌는지에 대해서는 1785년경, 프랑스의 화학자 베르톨레가 조성 분석을 통해 알아냅니다. 그는 알칼리성 공기를 '암모니아Ammoniaque'라고 불렀고, 질소N와 수소H의 화합물임을 밝혔어요.

암모니아는 무색의 자극적인 냄새가 나는 기체로 물에 매우 잘 녹고, 세제, 냉매, 화학 제품 합성 등 다양한 분야에 쓰이는 기본 원료입니다. 무엇보다 비료의 질소 공급원으로서 인류 식량 생산을 지탱해 왔어요. 1909년, 독일의 프리츠 하버와 칼 보슈는 공기 중의 질소N_2와 수소H_2를 반응시켜 공장에서 암모니아를 합성하는 방법을 개발했는데, 이를 하버-보슈 공정이라 해요. 이 기술 덕분에 세계 농업 생산량이 엄청나게 늘었답니다.

생각의 가지

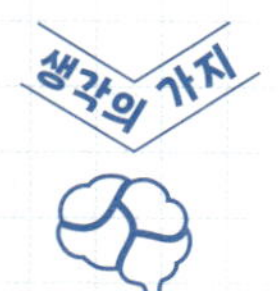

산과 염기의 발견

- 고대 그리스
  - 감각적 성질로 물질을 구분함.
- 중세 이슬람
  - 왕수_ 금을 녹이는 강력한 산 혼합물
- 리트머스
  - 지의류에서 색소를 추출한 것
  - 산성: 파란색 → 붉은색
  - 염기성: 붉은색 → 파란색
- 글라우버
  - 황산 제조법을 발전시킴.
  - 글라우버의 소금
- 라부아지에
  - 라디칼_ 당시 화합물의 골격을 가리키는 말
  - 화학 명명법
  - 모든 산은 산소를 포함해야 한다라고 주장함.
- 암모니아
  - 이집트 신전 암몬에서 유래
  - 프리스틀리_ 알칼리성 공기
  - 베르톨레_ 질소와 수소의 화합물임을 밝힘.

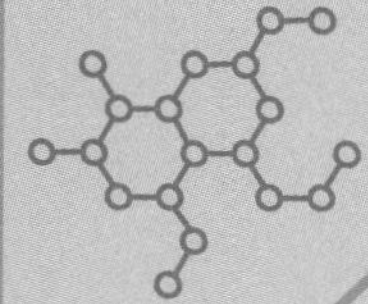

8장

전기와 물질의 만남

물의 전기 분해를 시연하는 과학 수업 현장

정교수의 pick

◆ 전기 분해 ◆ 마룸 ◆ 니컬슨 ◆ 물의 전기 분해
◆ 전기 도금 ◆ 플루오린 ◆ 중화 반응 ◆ 전지의 발전

전기가 만든 새로운 실험의 시대

우리가 매일 쓰는 스마트폰, 노트북, 전기차는 모두 배터리로 움직입니다. 배터리는 충전하면 다시 사용할 수 있어요. 그런데 어떻게 다시 충전되는 걸까요? 비밀은 전기 분해와 같은 원리에 숨어 있어요. 전기 분해는 말 그대로 전기를 이용해 물질을 분해하거나 다른 물질로 바꾸는 과정이에요. 예를 들어, 물에 전기를 흘리면 물이 수소와 산소로 나뉘고, 전자가 이동하면서 물속의 이온들과 만나 새로운 물질로 바뀌어요. 쉽게 말하면, 전류를 이용해 화학 반응을 인위적으로 일으키는 방법이지요.

이 원리는 충전에 그대로 쓰입니다. 방전할 때는 배터리 안에서 자발적인 화학 반응이 일어나 전기를 만들어 내고, 충전할 때는 반대로 외부에서 전기를 밀어 넣어 반응을 거꾸로 진행시켜요. 그래서 배터리는 원래 상태로 돌아가 전기를 저장할 수 있게 돼요. 전기 분해는 배터리에만 쓰이지 않아요. 금속 액세서리의 도금, 깨끗한 알루미늄 생산, 수소 연료 제조, 정수 과정의 전해 소독처럼 일상과 산업 곳곳에서 활용되고 있어요. 이처럼 전기와 화학이 손을 잡으면, 보이지 않는 수준에서 전자와 이온의 작은 이동이 우리 삶을 크게 바꿔 놓는답니다.

전기를 이용한 물질 분해의 시작

요즘은 전기를 이용해 물을 분해하거나 금속을 정제하는 것을 당연하게 생각합니다. 하지만 과거에는 '전기로 물질을 분해한다'라는 생각 자체가 아주 혁신적인 일이었어요. 그리고 그 시작은 지금으로부터 200년도 훨씬 더 전인, 18세기 후반의 일이었습니다.

마르틴 판 마룸Martin van Marum은 1750년에 태어난 네덜란드 출신의 과학자입니다. 원래는 의학을 공부했지만 곧 물리학과 전기학, 화학 등 다양한 과학 분야에도 관심이 많았어요. 특히 마룸은 마찰로 정전기를 만드는 장치인 '기전기'에 큰 흥미를 느낍니다. 그리고 1784년, 네덜란드 하를럼의 테일러스 박물관Teylers Museum에 세계에서 가장 큰 기전기 중 하나를 설치합니다. 마룸이 설계하고 제작자 존 커스버트슨이 완성한 거대한 정전기 발생기였어요. 지름 1.65미터의 유리 원판 두 장을 돌려 정전기를 만들었는데, 당시 유럽에서 가장 강력한 정전기를 만들어낼 수 있었고, 60센티미터 이상의 전기 불꽃도 튀게 만들 수 있었다고 해요. 이 기계는 테일러스 박물관의 상징 같은 전시물이랍니다.

마르틴 판 마룸

마룸은 자신이 만든 대형 기전기를 이용해 여러 가지 실험을 했는데, 그중 하나가 바로 금속 화합물을 전기로 분리하는 실험이었어요. 1785년, 그는 주석과 아연, 그리고 안티몬의 금속 산화물Calx에 전기를 가하자 금속 산화물에서 금속성이 다시 나타

테일러스 박물관에 전시된 마룸의 기전기

나는 현상을 관찰했다고 알려져 있어요. 오늘날 관점으로 보면 전기 에너지가 화학 변화에 영향을 줄 수 있음을 보여 준 초기 실험이라 할 수 있어요.

물의 전기 분해

오늘날 중학교 과학 시간에 자주 접하는 실험이 있습니다. 바로 물의 전기 분해예요. 물에 전류를 흘려보내면 두 전극에서 수소와 산소 기체가 발생하는 실험이지요. 이 간단하고 유명한 실험은 1800년, 영국에서 처음 성공했어요. 주인공은 발명가였던 윌리엄 니컬슨William Nicholson과 외과 의사 앤서니 칼라일Sir Anthony Carlisle이에요.

윌리엄 니컬슨은 1753년, 영국 런던에서 태어났습니다. 그는 졸업 후, 영국 동인도 회사 소속으로 인도와 중국을 오갔지만, 그의 관심은 바다가 아니라 과학에 있었어요.

니컬슨은 번역가, 발명가, 과학 저널 편집자 등 다양한 일을 하면서 실험을 계속했어요. 1784년에는 액체 또는 고체의 비중을 측정할 수 있는 니컬슨 비중계를 발명하기도 했지요. 1797년에는 니컬슨 저널로 알려진 영국 최초의 월간 과학 저널 〈Journal of Natural Philosophy, Chemistry and the Arts〉를 창간해 과학 대중화에 기여했답니다.

윌리엄 니컬슨

앤서니 칼라일

1768년에 태어난 앤서니 칼라일은 영국 웨스트민스터 병원의 외과 의사였습니다. 하지만 그는 단순한 의사가 아니라, 전기와 화학에 대한 깊은 관심과 실험 정신을 가진 사람이었지요. 칼라일은 니컬슨과 함께 최초로 물을 전기 분해하는 실험에 도전합니다.

1800년 봄, 니컬슨과 칼라일은 볼타 전지를 물속의 전극에 연결하고 전기를 흘려보냅니다. 그러자 놀라운 일이 벌어졌어요. 물속에 잠긴 전

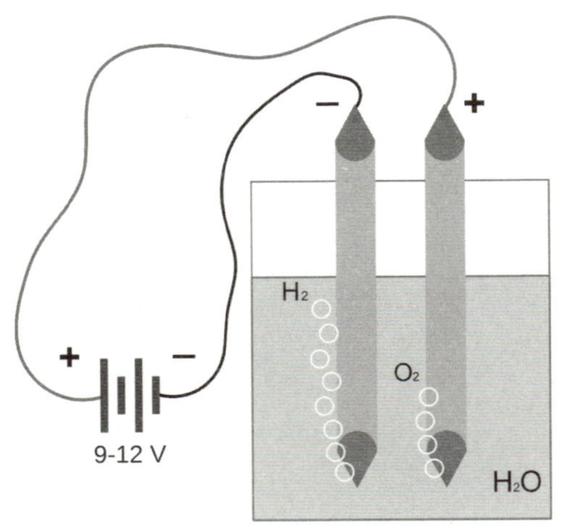

극 주위에서 기포가 생기기 시작한 거예요. 한쪽 전극에서는 수소H_2, 반대쪽 전극에서는 산소O_2 기포가 또렷하게 생겼습니다. 이 발견은 곧 왕립 학회의 관심을 끌었고, 전기가 화학 결합을 끊고 새로운 물질을 만들 수 있다는 사실을 분명히 했어요.

더 알아보기

니컬슨 비중계

윌리엄 니컬슨이 고안한 니컬슨 비중계는 액체나 고체의 비중, 즉 밀도의 상댓값을 재는 도구입니다. 간단한 저울질만으로 측정할 수 있지요. 둥근 몸통에 분동을 올리는 상단 저울접시가 있고, 아래에는 시료를 담는 바스켓이 있어, 물속에서 정해진 눈금(기준선)까지 가라앉히는 데 필요한 분동의 양을 비교해 비중을 구할 수 있어요. 눈금을 읽거나 복잡한 계산 없이도 '얼마나 더 무거워야 같은 깊이로 잠길까'만 측정하면 되는 직관적 장치라, 18~19세기 실험실에서 널리 쓰였답니다.

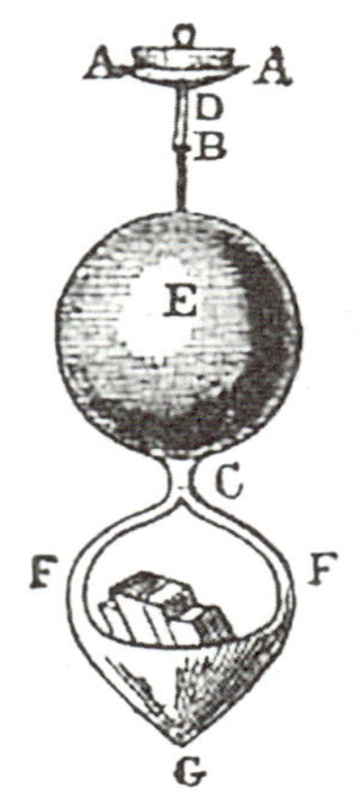

물론 이전에도 정전기를 이용해 물을 분해하려는 시도가 있었지만, 전류가 쉽게 끊어져 반응을 제대로 유도하기 어려웠습니다. 하지만 볼타 전지는 연속적으로 전류를 공급할 수 있어 안정적인 실험이 가능했어요. 이 최초의 전기 분해는 훗날 전기 화학이라는 새로운 분야가 발전하는 기폭제가 되었답니다.

리터의 전기 도금

니컬슨과 칼라일이 물을 전기로 분해하며 '전기 화학'의 문을 열었다면, 그다음 세대 과학자들은 전기를 이용해 새로운 화학 결합을 '만드는' 실험에 도전합니다. 사람들은 궁금해했어요. 전기로 물질을 분리할 수 있다면, 반대로 전기를 이용해 금속을 붙일 수도 있지 않을까? 이 질문에 대해 본격적으로 탐구한 사람이 바로 독일의 과학자 요한 빌헬름 리터 Johann Wilhelm Ritter였습니다.

리터는 14살이 되었을 때, 약국의 견습생으로 일하며 약, 화학, 실험기구에 관심을 가졌어요. 그 후 예나 대학교에서 의학을 공부했지만, 마음은 언제나 전기와 화학 반응에 가 있었어요. 당시 독일에는 독특한 분위기가 형성되어 있었는데, 괴테, 헤르더, 훔볼트 같은 철학자와 예술가들은 "자연은 살아 있다", "과학도 감성의 산물

요한 빌헬름 리터

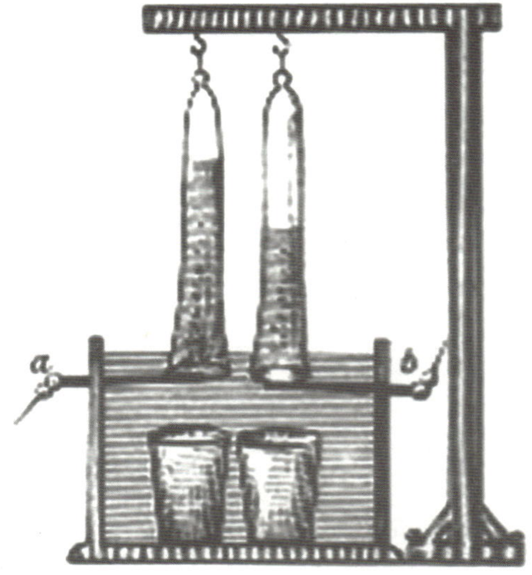

리터의 전기 분해 장치

이다"라고 말하며 자연을 하나의 유기체로 바라보았어요. 이러한 사상은 리터의 실험 태도에도 큰 영향을 주었지요. 리터는 이들과 편지를 주고받으며 과학과 철학을 함께 고민했어요. 그는 전기와 화학, 생명 현상이 서로 분리된 것이 아니며, 모든 에너지가 결국 하나로 이어져 있다고 믿었던 낭만주의 과학자였답니다.

1800년, 영국의 니컬슨과 칼라일이 볼타 전지로 물에서 수소와 산소를 분리하는 데 성공하자, 리터도 비슷한 실험을 독자적으로 수행합니다. 그는 전극에서 수소와 산소가 분리되는 과정을 체계적으로 관찰했고, 이듬해에는 금속판과 전해질 용액에 적신 종이를 겹쳐 쌓은 전지를 만들어, 보다 안정적인 실험을 시도했어요.

이 과정에서 리터는 용액 속 금속 이온이 전류에 의해 전극 표면에 얇은 막으로 달라붙는, 오늘날 말하는 전기 도금Electroplating의 원리가 되는 현상을 포착했습니다. 그는 구리판 등 전극에 금속이 부착되는 모습과, 전류의 세기 및 전극 배치에 따라 부착 정도가 달라지는 점도 기록했어요.

데이비, 전기로 금속을 뽑아내다

니컬슨과 칼라일이 물 전기 분해 실험에 성공한 이후, 과학자들은 "그렇다면 다른 물질도 전기로 분해할 수 있을까?"라는 질문을 던지기 시작했습니다. 그 질문에 직접 답을 찾아낸 사람이 바로 영국의 과학자 험프리 데이비예요.

1807년, 데이비는 볼타 전지Voltaic pile를 개조해서 높은 전압과 큰 전류를 내도록 만든 후, 고체 상태의 화합물에 전류를 흘려보내는 실험을 합니다. 그가 실험한 대표적인 물질은 수산화 칼륨KOH과 수산화 나트륨NaOH이었어요. 이 물질에 금속 성분이 들어 있다는 건 알았지만, 어떻게 꺼내야 할지는 아무도 몰랐지요. 그래서 데이비는 이 물질에 고온을 가한 뒤 전기를 흘려보내는 실험을 합니다. 그리고 전극 끝에서 번쩍이는 금속을 발견했어요. 그것이 바로 칼륨Potassium과 나트륨Sodium이에요. 데이비의 연구는 여기서 멈추지 않았습니다. 1808년에는 염화물을 전기 분해해 아말감 형태로 칼슘Ca, 스트론튬Sr, 바륨Ba, 마그네슘Mg과 같은 금속을 얻었어요.

이전까지 금속은 광석을 녹여서 얻는다고 알려졌습니다. 데이비는 "전하를 띤 입자를 갖는 화합물은, 전류를 흘리면 이온이 각 전극으로 이동해 분해될 수 있다"라는 새로운 규칙을 통해서도 금속을 얻을 수 있음을 보여 주었어요. 즉, 화학 결합을 전기로 끊고 금속을 전극에 '받아낸다'라는 개념을 처음으로 명확히 실험으로 보여 준 거예요. 이 통찰은 후대 패러데이가 전기 분해 법칙(1833년)으로 정량화하며 완성도를 높였어요.

플루오린의 발견

많은 원소 중 화학자들이 가장 분리하기 힘들었던 원소가 있습니다. 그 이름은 플루오린F이에요. 이 원소는 너무 반응성이 강해서, 닿는 것마다 공격하고 녹여버리는 성질을 가졌어요. 그래서 한동안 과학자들은 플루오린을 '악명'이라고 부르기도 했지요. 그 무서운 원소를 세상에 처음으로 꺼낸 사람이 있었어요. 바로 앙리 무아상Henri Moissan이에요.

무아상은 1852년, 프랑스 파리에서 태어났습니다. 그는 처음에는 약학을 공부하다가 화학의 매력에 빠져 연구자가 되었어요. 특히 그는 전기와 고온을 활용한 실험에 능했어요. 그는 어느 날 플루오린에 대해 이렇게 생각했어요. "왜 아무도 이 원소를 순수하게 꺼내지 못했을까? 내가 한번 해 보면 안 될까?" 하지만 그건 목숨을 걸어야 할 만큼 위험한 실험이었어요.

앙리 무아상

플루오린은 지구상에서 반응성이 가장

강한 원소입니다. 웬만한 금속, 유리, 물, 심지어 공기 중 산소와도 격렬하게 반응해요. 그래서 실험에 사용한 전극이 타버리고, 용기가 터지거나 깨지거나 녹는 일이 반복됐어요. 과학자 몇 명은 실험 중 중독되거나 화상을 입기도 했지요. 그래서 오랫동안 아무도 플루오린을 분리하려 하지 않았어요.

무아상은 결국 특수한 실험 장치를 직접 설계하기로 합니다. 그는 백금-이리듐 전극을 사용해 전극이 녹지 않도록 했고, 실험은 수분과 산소를 철저히 제거한 조건에서 진행했어요. 모든 준비를 마친 뒤, 조심스럽게 전류를 흘리자 전극 주변에서 옅은 노란빛을 띠는 기체가 모습을 드러냈습니다. 그날은 1886년 6월 26일이었어요.

패러데이의 이온

니컬슨과 칼라일의 물 전기 분해 실험 이후, 전류가 흐를 때 용액 속 어떤 성분들은 한쪽 전극으로 규칙적으로 이동한다는 사실이 잇따라 관찰되었어요. 이 현상을 1830년대에 법칙으로 깔끔히 정리한 사람이 바로 마이클 패러데이입니다.

데이비의 조수였던 마이클 패러데이는 이 실험을 정밀하게 분석하면서 '이온'이라는 개념을 만들었습니다. '이온Ion'이라는 말은 고대 그리스어 'ienai(ἰέναι)', 즉 '가다, 이동하다'라는 뜻에서 왔어요. 그리고 패러데이는 다음과 같이 정리해요.

음극으로 이동하는 입자 = 양이온Cation

양극으로 이동하는 입자 = 음이온Anion

지금 우리가 쓰는 양이온(+), 음이온(-)이라는 말은 바로 여기서 비롯된 거예요.

패러데이는 실험을 거듭해, 1833년 전기 분해에 대한 정량적인 법칙을 밝혀냅니다. 이게 바로 '패러데이의 전기 분해 법칙'이에요.

전기 분해로 얻어지는 물질의 양은 흘려 준 전하량에 비례한다.

패러데이는 금속과 묽은 황산의 반응에서 발생하는 수소의 부피가 다른 양과는 관계가 없고 오로지 전류와만 관련된다는 사실을 알아냈어요.

전기 화학과 산·염기

[데이비]

1806년, 데이비는 왕립 학회에서 막 개발된 볼타 전지를 이용해 다양한 물질의 전기 분해 실험을 진행합니다. 그는 염화 수소에 전기를 흘려보내면서 음극에서는 수소 기체가 양극에서는 염소 기체가 발생하는 것을 알아냈어요. 이 실험을 통해 그는 염화 수소는 수소와 염소로 구성된 화합물임을 밝혔고, 염소가 하나의 독립된 원소라는 사실을 처음으로 확신했어요.

[뒤마]

데이비의 뒤를 이은 프랑스 화학자 가운데 장바티스트 뒤마Jean-Baptiste Dumas는 산의 공통점이 수소에 있다는 사실에 주목했습니다. 그는 다양한 산을 비교하면서 "산성은 수소를 포함하는 능력과 관련이 있다"라고 주장했어요. 즉, 염산, 황산, 질산에는 모두 수소 원자가 들어 있다는 말이에요. 그래서 사람들은 점점 산의 본질은 수소와 관계가 깊다는 쪽으로 생각을 바꾸기 시작했어요.

[리비히]

1838년, 독일의 화학자 유스투스 폰 리비히Justus von Liebig는 산에 대한 정의를 한 걸음 더 나아가게 했습니다. 리비히는 다음과 같이 정의했어요.

산은 수소 원자를 포함하고, 이 수소를 다른 원자와
교환할 수 있는 물질이다.

또한 그는 산과 염기가 만나서 산성도 염기성도 띠지 않게 되는 중화반응을 정교하게 정리했어요. 그는 염산HCl과 수산화 나트륨NaOH을 섞으면

$$HCl + NaOH \rightarrow NaCl + H_2O$$

가 되어 소금NaCl과 물H_2O이 만들어진다는 것을 알아냈어요. 이 반응에서 HCl의 수소H^+와 NaOH의 OH^-가 결합해 물이 되고, Na^+와 Cl^-가 결

합해 소금이 되는 거예요. 결국 리비히는 '산의 본질'을 수소가 치환될 수 있는 자리로 명확히 규정해, 많은 사례를 한 가지 틀로 설명하게 만든 셈이에요.

[아레니우스]

1884년, 스웨덴의 과학자 스반테 아레니우스Svante Arrhenius는 산과 염기를 물속에서의 이온 생성을 기준으로 정의했어요.

아레니우스는 산을 수용액에서 수소 이온H^+을 내놓는 물질로 생각했어요. 예를 들어, 염산은 다음과 같이 양이온과 음이온으로 분해돼요.

$$HCl \rightarrow H^+ + Cl^-$$

또한 염기를 수용액에서 수산화 이온OH^-을 내놓는 물질로 생각했어요. 예를 들어, 수산화 나트륨은 다음과 같이 양이온과 음이온으로 분해되지요.

$$NaOH \rightarrow Na^+ + OH^-$$

아레니우스는 이렇게 물에 녹아 이온을 만들어 전기를 흐르게 하는 물질을 전해질Electrolyte이라고 불렀어요. 따라서 염산이나 수산화 나트륨은 전해질이지요.

아레니우스 이론에 따르면, 중화 반응은 H^+와 OH^-가 만나서 물H_2O을 만드는 반응입니다.

$$H^+ + OH^- \rightarrow H_2O$$

스반테 아레니우스

즉, 산의 성질H^+과 염기의 성질OH^-이 사라지고, 중성인 물이 만들어지는 거예요. 이 반응이 일어날 때, 염(소금)도 함께 생겨요.

하지만 아레니우스 이론은 암모니아NH_3처럼 물에 녹아 직접 OH^-를 내놓을 수 없는 염기에 대해서는 설명할 수 없었습니다. 이 문제를 해결하기 위해서는 산과 염기를 정확하게 정의할 필요가 있었어요. 이를 해결한 것이 브뢴스테드-로우리 이론입니다.

[브뢴스테드와 로우리]

1923년, 두 과학자가 거의 동시에, 산과 염기에 대해 새롭고 명확한 정의를 내놓았습니다. 바로 요하네스 브뢴스테드Johannes Brønsted와 토머스 로우리Thomas Lowry예요. 두 사람은 산과 염기를 다음과 같이 정의했어요.

산 : 수소 이온H^+을 내놓을 수 있는 물질

염기: 수소 이온H^+을 받아들일 수 있는 물질

예를 들어, 염산HCl은 물에 녹으면 수소 이온H^+을 내놓으므로 산이에요.

$$HCl \rightarrow H^+ + Cl^-$$

암모니아NH_3는 수소 이온을 받아들여서 암모늄NH_4^+이온이 되므로 염기지요.

$$NH_3 + H^+ \rightarrow NH_4^+$$

브뢴스테드-로우리 이론의 가장 멋진 점은 바로 '짝' 개념입니다. 이 이론에서 산과 염기는 항상 짝을 이뤄요. 산이 수소 이온을 내놓으면, 그 순간 염기가 그걸 받아야 하기 때문이지요. 이 이론으로 염산과 수산화 나트륨의 반응을 설명할 수 있어요. 염산HCl은 다음과 같이 수소 이온을 내놓고, 수산화 나트륨$NaOH$은 물에서 Na^+와 OH^-로 나뉘어요.

$$HCl \rightarrow H^+ + Cl^-$$

생활 속의 중화 반응

우리 위 속에는 염산이 들어 있습니다. 음식을 소화하기 위해 꼭 필요한 산이지요. 그런데 너무 많이 분비되면 속쓰림이나 위염이 생기기도 해요. 이때 우리는 제산제를 먹는데, 제산제는 염기성 물질이라 위산과 만나서 중화 반응을 일으켜요.

공기 중의 이산화 황, 이산화 질소 같은 산성 물질이 비에 녹아 생긴 산성비는 땅이나 호수에 스며들어 pH를 떨어뜨립니다. 산성화된 땅이나 호수에서는 식물이 잘 자라지 못하고, 물고기 역시 살 수 없어요. 이럴 때는 석회 같은 염기성 물질을 뿌려 땅과 호수를 중화시켜 다시 생물이 살 수 있는 환경으로 만들어 줘요.

또한 산을 다루는 공장에서는 종종 산성 폐수가 나와요. 이런 폐수를 그대로 배출하면 생물들이 사는 하천이나 바다에 큰 피해를 주기 때문에, 염기로 중화한 후 배출해야 해요.

$$NaOH \rightarrow Na^+ + OH^-$$

여기서 OH^-는 수소 이온H^+을 받아서 물이 되지요.

$$OH^- + H^+ \rightarrow H_2O$$

그러므로 NaOH는 염기가 된답니다.

전지의 역사

1800년, 알레산드로 볼타가 구리Cu판 -소금물에 적신 종이나 헝겊-아연Zn판을 번갈아 쌓은 '볼타 전지'를 만들면서 인류는 안정적 전원을 얻기 시작했어요. 하지만 시간이 흐르자, 볼타 전지에 문제가 생깁니다. 극성화Polarization라는 현상 때문이에요. 볼타 전지는 작동하다 보면 전극 표면에 기포(수소 기체)가 생기는데, 이 기포 때문에 전류가 약해지는 문제가 있었어요. 이건 전기 실험을 할 때 정말 큰 골칫거리였지요. 그래서 과학자들은 더 안정적이면서도 오래 작동하는 전지를 필요로 하게 되었어요.

[기포 문제를 해결한 다니엘 전지]

1836년, 영국의 화학자이자 기상학자인 존 프레더릭 다니엘은 볼타 전지의 문제점을 해결합니다. 다니엘은 금속 두 개와 용액 두 개, 그리고

다니엘 전지

두 금속 사이를 잇는 특별한 장치를 이용해서 새로운 전지를 만들었어요. 이 전지를 다니엘 전지Daniell Cell라 해요.

다니엘 전지는 아연Zn을 음극으로 사용합니다. 아연은 용액 속으로 녹아 들어가면서 양이온 Zn^{2+}이 되고 전자를 밖으로 내보내요. 이 전자는 전선을 따라 반대편에 있는 구리Cu 전극으로 이동하고, 구리 전극은 Cu^{2+} 이온이 전자를 받아 다시 구리 금속이 되도록 도와줘요. 따라서 구리는 전자를 받는 쪽, 즉 양극이 돼요. 이때 아연은 점점 녹고, 구리는 점점 쌓이게 돼요.

두 금속은 각각 다른 용액에 담겨 있습니다. 아연은 황산 아연 용액, 구리는 황산 구리 용액에 담겨 있지요. 그런데 이 두 용액이 그냥 따로 떨어져 있기만 하면 전기가 흐를 수 없어요. 그래서 다니엘은 두 용액 사이에 다공성 막을 넣었어요. 이 장치는 이온들이 자유롭게 이동할 수 있도록 도와주는 통로예요. 전자가 이동하면, 이온도 함께 이동해 줘야 전하의 균형이 맞춰지거든요. 이렇게 해서 전류가 멈추지 않고 오랫동안 일정하게 흐를 수 있게 된 거예요.

결국 다니엘 전지는 두 종류의 전극과 전해질, 그리고 이온이 지나갈 수 있는 도자기 재질의 다공성 막을 이용해서 전류를 흐르도록 만든 전지예요. 기포도 거의 생기지 않아서 극성화 현상도 생기지 않지요. 이렇게 전기의 흐름을 조절한 다니엘 전지는, 나중에 전신 통신, 화학 실험, 전기 화학 발전 등 여러 분야에서 사용되었답니다.

[더 가벼운 르클랑셰 전지]

1866년, 프랑스의 조르주 르클랑셰Georges Leclanché는 새로운 전지를 만들어 냈습니다. 이 전지는 망간과 아연, 그리고 암모늄 화합물을 이용해 만들었는데, 이름은 르클랑셰 전지예요. 당시 사람들은 전기를 먼 거리로 흘려보내기 위해 안정적인 전압이 필요했어요. 하지만 기존의 전지는 무겁고 액체가 흘러나오는 일이 많아서 사용하기 불편했지요. 이에 르클랑셰는 문제를 해결하기 위해, 전해질로 염화 암모늄NH_4Cl 수용액을 사

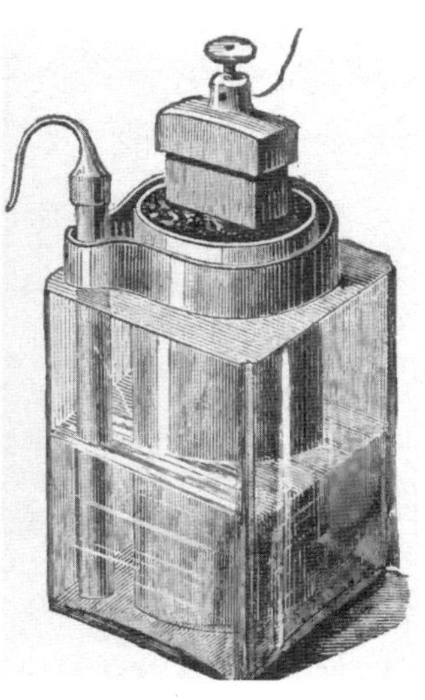

르클랑셰 전지

용한 새 전지를 고안했어요. 르클랑셰 전지는 처음에는 액체 전해질(암모늄 용액)을 쓰는 습식 전지였지만, 이후 전해질을 젤 형태로 바꾸어 기울여도 새지 않는 드라이 전지(건전지)로 발전했어요.

[가스너 건전지]

19세기 후반, 전기는 점점 사람들의 일상으로 스며들고 있었습니다. 하지만 그 전기를 담는 방법, 즉 전지는 아직도 골칫덩어리였어요. 당시 전지 대부분은 '습식 전지', 즉 액체가 가득 들어 있는 형태였습니다. 이 전지들은 기울이기만 해도 안에 있던 용액이 줄줄 흘러나왔고, 흔들리면 작동이 멈추거나 망가지기 일쑤였어요. 이 문제에 대해, 독일의 카를 가스너Carl Gassner는 1886년, 아주 새로운 발상을 떠올립니다. "액체 대신, 흐르지 않는 전해질을 쓰면 어떨까?"

가스너는 먼저 르클랑셰 전지의 구조를 그대로 가져왔습니다. 그리고 액체 상태의 암모늄염 용액을 꺼내고, 그 자리에 석고에 암모늄염을 섞어 만든 반죽 형태의 전해질을 집어넣었어요. 이 반죽은 흐르지 않았고, 기울여도 새지 않았지요. 여기에 염화 아연도 약간 첨가했는데, 이 성분은 전지의 수명을 더 길게 유지해 줬지요. 그다음에는 그 반죽 속에 이산화 망간(양극 활성 물질)을 넣고, 전체 구조를 아연 껍질로 단단히 감싸서 밀봉했어요. 아연 껍질은 음극 역할을 했지요. 이 구조 덕분에 전지는 훨씬 튼튼해졌어요. 기울여도, 흔들어도, 심지어 거꾸로 들어도 작동에 문제가 없었어요. 게다가 유지보수 없이 오래 쓸 수 있었고, 휴대도 훨씬 쉬웠지요.

가스너는 이 전지로 독일(1886년)과 미국(1887년)에서 특허를 받았어요. 이후 이 전지는 '건조한 전지', 즉 건전지Dry Cell로 불리게 되었어요.

같은 해, 일본에서도 비슷한 발명이 있었습니다. 일본의 야이 사키조Yai Sakizō도 건전지를 만들었지만, 안타깝게도 그는 특허를 낼 자금이 없었어요. 그래서 일본 최초의 배터리 특허는 그보다 늦게 등장한 다카하시 이치사부로Takahashi Ichisaburo가 갖게 되었어요.

[헬레센 건전지와 컬럼비아 건전지]

덴마크의 빌헬름 헬레센Wilhelm Hellesen도 거의 같은 시기에 건전지를 개발했고, 1890년에는 미국 특허를 받았습니다. 이처럼 1880년대 후반은 세계 곳곳에서 건전지가 거의 동시에 탄생하던 시기였어요.

1896년, 미국의 내셔널 카본 컴퍼니National Carbon Company는 전지를 본격적으로 공장에서 찍어내기 시작합니다. 그 이름은 바로 컬럼비아 건전지Columbia Dry Cell였어요. 이 회사는 석고 대신 코일형 종이를 사용해서 구조를 단순하게 만들고, 생산 속도도 훨씬 높였어요. 이 전지는 일반 사람들이 쉽게 살 수 있는 최초의 전지가 되었고, 휴대

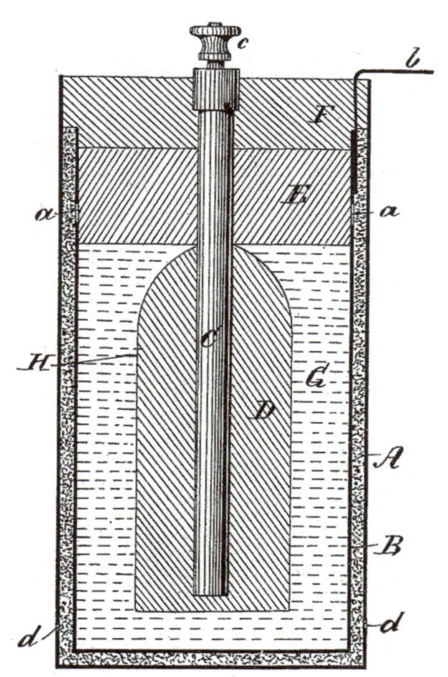

헬레센의 건전지

A wider margin of profit per battery

Broken lot prices are a necessity for broken lot shipments. Dealers are therefore securing a wider margin of profit by ordering Columbia Dry Batteries on the full-barrel assortment plan.

When you say "C-1 Assortment" we ship you

50 No. 6 Ignitors
6 No. 1461 Hot Shots
3 No. 1561 Hot Shots
2 No. 1562 Hot Shots

If you specify "C-2 Assortment" you will receive

50 No. 6 Ignitors
12 No. 1461 Hot Shots

Your order for "C-3 Assortment" will bring you

50 No. 6 Ignitors
6 No. 1562 Hot Shots
4 No. 1561 Hot Shots

Made in Canada

CANADIAN NATIONAL CARBON CO., LIMITED
Toronto and Winnipeg

If interested tear out this page and place with letters to be answered.

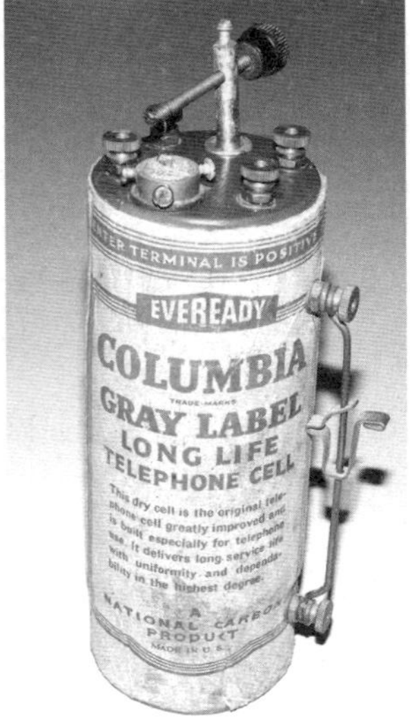

좌_ 컬럼비아 배터리 광고
우_ 컬럼비아 건전지

용 손전등과 라디오처럼 들고 다니는 기계를 실용적으로 만들 수 있는 길을 열었어요. 화학과 제조 기술의 만남이 일상을 바꾼 결정적 순간이었답니다.

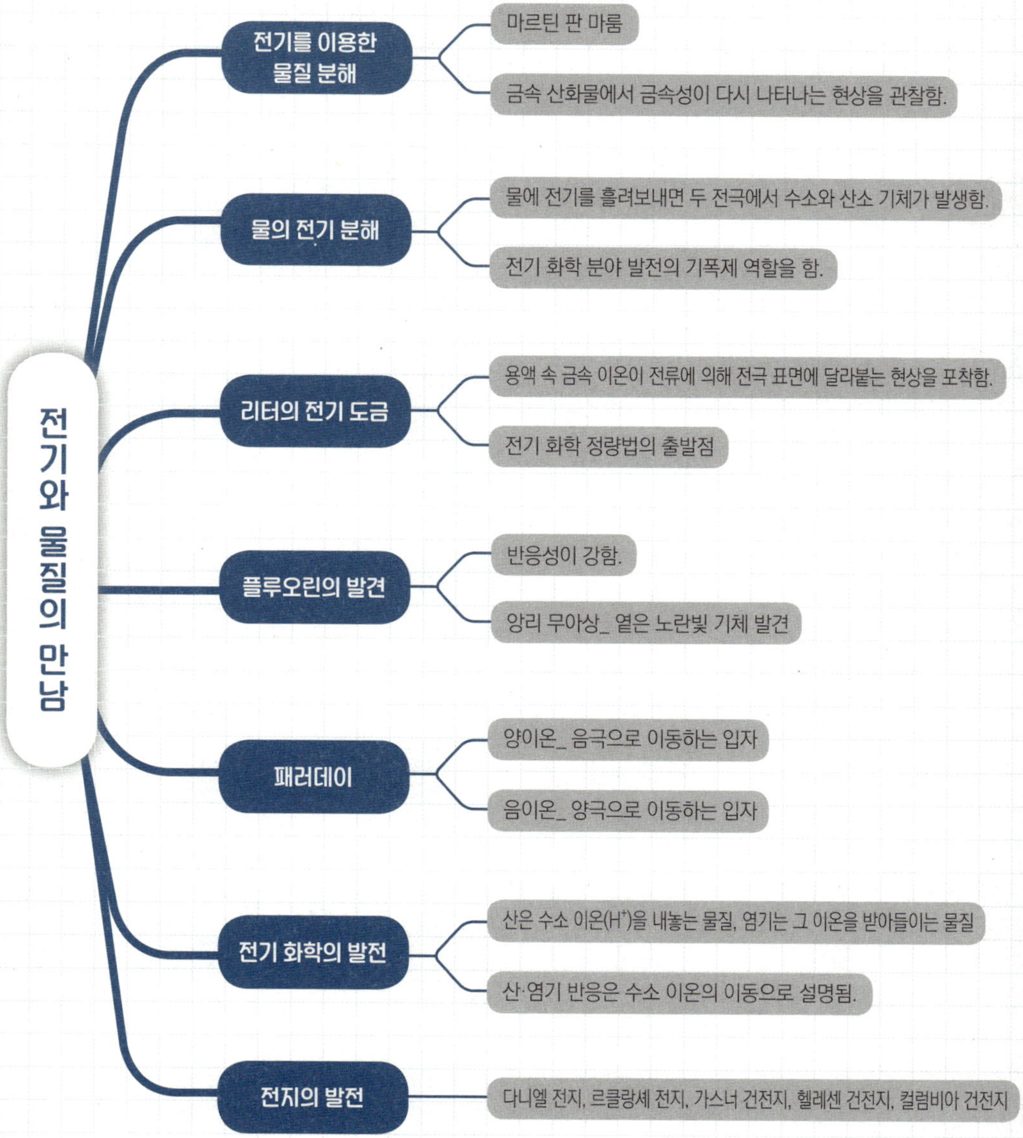

전기와 물질의 만남

- **전기를 이용한 물질 분해**
  - 마르틴 판 마룸
  - 금속 산화물에서 금속성이 다시 나타나는 현상을 관찰함.
- **물의 전기 분해**
  - 물에 전기를 흘려보내면 두 전극에서 수소와 산소 기체가 발생함.
  - 전기 화학 분야 발전의 기폭제 역할을 함.
- **리터의 전기 도금**
  - 용액 속 금속 이온이 전류에 의해 전극 표면에 달라붙는 현상을 포착함.
  - 전기 화학 정량법의 출발점
- **플루오린의 발견**
  - 반응성이 강함.
  - 앙리 무아상_ 옅은 노란빛 기체 발견
- **패러데이**
  - 양이온_ 음극으로 이동하는 입자
  - 음이온_ 양극으로 이동하는 입자
- **전기 화학의 발전**
  - 산은 수소 이온(H^+)을 내놓는 물질, 염기는 그 이온을 받아들이는 물질
  - 산·염기 반응은 수소 이온의 이동으로 설명됨.
- **전지의 발전**
  - 다니엘 전지, 르클랑셰 전지, 가스너 건전지, 헬레센 건전지, 컬럼비아 건전지

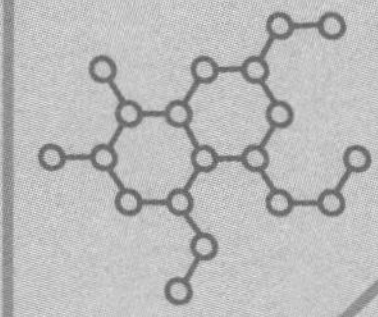

9장

분석 화학의 역사

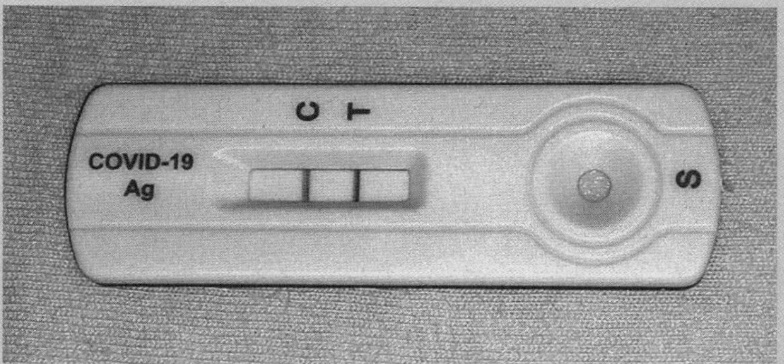

분석 화학 기법을 활용한 코로나19 자가검사키트

정교수의 pick

◆ 정성 분석 ◆ 정량 분석 ◆ 베리만의 정량 분석 ◆ 모세관 현상
◆ 크로마토그래피 ◆ 삼투압 ◆ 역삼투 ◆ 표면 장력

감각에서 정밀 분리 기술까지

아침에 마시는 커피 한 잔에도 수백 가지 향기 성분이 들어 있습니다. 이 복잡한 혼합물에서 '무엇이 들어 있고, 얼마나 들어 있는지'를 가려내는 기술이 바로 크로마토그래피예요. 오늘날 식품의 방부제 검사, 선수들의 약물 도핑 검사, 대기 오염이나 수질 오염 물질 탐지, 혈액 속 호르몬 농도 측정까지 크로마토그래피가 활용됩니다. 이처럼 크로마토그래피는 분석 화학에서 사용하는 대표적 분리·분석 기법이에요.

분석 화학은 물질의 정성, 즉 무엇이 있는가와 정량, 즉 얼마나 들어 있는가를 규명하는 학문으로 설명할 수 있습니다. 다시 말해 복잡한 혼합물에서 성분을 식별하고, 정확한 양을 측정해 의사결정에 필요한 근거를 만들어 주는 과학이라 할 수 있어요. 이 능력 덕분에 우리는 식품의 안전을 검증하고 약의 효능과 부작용을 관리하며, 환경 오염을 수치로 규제하고, 첨단 소재와 배터리 성능까지 정밀하게 설계할 수 있지요. 이처럼 분석 화학은 우리 일상과 산업·의학 현장을 촘촘히 받쳐 주고 있답니다.

분석 화학이란

분석 화학이란, 쉽게 말해 '무엇이 들어 있고, 얼마나 들어 있는지'를 알아내는 학문입니다. 우리가 마시는 물, 먹는 음식, 약, 화장품, 공기, 심지어 별빛의 스펙트럼까지, 세상에는 수많은 혼합물이 있어요. 그 안에는 어떤 물질이 들어 있고, 그 양이 얼마나 되는지 알아내려면 어떻게 해야 할까요? 이런 방법을 연구하는 학문이 바로 분석 화학Analytical Chemistry이에요.

분석 화학은 크게 두 가지, 정성 분석과 정량 분석으로 나눌 수 있습니다. 정성 분석Qualitative Analysis은 어떤 성분이 들어 있는지를 알아보는 분석이에요. 예를 들어, "이 물질에 납이 들어 있나요?" 또는 "이 흙에 구리가 있나요?"와 같은 질문에 답하는 것이 정성 분석이에요. 정량 분석Quantitative Analysis은 얼마나 들어 있는지를 수치로 정확히 측정하는 분석이에요. 예를 들어, "이 오렌지 주스 100밀리리터에 비타민 C가 몇 밀리그램 들어 있나요?" 같은 질문에 답하는 걸 말하지요. 분석 화학은 크로마토그래피, 분광법, 질량 분석, 전기 화학법 같은 다양한 방법을 쓰지만, 성분 확인과 함량 측정이라는 핵심 목적은 모두 같답니다.

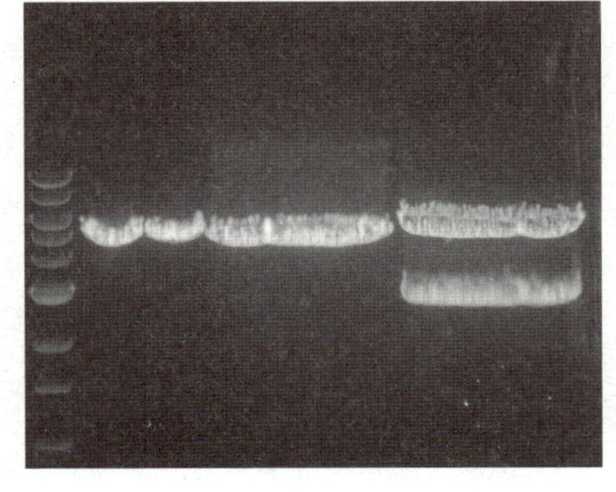

정성 분석의 대표적인 예, DNA 전기 영동

눈, 코, 혀에서 시작한 고대의 정성 분석

정밀한 기기가 없었던 시대, 사람들은 감각을 이용해 물질을 분석했습니다. 복잡한 기기로 정확하게 측정할 수 없었기 때문에, 눈, 코, 입 같은 감각기관을 이용해 세상에 있는 물질을 구분하고 이해하려고 했어요. 예를 들어, 고대 이집트 사람들은 금속이나 약초, 돌과 같은 물질을 구분할 때 색깔은 어떤지, 냄새는 어떤지, 불에 타면 어떻게 변하는지를 관찰했다고 해요. "이 약초는 입에 넣으면 쓰군!", "이 풀은 불에 태우면 검은 연기가 나네"처럼요. 이는 경험에 바탕을 둔 관찰 중심의 분석이었어요. 또한 고대 사람들은 이미 저울을 이용해 금과 은 같은 귀금속의 무게와 순도를 비교하고 판단할 수 있었습니다.

정성 분석 방법은 크게 두 가지로 나눌 수 있는데, 하나는 건식법, 다른 하나는 습식법이에요. 건식법은 시료를 용액에 녹이지 않고 직접 가열하거나 불에 태워서 변화를 관찰하는 방식이에요. 반대로 습식법은 시료를 수용액에 녹인 후, 시약을 넣어 반응시키는 방법이지요. 이러한 건식법과 습식법이 체계화되면서 정성 분석법의 골격이 점차 갖춰지기 시작합니다.

더 알아보기

연금술사와 건식법

고대의 연금술사와 금 세공사들은 건식법으로 금속의 순도를 판단했습니다. 그들은 광석이나 합금을 도가니에 넣고 고온에서 가열했어요. 그 결과 구리·납·주석 같은 물질은 산화물로 변하거나 도가니 속 다른 물질과 반응해 사라졌지만, 산화에 강한 금은 쉽게 반응하지 않고 그대로 남았지요. 그다음, 가열 전·후의 무게를 정밀히 달아 남은 귀금속의 질량으로 금의 함량을 추정했어요. 이런 방법을 화재법이라 해요. 화재법은 이집트·그리스·로마를 거치며 정교해졌고, 뒤이어 발전한 습식법과 함께 더 정확한 분석으로 발전했어요.

저울의 역사

정량 분석의 출발점은 정확한 저울입니다. 저울은 그 구조가 매우 간단해서 오래전부터 사용되었어요. 이러한 저울의 모습과 기능은 시대마다 진화해 왔지요.

[고대 문명과 저울의 등장]

고대 이집트(기원전 2600년경)에서는 양팔 저울과 표준 무게추가 쓰였고 교역과 세금, 귀금속 거래에도 사용되었습니다. 당시 벽화에는 상

역사 속으로

고대 이집트 저울의 의미

고대 이집트에서 저울은 단순히 상인들이 무게를 재는 도구가 아니었습니다. 저울은 정의의 상징, 그리고 영혼의 심판 도구로 여겨지기도 했어요. 파라오의 통치 아래, 마아트Maat 질서는 세상의 기본 원리로 여겨졌는데, 마아트는 단순한 '법'이 아니라 우주와 인간 사회를 관통하는 정의, 균형, 진리의 원칙이었어요. 그래서 저울은 곡물의 무게를 재는 도구이자 올바름과 불의, 진실과 거짓의 무게를 재는 도구로 여겨졌던 거예요.

이집트 신화에는 저승의 신 아누비스Anubis가 죽은 자의 심장을 저울에 올려놓고, 반대편에는 마아트의 깃털을 얹는 장면이 나옵니다. 이 깃털은 '진실'과 '정의'를 상징해요. 만약 심장이 깃털보다 무겁다면, 죽은 자의 삶이 죄와 거짓으로 무거워졌다는 뜻이에요.

인이나 관리들이 저울을 들고 거래하는 장면이 새겨져 있어요. 이들은 '데벤Deben'이라는 무게 단위를 사용했는데, 1데벤은 약 90그램 정도예요.

이집트의 70데벤 저울추

인더스 문명(기원전 2400~1800년경)에서도 저울의 흔적이 발견되었습니다. 여기서는 작고 반짝이는 정육면체 돌이 발굴되었어요. 이 돌은 무늬도 없고 숫자도 없었지만, 비교 가능한 질량 단위로 만들어졌다는 점에서 무게를 표준화한 증거로 여겨져요. 또한 미노아 문명(기원전 2000~1500년경)의 유적에서도 저울접시로 사용된 것으로 추정되는 도자기 그릇이 발굴되었어요. 아마도 꿀이나 기름, 귀금속을 담아 무게를 비교했을 거예요. 이러한 저울과 무게추는 고대 그리스·로마와의 교역이 발달하면서 상거래 시스템에 큰 영향을 주었고, 정확한 무게 계량은 상업의 신뢰 기반이 되었어요.

저울접시로 사용된 것으로 추정되는 미노아 문명의 유적

기원전 8세기, 메소포타미아 지역에 등장한 거대한 제국 아시리아에서도 저울은 중요한 존재였습니다. 대영박물관에는 사자 모양의 청동 무게추가 보관되어 있는데, 이는 당시 공식적인 무게 단위로 사용되었어요. 무게추에 사자의 형상을 새긴 것은 권위와 신뢰의 상징이었고, 공정한 거래를 위한 법적 기준이 되었다고 해요. 이를 통해 아시리아가 체계적인 관료제와 상업 질서를 유지한 문명이었다는 걸 알 수 있지요.

아시리아의 사자 모양 무게추

중국에서도 유물을 통해 저울의 흔적을 찾아볼 수 있습니다. 기원전 4세기경, 전국 시대 초나라의 고분에서 나무 지렛대와 청동 추로 된 저울이 발견되었어요. 전국 시대는 수많은 나라가 경쟁하던 시기로, 행정 체계와 세금 제도가 급격히 발전한 시기예요. 이 저울은 단순한 상업용이 아니라, 세금 부과, 공물 징수, 제후 간의 무역 협상 등 행정 전반에 사용되었어요.

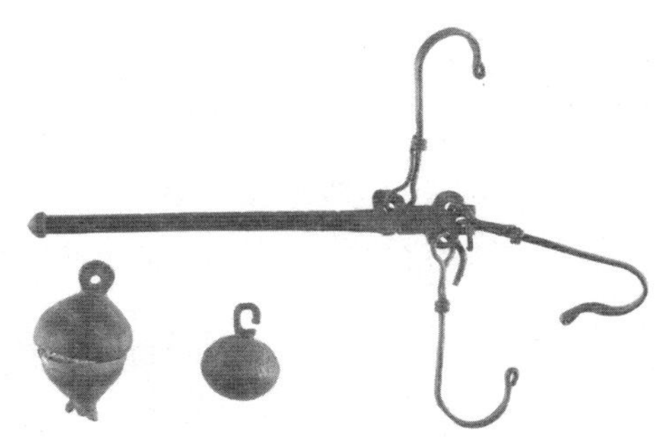

스틸야드 저울

기원후 1세기부터 3세기 사이, 로마 사람들은 새로운 형태의 저울을 널리 사용했습니다. '스틸야드 저울Steelyard Balance'이라고 불린 이 저울은 지렛대 원리를 응용했어요. 긴 막대의 한쪽에 물건을 걸고, 다른 쪽에는 청동 추를 매달아 균형이 맞는 위치를 찾는 방식이지요. 오늘날의 '막대 저울'처럼 생긴 이 장치는 크기가 작고 휴대가 쉬워, 상인들이 시장에서 빠르게 무게를 잴 수 있었고 이동하면서도 쓸 수 있었어요. 그래서 스틸야드 저울은 로마 제국 전역을 거쳐 지중해 연안, 갈리아, 브리타니아, 심지어 북아프리카까지 퍼져나갔지요.

[저울의 진화]

시간이 흐르면서 저울은 단순한 막대 저울을 넘어 더 정밀하고 편리한 형태로 발전했어요.

- 비스마르 저울: 불균형 구조의 막대 저울로, 한쪽에는 물건을 달고, 다른 쪽에는 추를 옮기며 균형을 맞추는 방식이에요. 간단하게 만들 수 있고, 무게를 빠르게 읽을 수 있어서 기원전 400년경부터 소규모 상인이 즐겨 사용했어요. 하지만 이 저울은 정확한 중심점이 필요했고, 잘못 사용하면 오차가 커진다는 단점이 있었습니다. 그래서 고의로 속이기도 쉬운 구조였고, 정밀하게 측정해야 할 때에는 사용하기 어려웠어요.

- 로베르발 저울: 1669년, 프랑스 수학자 기예르 페르손 드 로베르발이 만들었어요. 저울접시가 막대 위에 올라간 형태였지요. 이 저울은 받침점의 위치에 상관없이 어느 위치에 물체를 올려도 정확한 질량을 측정할 수 있다는 장점이 있어요.

- 비틀림 저울: 와이어나 섬유의 꼬임 정도로 힘을 측정하는 저울이에

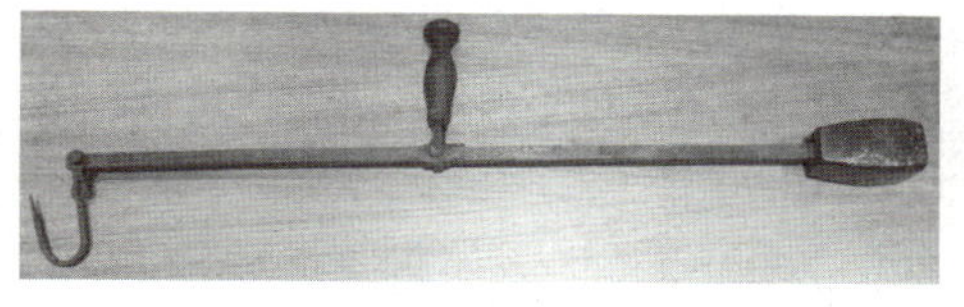

비스마르 저울

로베르발 저울

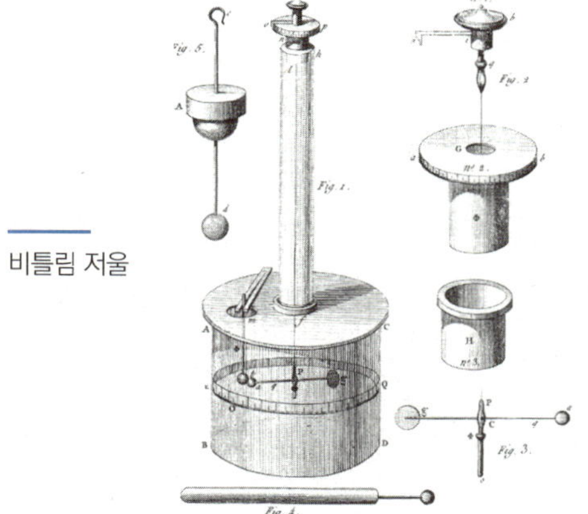

비틀림 저울

스프링 저울

요. 정밀 측정이 필요한 분야에 쓰였고, 미세한 변화를 감지할 수 있었어요.

- 스프링 저울: 1770년경, 영국의 리처드 솔터Richard Salter가 만든 저울입니다. 스프링의 늘어난 길이가 무게에 비례한다는 성질을 이용한 저울로, 편리하고 휴대가 간편했지만, 정확성은 다소 떨어졌다고 해요.

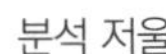

분석 저울

[분석 저울과 현대 저울의 등장]

분석 저울 또는 화학 저울처럼 극도로 정밀한 무게를 측정하는 저울은 18세기 중반, 조지프 블랙을 비롯한 화학자들의 정량 실험이 확산되면서 본격적으로 발전했습니다. 분석 저울Analytical Balance은 매우 미세한 질량을 오차 없이 측정하기 위해 만들어진 것으로 밀리그램mg 이하, 때로는 마이크로그램μg 단위까지 측정할 수 있었어요.

베리만의 정량 분석

18세기 중반, 스웨덴의 토르베른 베리만은 보이는 현상을 숫자로 바꾸려는 집요함으로 분석 화학의 수준을 한 단계 끌어올렸습니다. 그는 물질의 비밀을 수치로 나타내고자 했고, 그 방법으로 선택한 것이 바로 침전 반응이었어요.

우리 주변에는 다양한 종류의 용액이 있습니다. 커피, 소금물, 식초, 혈액, 심지어 공기도 용액이에요. 그런데 과학에서는 용액Solution을 '두 가지 이상의 물질이 균일하게 섞인 혼합물'로 정의해요. 눈으로 봐서는 한 가지 물질처럼 보이지만, 그 안에는 용질(녹는 물질)과 용매(녹이는 물질)가 섞여 있는 상태지요. 예를 들어, 소금물에서는 소금이 용질, 물이 용매이고, 설탕물에서는 설탕이 용질, 물이 용매가 돼요.

토르베른 베리만

용액 속에 어떤 시약을 떨어뜨리면 하얗게 되거나, 검은색 가루가 뿌옇게 가라앉을 때가 있습니다. 이 현상을 침전이라고 하는데, 베리만은 이런 침전을 단순히 눈으로 확인하는 데 그치지 않고 걸러내고, 말리고, 무게를 재는 방법으로 발전시켰어요. 즉, 침전물의 무게를 통해 그 안에 원래 얼마나 많은 물질이 있었는지 계산하기 시작한 거예요. 이것이 바로 정량 침전 분석법의 시작이에요.

베리만은 1775년에 발표한 『화학 분석론De analysi chemica』에서 자신이 고안한 다양한 침전법을 소개했어요. 예를 들어, 석회수에 칼슘이 얼마나 들어 있는지 알고 싶을 때, 탄산염을 넣어 탄산 칼슘 침전을 만들고, 그 무게를 측정해서 칼슘의 양을 계산했어요.

물론 베리만 이전에도 침전 반응을 관찰한 사람들이 있었습니다. 로버트 보일도 침전 실험을 했지만 그건 어디까지나 '무언가 있다'라는 것을 보는 정성적인 수준이었어요. 하지만 베리만은 "무엇이, 얼마나 있는가"를 제대로 측정하기 위해 노력한 과학자였어요. 말 그대로 정량 분석의 문을 연 사람이지요.

분석 화학의 길을 연 프레제니우스

카를 프레제니우스Carl Remigius Fresenius는 독일 프랑크푸르트에서 태어났습니다. 어린 시절 그는 독일 프랑크푸르트 인근 약국에서 일을 도우며 자연스럽게 화학에 눈을 뜨게 되었어요.

1840년, 본 대학교에 입학한 프레제니우스는 곧 기센Giessen으로 옮겨 당시 유명한 화학자였던 리비히Justus von Liebig의 실험실에서 조수로 일하며 경험을 쌓습니다. 1845년, 프레제니우스는 비스바덴 농업 연구소Wiesbaden Agricultural Institution에서 화학, 물리학, 기술을 담당하는 교수로 임명되었어요. 그리고 3년 후에는 화학 실험실 책임자가 되었지요. 그는 실험실에서 하루하루를 보내며 정확한 수치를 얻고, 보이지 않는 성분을 찾아내는 분석 화학에 완전히 빠져들었어요. 프레제니우스는 분석 화학이 단순한 기술이 아니라 독립된 학문 분야가 되어야 한다고 믿었습니다. 그래서 그는 1862년, 세계 최초의 분석 화학 전문 학술지 〈Zeitschrift für analytische Chemie〉를 창간했어요.

특히 프레제니우스는 금속 이온의 분류로 유명합니다. 우리가 흔히 말하는 '금속'은 겉보기에는 모두 반짝이고 비슷해 보여요. 하지만 용액 속에서 이온 상태로 있을 때는 각 금속이 반응하는 방식이 제각각이랍니다. 그래서 화학자들은 "이 많은 금속을 반응성에 따라 체계적으로 나눌 수 없을까?"라며 고민했어요. 이 문제에 도전한 사람이

카를 프레제니우스

바로 분석 화학의 선구자, 프레제니우스예요. 그는 실험을 통해 수많은 금속 이온들의 반응을 관찰하고, 그 특성에 따라 금속을 6개의 족Group으로 나눴어요. 그가 분류한 여섯 개의 족은 다음과 같아요.

- 제1족: 염화물 족

  대표 이온으로 은 이온Ag^{+}, 납 이온Pb^{2+} 등이 있고, 묽은 염산HCl을 넣으면 염화물 침전이 생성돼요. 대부분 흰색 침전이며, 물에 잘 녹지 않지요.

- 제2족: 황화물 족(산성)

  대표 이온으로 구리 이온Cu^{2+}, 카드뮴 이온Cd^{2+}, 비스무트 이온 Bi^{3+} 등이 있고, 황화수소H_2S를 통과시키면 황화물 침전이 생성돼요. 침전 색이 검정, 노랑, 주황 등으로 다양하지요.

- 제3족: 수산화물 족

  대표 이온으로 철 이온Fe^{3+}, 알루미늄 이온Al^{3+} 등이 있고, 암모니아수NH_4OH 등을 넣으면 수산화물 침전이 생성돼요. 철은 갈색, 알루미늄은 흰색 침전이 생기지요.

- 제4족: 황화물 족(염기성)

  대표 이온으로 니켈 이온Ni^{2+}, 코발트 이온Co^{2+} 등이 있고, 염기성 용액에서 황화수소나 황화암모늄으로 침전돼요.

- 제5족: 탄산염 족

  대표 이온으로 바륨 이온Ba^{2+}, 칼슘 이온Ca^{2+} 등이 있고, 탄산염과 반응해 탄산염 침전을 만들어요.

- 제6족: 용액 잔류 족

  대표 이온으로 나트륨 이온Na^{+}, 칼륨 이온K^{+} 등이 있어요. 앞선 시약들로 침전되지 않고 용액에 남아 특별한 방법으로 구분해야 해요.

프레제니우스의 족 분류 덕분에 화학자들은 혼합 용액 속에서도 금속을 골라낼 수 있게 되었어요. 그래서 족 분류는 분석 화학에서 '금속 찾기 지름길'처럼 쓰이게 되었지요.

적정법의 역사

반응을 완결시키는 데 필요한 시약의 양을 측정하는 것을 적정법Titration이라고 합니다. 오늘날의 적정법은 프랑스 약제사들이 실험 과정에서 마주한 문제를 해결하며 발전했어요. 이를 위해서는 아주 정확한 눈금이 있는 유리관이 필요해요. 이런 장비를 처음 만든 사람은 누구일까요? 바로 프랑스의 약제사 앙리 데스크로이즈François-Antoine-Henri Descroizilles랍니다. 루앙의 약제사였던 그는 1791년경, 알칼리미터Alkalimètre로 식초·알칼리의 산·염기 세기를 정량하는 장치를 고안해요. 이어 1800년대 초에는 염소의 농도를 재는 특별한 기구인 클로로미터를

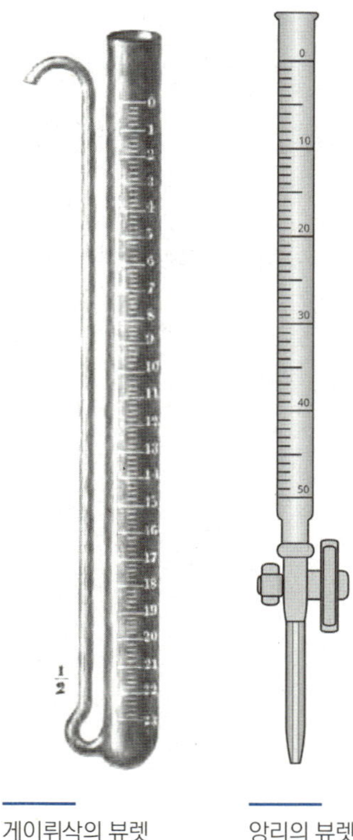

게이뤼삭의 뷰렛　　앙리의 뷰렛

만들기도 했지요. 데스크로이즈는 또 액체를 정밀하게 조금씩 흘려보낼 수 있는 긴 유리관을 만들어 근대 뷰렛의 전신을 제시했어요.

뷰렛은 액체 시약을 한 방울씩 조절해서 떨어뜨릴 수 있는 유리관입니다. 적정 실험에서 꼭 필요한 도구로, '뷰렛'이라는 단어는 1824년, 게이

역사 속으로

커피 메이커의 조상

데스크로이즈는 1802년, '카페올렛'이라는 세계 최초의 커피메이커도 발명했어요. 끓는 물을 분쇄한 커피 가루에 부어 커피를 내려 마시는 장치였죠. 이 기계는 오늘날 우리가 사용하는 드립 커피 메이커의 조상 격이라고 할 수 있어요.

뤼삭이 처음 사용했어요. 게이뤼삭은 눈금을 개선한 뷰렛을 고안해 실험의 정확도를 크게 높였고 산업 현장에서 양산형 분석을 가능하게 했습니다.

그 후 1840년대, 프랑스의 약사 에티엔 앙리Étienne-Ossian Henry는 현재와 같은 모습의 수직형 코크식 뷰렛을 설계해, 오늘날 우리가 실험실에서 볼 수 있는 장치를 완성했답니다.

크로마토그래피

우리가 마시는 커피, 먹는 음식, 그리고 병원에서 받는 혈액 검사 속에도 놀라운 과학 기술이 숨어 있습니다. 바로 크로마토그래피

역사 속으로

격동의 유럽

19세기 말 20세기 초, 유럽은 격동의 한가운데 있었습니다. 산업 혁명 이후 도시가 급격히 성장하고, 제국주의 열강은 아프리카와 아시아를 두고 치열한 경쟁을 벌였어요. 독일은 군사력을 키우고 있었고, 오스트리아-헝가리는 발칸에서 민족 갈등에 휘말렸으며, 프랑스와 영국은 식민지 패권을 놓고 끊임없이 견제했지요. 러시아에서는 황제 니콜라이 2세의 전제정이 계속되던 가운데 1905년 1월 22일, '피의 일요일' 사건이 발생합니다. 상트페테르부르크에서 노동자와 시민들이 노동·정치 개혁을 요구하며 평화적으로 행진했지만, 제국군의 발포로 수백 명이 희생되고 수천 명이 다쳤어요. 이 사건은 파업·봉기·해군 반란으로 이어지며 체제에 대한 신뢰를 급격히 무너뜨렸고, 유럽 전역은 점점 1차 세계 대전으로 향하는 긴장 국면에 들어섰습니다. 미하일 츠베트가 크로마토그래피를 고안하던 바로 그 시절, 과학계 밖의 세계는 이렇게 불안과 충돌로 요동치고 있었어요. 격랑의 시대 정세와 달리 츠베트의 실험대 위에서는 색소가 서서히 분리되어 색 띠를 이루었고, 그 조용한 발견이 현대 분석 화학의 한 축을 세우게 됩니다.

Chromatography예요. 크로마토그래피의 역사는 러시아의 식물학자 미하일 츠베트로부터 시작됩니다.

미하일 츠베트

츠베트는 "식물 잎 속에는 초록색 말고도 더 많은 색이 들어 있지 않을까?"라는 호기심을 갖고 실험을 시작합니다. 그는 먼저 식물 잎에서 알코올을 이용해 색소 용액을 뽑아냈어요. 그리고 그 용액을 곱고 하얀 탄산 칼슘 가루가 채워진 긴 유리관 속에 아주 조심스럽게 부었지요. 그런데 놀라운 일이 벌어졌어요. 처음엔 온통 초록빛이던 그 용액이 유리관 속에서 점점 다채로운 색 띠로 나뉘기 시작한 거예요. 주황, 노랑, 연두, 초록, 파랑…. 마치 식물이 품고 있던 숨겨진 팔레트가 드러나는 것처럼, 각 색소가 층층이 분리되어 나타났어요. 츠베트는 이 아름답고 질서 있는 현상에 '크로마토그래피', 즉 '색을 기록하는 기술'이라는 이름을 붙였어요.

이 방법은 단순히 색을 보기 좋게 나누는 실험이 아니었어요. 식물 속 색소를 구성하는 화학 물질들을 분리하고 분석하는 섬세한 과학 기술의 시작이었고, 오늘날엔 의약품, 혈액 성분, 환경 물질, 식품 첨가물 분석에까지 널리 활용되는 놀라운 기술의 토대가 되었답니다.

[분배 크로마토그래피]

1930년대 후반, 영국의 젊은 두 화학자 아처 마틴Archer John Porter Martin과 리처드 싱Richard Laurence Millington Synge은 새로운 문제에 도전하

좌_ 아처 마틴
우_ 리처드 싱

고 있었습니다. 그들은 단백질을 이루는 아주 작은 조각, 즉 아미노산을 하나하나 분리하고 싶었어요. 하지만 당시에는 그렇게 섬세하게 성분을 나눌 방법이 없었지요. 이들은 츠베트의 색깔 분리 실험에서 영감을 얻었고 여기에 '분배'라는 개념을 더합니다. 두 사람은 "액체와 액체 사이에서도 성분이 나뉘지 않을까?", "물과 기름이 섞이지 않듯, 성분마다 더 좋아하는 쪽이 있지 않을까?"라고 생각했어요. 이를 위해 두 사람은 실험 기둥에 물과 유기 용매 같은 두 가지 액체를 넣고, 그 사이를 아미노산이 어떻게 이동하는지 관찰했습니다. 결과는 놀랍게도 아미노산이 조금씩 다른 속도로 이동하면서 나뉘었고, 그 결과 아주 복잡한 혼합물도 깔끔하게 분리할 수 있었어요. 이것이 바로 '분배 크로마토그래피Partition Chromatography'예요. 이 기술은 생화학, 약학, 환경 분석 등 수많은 분야에서 측정의 표준 도구가 되었고, 오늘날의 고성능 액체 크로마토그래피를 비롯한 현대 크로마토그래피로 이어졌어요.

콜로이드를 발견한 토머스 그레이엄

토머스 그레이엄

1800년대 초, 유럽은 나폴레옹 전쟁이 끝나고 산업 혁명이 본격적으로 일어난 시기였습니다. 거대한 변화가 일어나는 가운데, 스코틀랜드의 글래스고에서 한 소년이 태어나요. 이 소년은 일상에서 볼 수 있지만 설명되지 않던 현상에서 새로운 세계를 발견합니다. 그의 이름은 바로 토머스 그레이엄Thomas Graham이에요.

우리는 향수 냄새나 음식 냄새가 퍼지는 걸 당연하게 생각합니다. 그런데 그레이엄은 이런 현상을 그냥 넘기지 않고 세심하게 관찰해 그 속에 숨은 과학 법칙을 발견해 냈어요. 먼저 그는 유리관에 두 종류의 기체를 넣고 서로 얼마나 빠르게 확산하는지 비교했습니다. 그 결과, 가벼운 기체일수록 더 빨리 퍼진다는 걸 알아냈어

역사 속으로

제국의 화폐를 맡은 화학자, 그레이엄

그레이엄은 단순히 실험실 속 학자에 머무르지 않았습니다. 1855년부터 1869년 사망할 때까지, 그는 영국 왕립 조폐국The Royal Mint의 국장으로 일했어요. 당시 영국은 '해가 지지 않는 나라'라 불렸는데, 전 세계에 식민지를 거느리며 경제와 해상권을 지배하고 있었지요. 이 시기의 화폐는 단순한 동전이 아니라, 국가의 신용과 힘, 통화 질서를 상징하는 도구였어요. 금화와 은화의 순도, 무게, 합금 비율 하나하나가 국가의 신뢰를 좌우했기 때문에, 조폐국 국장은 지극히 엄격하고 신뢰받는 사람만 맡을 수 있는 자리였지요. 그런 자리에 그레이엄이 임명되었다는 것은, 그의 과학적 업적이 실험실을 넘어 국가가 신뢰할 만한 수준이라는 것을 의미했어요. 이는 과학자가 정책의 중심에 설 수 있다는 가능성을 보여 주는 상징적인 장면이기도 해요.

콜로이드의 한 형태인 우유

요. 이 관찰 결과는 이후 분자량 계산, 반응 속도 예측, 그리고 기체 분리 기술의 기반이 되었답니다.

이후 그레이엄은 또 하나의 흥미로운 세계에 주목합니다. 그는 마치 우유나 잉크, 젤리처럼 물에 완전히 녹지 않고, 또 가라앉지도 않는 물질을 '콜로이드Colloid'라고 불렀어요. 그리스어로 '풀처럼 끈적한'이라는 뜻이지요. 콜로이드는 완전히 녹은 용액도 아니고, 굵은 입자가 떠 있는 현탁액도 아닌 새로운 상태였어요.

그레이엄은 콜로이드를 연구하던 중, 콜로이드 입자와 작은 분자를 어떻게 구분할 것인가라는 문제에 부딪힙니다. 그러고는 곧 누구도 시도하지 않았던 과감한 아이디어를 떠올려요. 바로 '막'을 쓰겠다는 생각이었지요. 그는 젤라틴, 전분, 고무 같은 콜로이드 물질들을 물에 녹이고, 산양의 방광막이나 식물성 셀룰로스 같은 얇은 막을 사이에 두고 어떤 물질이 통과하고, 어떤 물질이 막히는지 실험했어요.

그 결과는 놀라웠습니다. 물, 소금, 포도당 같은 작은 분자들은 그 얇은 막을 통과해 반대편으로 스며들었지만, 젤라틴, 전분, 고무 같은 큰 콜로이드 입자들은 막을 통과하지 못하고 남아 있었어요. 그레이엄은 이처럼 작은 분자는 통과시키고 큰 분자는 통과시키지 않는 얇은 막을 '반투막Semi-Permeable Membrane'이라고 불렀습니다. 훗날 이 원리는 삼투압, 정수기 필터, 혈액 투석기, 나노막 분리 기술 등 수많은 생명 과학과 공학 분야에 결정적인 역할을 하게 됩니다.

삼투압의 발견

삼투Osmosis는 반투막을 사이에 두고, 용매(보통 물)가 농도가 낮은 쪽(희석 용액)에서 농도가 높은 쪽(농축 용액)으로 자연스럽게 이동하는 현상입니다. 이때 소금과 설탕 같은 '용질'은 막을 통과하지 못하고, 오직 '용매'(물)만 이동해 농도를 같게 만들려는 힘이 작용해요.

삼투 현상은 주방이나 욕실에서도 자주 일어나는 일입니다. 가장 대표적인 예가 바로 배추 절이기예요. 배추에 굵은소금을 뿌려 두면, 시간이 지나면서 배추에서 물이 빠져나오고, 배추는 축축 처진 모양으로 숨이 죽게 돼요. 이건 소금물 쪽의 농도가 높고, 배춧속은 농도가 낮아 물 분자가 배춧속(낮은 농도)에서 바깥쪽(높은 농도)으로 이동하기 때문이에요. 오이절임에서도 마찬가지랍니다. 오이도 소금에 절이면 속의 물이 빠져나오고, 바깥쪽 소금물의 염분이 안쪽으로 들어가면서 간이 배게 돼요.

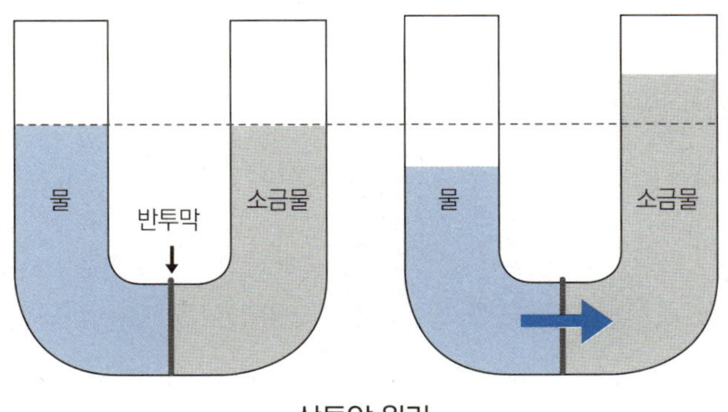

삼투압 원리

[앙투안 놀레와 반트호프의 발견]

장 앙투안 놀레

1748년, 프랑스에서는 계몽주의 시대의 과학 열풍이 거세게 불고 있었습니다. 마치 뉴턴이 만유인력으로 세상을 설명했듯, 자연의 신비를 실험으로 밝혀내려는 사람들이 많았지요. 그때 물리와 실험이 취미였던 장 앙투안 놀레라는 성직자가 등장해요. 그는 돼지의 방광을 이용해 실험했는데, 방광 안쪽에 알코올, 바깥쪽에 물을 두고 어떤 변화가 일어나는지 관찰합니다. 시간이 지나면서 방광이 점점 부풀어 오르는 것을 본 놀레는 '액체가 막을 사이에 두고 이동한다'라는 사실을 알아냈어요. 물론 우리는 이것이 삼투 현상임을 알고 있지요.

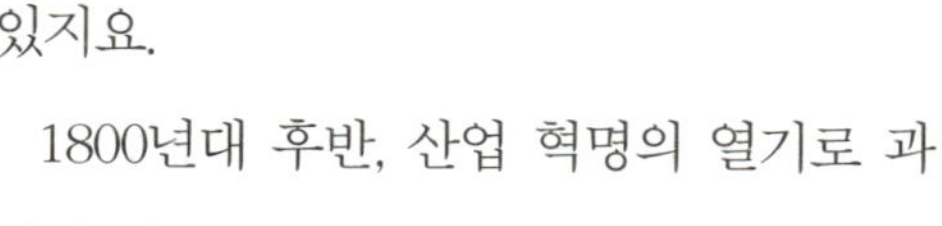

야코프 반트호프

1800년대 후반, 산업 혁명의 열기로 과학이 빠르게 발전하면서 화학과 물리학도 점점 더 정밀한 수학적 언어로 표현되기 시작합니다. 이 무렵 등장한 네덜란드의 젊은 과학자, 야코프 반트호프는 1886년, 놀라운 아이디어를 세상에 발표해요. 기체가 벽을 밀어내며 압력을 가하듯, 용액 속 용질도 반투막을 밀어낸다는 개념이에요. 이 압력을 삼투압이라고 불러요. 기체 법칙과 삼투 현상을 연결한 셈이지요. 또한 반트호프는 삼투압이 용질의 농도와 온도에 따라 변한다는 점을 밝혔어요. 즉, 따뜻할수록, 용질이 많을수록, 더 큰 삼투압이 생긴다는 거예요.

[역삼투의 발견]

2차 세계 대전 이후, 급격한 산업화와 인구 증가로 인해 지구 곳곳에서 심각한 담수 부족 문제가 발생했어요. 특히 사막 지역이나 해안 근처의 건조 지대에서는 깨끗한 식수가 절대적으로 부족했지요. 이런 상황에서 과학자들은 '자연 현상인 삼투를 거꾸로 이용하는 방법은 없을까'라고 고민하기 시작합니다.

삼투는 용질의 농도가 낮은 쪽의 물이 반투막을 지나 농도가 높은 쪽으로 이동하는 자연 현상입니다. 하지만 과학자들은 압력을 가해 이 흐름을 거꾸로 만들었어요. 이렇게 해서 개발된 기술이 바로 역삼투Reverse Osmosis, RO예요. 역삼투 기술은 바닷물에 압력을 가해 물 분자만 반투막을 통과하게 하고, 소금이나 다른 불순물은 걸러내는 방식이에요. 이 기

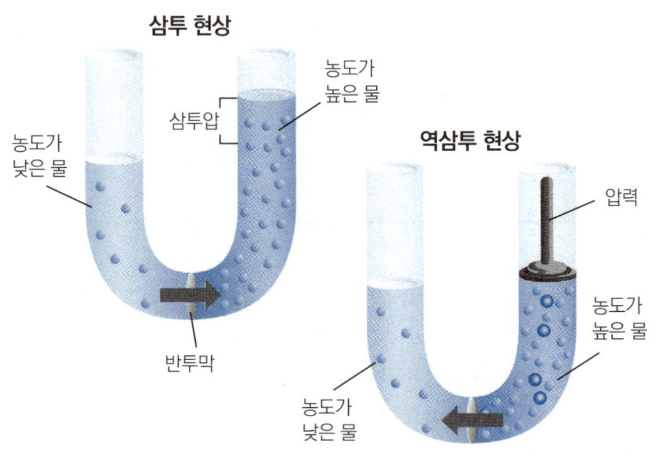

술 덕분에 중동의 사막, 인도의 농촌, 캘리포니아의 해안 도시들도 깨끗한 물을 마실 수 있게 되었답니다.

물방울이 둥근 이유, 표면 장력

물컵에 물을 가득 따르면, 물 표면이 살짝 볼록하게 보일 때가 있습니다. 혹은 아주 작은 곤충이 물 위에 살짝 떠 있는 장면을 본 적도 있을 거예요. 이 신기한 현상은 바로 표면 장력Surface Tension 때문이에요. 표면 장력이란 물 분자끼리 서로 끌어당기면서 마치 얇은 막처럼 표면을 팽팽하게 유지하는 힘을 말해요.

이 얇은 막은 표면적을 가능한 한 작게 만들려는 경향이 있기 때문에, 물방울은 가장 표면적이 작은 구 모양을 이루며 동그랗게 맺힙니다. 이 성질은 꼭 물에서만 나타나는 건 아니에요. 모든 액체에는 표면 장력이 있어요. 다만 물이 다른 액체에 비해 표면 장력이 아주 큰 편이라 물방울이 더 또렷하고 둥글게 맺히는 거예요. 게다가 그 표면은 작은 곤충이 그 위를 걸을 수 있을 만큼 팽팽하답니다.

물의 표면 장력 실험

집에서 간단하게 할 수 있는 표면 장력 실험을 소개할게요. 그릇에 물을 담고 후춧가루를 얇게 뿌려 보세요. 깨끗한 손가락으로 수면을 스치면 후추가 잠깐 갈라졌다가 다시 모여듭니다. 물 분자끼리 달라붙는 성질이 후추를 끌어당겨 다시 모이게 하기 때문이에요. 이번에는 손가락에 비누를 아주 조금 묻혀 수면에 살짝 대 보세요. 후춧가루가 급히 가장자리로 밀려나는 모습을 볼 수 있을 거예요. 비누(계면활성제)가 물 분자 사이에 끼어들어 표면 장력을 약하게 만들기 때문이지요.

물의 표면 장력으로 인해 물방울은 둥글게 맺힌다.

사실, 물방울이 둥글게 맺히는 모습은 아주 오래전부터 사람들이 관찰해 왔어요. 하지만 이 현상을 과학적으로 설명하려 한 사람은 17세기 후반의 로버트 훅과 아이작 뉴턴이에요. 뉴턴은 이렇게 말했어요.

물방울이 둥글게 되는 건, 어떤 끌어당기는 힘 때문이 아닐까?

하지만 그때는 아직 그 힘의 정체를 정확히 알지 못했지요.

그 비밀을 푼 사람은 바로 토머스 영Thomas Young입니다. 1805년 무렵, 영은 물방울이 유리잔 안에서 퍼지는 모양에 주목했어요. 어떤 물방울은 넓게 퍼지고, 어떤 물방울은 동그랗게 뭉쳐 있었는데, 영은 이 차이를 바로 액체와 고체, 그리고 공기 사이의 힘의 균형 때문이라고 설명했어요. 그 후 19세기 초, 프랑스의 수학자 피에르 시몽 라플라스는 물방울의 비밀을 수식으로 정리했는데, 그는 물방울이 작을수록 표면이 더 둥글다는 것을 알아냈지요.

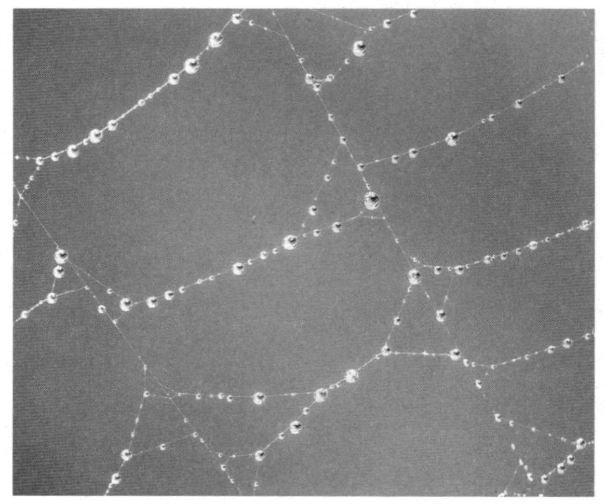

물방울이 둥글게 맺힌 것은 표면 장력 때문이고, 그 물방울이 거미줄에 달라붙어 있는 것은 접착력 때문이다.

모세관 현상

아주 가는 유리관을 물에 넣으면, 관 속 물기둥이 바깥 수면보다 높게 치솟는 걸 볼 수 있습니다. 식물의 뿌리에서 잎까지 물이 올라가고, 수건이 물을 쭉쭉 빨아들이며, 양초 심지로 기름이 스며드는 것도 같은 원리예요. 이를 '모세관 현상Capillary Action'이라고 합니다.

고대 그리스 사람들은 식물이 뿌리로 물을 끌어 올리는 현상을 신기하게 여겼습니다. 하지만 원리에 대해서는 잘 몰랐지요. 마찬가지로 중세 이슬람 세계에서도 유리관 속 물의 움직임을 관찰했지만, '모세관 현상'이라고 부르지는 않았어요.

본격적으로 모세관 현상에 과학적으로 접근한 것은 블레즈 파스칼과 로버트 보일입니다. 1648년, 파스칼은 수은으로 만든 기압계를 실험하다가 작은 유리관에서 액체 수위가 다르게 나타나는 걸 보았어요. 그리고 "이 현상은 기압 때문만은 아니다!"라고 생각했지요. 1660년대, 로버트 보일 역시 가느다란 관을 타고 물이 위로 올라가는 걸 보고 "관의 안과 밖의 압력이 다르기 때문 아닐까?"라고 의심했어요.

모세관 현상의 핵심은 물의 응집력과 접착력, 그리고 표면 장력입니다. 아주 작고 가느다란 관 속에서 응집력과 접착력이 함께 작용하는데, 이때 응집력은 물 분자끼리 서로 끌어당기는 힘을 말해요. 이 힘은 물이 한 덩어리로 뭉쳐 있으려는 성질을 만들어요. 그래서 물은 흩어지지 않고, 표면을 가능한 한 작게 만들려는 성질을 가지게 되지요. 접착력은 물 분자가 다른 물질, 예를 들어 유리에 달라붙으려는 힘이에요. 모세관 속에서는 물이 유리 벽을 따라 얇은 막처럼 붙게 돼요. 그다음에는, 표면 장력이 얇은 물 막을 위쪽으로 끌어올리고, 아래에 있는 물 분자들이 끌려 올라오면서 관 속 물기둥이 상승해요.

물론 이 물기둥이 영원히 올라가는 건 아닙니다. 물의 무게가 위에서 잡아당기는 힘과 균형을 이루는 순간, 물은 그 자리에 멈춰요. 이 높이는 어떻게 정해질까요? 1718년, 제임스 주린James Jurin은 물기둥 높이가 관의 반지름에 반비례한다는 사실을 발견했어요. 이를 주린의 법칙Jurin's Law이라고 해요. 쉽게 말해 관이 가늘수록 더 높이 올라간다는 말이에요. 그래서 아주 미세한, 세포 수준의 관에서는 모세관 효과가 매우 강하게 나타나요. 이 덕분에 식물의 잎맥 속에서도 물과 용질의 이동이 가능해지고, 우리 몸의 모세 혈관에서도 체액 교환이 효율적으로 일어나지요.

모세관 현상은 우리 주변에서 자주 볼 수 있습니다. 크로마토그래피에서 잉크가 번지는 것도, 만년필촉에 잉크가 흐르는 것도, 흙이 물을 머금는 것도 모두 모세관 현상과 표면 장력의 섬세한 균형이 만들어 내는 결과예요.

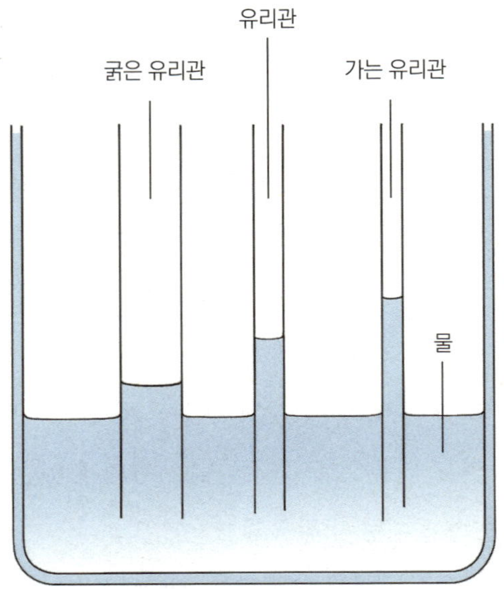

유리관이 가늘수록 높이 올라간다.

분석 화학의 역사

- **분석 화학**
  - 어떤 물질이, 얼마나 들어 있는지 알아내는 방법을 연구하는 학문
  - 정성 분석과 정량 분석
- **고대의 정성 분석**
  - 눈, 코, 혀와 같은 감각 기관을 이용해 분석을 시작함.
  - 건식법과 습식법
- **베리만의 정량 분석**
  - 정량 침전 분석법_ 무엇이, 얼마나 있는가를 정확하게 따짐.
- **적정법**
  - 데스크로이즈, 알칼리미터, 뷰렛의 전신
  - 에티엔 앙리_ 수직형 코크식 뷰렛 설계
- **크로마토그래피**
  - 미하일 츠베트_ 식물의 잎을 이용해 색소 용액을 뽑아냄.
  - 분배 크로마토그래피_ 아처 마틴과 리처드 싱
- **삼투압, 표면장력, 모세관 현상**
  - 삼투압_ 반투막을 사이에 두고 용질의 농도가 낮은 쪽에서 높은 쪽으로 용매(물)가 이동함.
  - 표면 장력_ 액체 분자들이 서로 끌어당겨 표면이 팽팽해지려는 성질
  - 모세관 현상_ 가는 관 속 액체가 분자 간 힘에 의해 위로 올라가거나 내려가는 현상

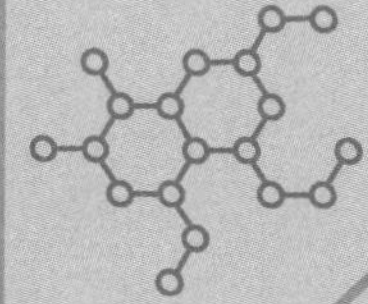

10장

유기 화학의 역사

유기 화학의 산물인 매니큐어

정교수의 pick

◆ 리비히의 연소 분석 ◆ 뒤마의 치환 법칙
◆ 게르하르트의 형 이론 ◆ 프랭클랜드의 원자가 ◆ 케쿨레의 탄소 4가
◆ 벤젠 고리 구조 ◆ 브라운의 구조식 ◆ 호프만의 분자 모형

생명의 물질에서 분자의 설계로

화려한 색으로 손톱을 물들이는 매니큐어. 반짝이는 광택과 다채로운 색을 보면 기분이 나아지기도 해요. 그런데 이 작은 병에 오랜 시간 축적된 화학의 역사와 유기 화합물의 과학이 숨어 있어요.

사실 매니큐어의 역사는 아주 오래되었답니다. 고대 중국 황실 여성들은 손톱에 계피, 장뇌, 계란 흰자, 밀랍을 섞어 만든 천연 물질로 색을 입혔다고 해요. 신분에 따라 색이 달라졌고, 이는 곧 권력의 상징이 되기도 했어요. 이집트의 클레오파트라도 헤나Henna를 이용해 손톱을 붉게 물들였다고 전해져요.

우리가 사용하는 현대적인 매니큐어는 1920년대 미국에서 시작되었습니다. 당시 자동차 페인트에 쓰이던 질산 셀룰로스가 주목받기 시작했는데, 그 이유는 빨리 마르고 매끈한 광택을 남겼기 때문이에요. 이 유기 화합물 덕분에 매니큐어 시장은 새로운 국면을 맞습니다. 그리고 1932년에 등장한 화장품 브랜드 레블론Revlon은 질산 셀룰로스를 활용한 불투명 매니큐어를 선보였어요. 매니큐어는 더 이상 '광택제'가 아니라 색과 질감을 설계하는 작은 실험실이 되었지요.

유기물과 무기물

우리가 매일 만지는 물건들, 숨 쉬는 공기, 마시는 물, 먹는 음식까지 모두 '물질'입니다. 그런데 과학에서는 이 모든 물질을 크게 두 부류로 나뉘어요. 바로 유기물과 무기물이에요. 옛날 과학자들은 "유기물은 생명체에서만 만들어지는 신비한 물질이다!"라고 생각했어요. 그래서 사람의 몸, 동물의 기름, 식물의 향기, 젖산, 포도주 같은 것들을 전부 유기물이라고 불렀지요. 반대로, 흙, 공기, 물, 금속, 돌 같은 건 생명과는 상관없는 물질, 즉 무기물이라고 불렀어요. 그런데 이 생각은 1828년, 독일의 화학자 프리드리히 뵐러의 실험으로 완전히 뒤집히고 말아요. 생명체 밖의 물질로, 생명체 속에서 만들어진다고 믿었던 물질(유기물)을 합성했기 때문이에요.

오늘날 화학에서는 유기물과 관련된 화학을 유기 화학이라 하고, 무기물과 관련된 화학을 무기 화학이라고 해요.

- 유기물 : 탄소(C)를 기본 골격으로 수소(H), 산소(O) 등이 결합된 화합물

  예) 포도당, 에탄올, 단백질, 지방, 비타민 등

- 무기물 : 탄소를 포함하지 않거나, 유기물이 아닌 물질

  예) 물H_2O, 소금NaCl, 이산화 탄소CO_2, 암석, 철, 구리 등

이때 이산화 탄소는 탄소를 포함하지만 생명체의 구성 성분이라기보

다 대기 속에 존재하는 기체로 보아 무기물로 분류해요.

술, 향기, 색깔 속에 숨어 있는 유기 화학의 씨앗

인간이 처음으로 화학과 만난 곳은 실험실이 아니라 부엌과 시장이었습니다. 불을 피우고, 음식을 만들고, 식물에서 무언가를 짜내던 그 순간부터 이미 '생활 속 화학자'가 되어 있었던 거예요. 기원전 수천 년 전, 고대 메소포타미아와 이집트 사람들은 야자열매나 포도즙을 발효시켜 술을 만들었어요. 오늘날의 관점으로 보면, 효모가 당을 분해해 에탄올을 만드는 전형적인 유기 화학 반응이에요.

색과 향을 얻는 기술도 일찍부터 발달했습니다. 고대 이집트에서는 자주색 염료인 푸르푸라Purpura를 조개에서 추출해 귀족들의 옷을 염색했어요. 이 색소 분자도 탄소와 수소, 산소, 질소로 이루어진 유기물이에요. 당시 사람들은 화학식을 몰랐지만, 어떤 풀이나 껍질에서 무슨 색이 나오는지 알고 있었어요.

역사 속으로

프시케와 혼, 생명력을 찾던 고대의 언어

고대 그리스 신화의 프시케Psykhe는 시련 끝에 불멸을 얻은 존재로, 이름 자체가 '숨결·영혼'을 뜻해요. 그리스인들은 생명에는 눈에 보이지 않는 힘, 곧 프시케가 깃든다고 보았고, 아리스토텔레스는 이를 식물의 생장혼, 동물의 감각혼, 인간의 이성혼으로 구분해 설명했지요. 이후 의학자들은 이를 숨결이라는 뜻의 '프뉴마Pneuma'라고 불렀습니다. 오늘날의 유기 화학과는 다르지만, '살아 있음의 원리'를 물질 너머에서 찾으려 했던 이 전통은 훗날 '유기물은 오직 생명체에서만 만들어진다'라는 이론으로 발전했고, 이후 유기 화학이 등장하는 배경이 되었어요.

향료도 마찬가지였습니다. 고대 인도와 아라비아 지역에서는 계피, 몰약, 유향 같은 향료를 태워 신에게 바쳤는데, 유기 분자가 공기 중으로 퍼지면 서로 다른 향이 나요. 이는 탄소 사슬에 붙은 수소와 산소의 위치가 조금만 달라져도 향이 바뀌기 때문이에요. 그 시절 사람들은 이렇게 냄새, 색깔, 맛을 이용해서 유기 화합물과 매일 만났어요. 비록 '화학'이라는 단어는 없었지만, 그들의 삶은 이미 유기 화학의 무대 위였던 셈이에요.

분석의 언어를 만든 리비히

19세기 초, 유럽은 산업화의 물결과 함께 과학 혁명의 중심지로 바뀌고 있었습니다. 그 무렵 독일 다름슈타트에서 태어난 유스투스 폰 리비히는 '무엇으로 이루어졌고, 얼마만큼 들어 있는가'를 수치로 표현한 화학자로 널리 이름을 알렸어요.

상인 집안에서 태어난 리비히는 어릴 때부터 화학에 깊은 관심을 보였습니다. 14살이 되던 해, 리비히는 정규 학교 교육을 마치고 본 대학에 진학했어요. 그리고 1822년, 스무 살의 나이에 파리로 건너가 게이뤼삭의 실험실에서 일하며 최첨단 화학 실험법을 배우며 시야를 넓혔지요. 그 후 고향으로 돌아온 리비히는 기센 대학교의 화학

유스투스 폰 리비히

교수가 되었고, 당시로서는 파격적인 '실험 중심' 화학 교육 과정을 만들었어요. 학생들이 직접 실험하고 관찰하며, 결과를 식과 수치로 정리하도록 가르친 것이지요. 리비히의 실험 중심 화학 교육 방식은 이후 많은 대학에서 모범이 되었고, 오늘날 강의와 실험을 병행하는 화학 교육의 기본 틀로 자리 잡는 데 큰 영향을 끼쳤어요.

[편지에서 시작된 공동 연구]

1820년대 말, 서로 멀리 떨어져 있던 유럽의 과학자들은 편지 한 장으로 서로의 연구에 대해 이야기하고 토론을 이어 갔습니다. 리비히는 특히 프리드리히 뵐러Friedrich Wöhler와 수많은 편지를 주고받으며 긴밀히 교류했어요. 1824년부터 독일 기센 대학교에서 화학을 가르치고 있었던 리비히는 젊은 과학자로서 실험을 통한 정량 분석법을 연구하던 중이었어요. 한편 뵐러는 요소 합성(1828년)으로 주목받기 시작한 화학자였고, 유기 화학에 자연 과학적 접근을 시도하던 인물이었지요. 그들은 서로의 논문을 읽고, 편지에 이런 질문들을 적어 보냈어요. "당신의 실험에서 사용한 물질은 정말 벤조산이었나요?", "그 반응 조건에서 이산화 탄소가 생성된 이유는 뭘까요?"

그렇게 편지로만 토론하길 수개월, 마침내 1829년, 뵐러가 리비히가 있는 기센 대학교를 직접 방문합니다. 두 사람은 마치 오래된 친구처럼 서로를 반겼어요. 그리고 그날 이후, 그들은 곧바로 공동 연구를 시작합니다. 그 첫 번째 결실이 바로 1832년, '쓴 아몬드 오일Bittermandelöl'에 대한 논문이었어요. 이 논문에서 그들은 '벤조일 라디칼C_7H_5O'이라는 고정된 분자 조각의 존재를 주장했고, 그 개념은 이후 수많은 유기 화합물 분

리비히의 실험실

석에 적용되었어요.

1833년, 리비히는 술의 성분인 에틸알코올C_2H_5OH 안에 들어 있는 '눈에 보이지 않는 조각들'을 찾아내는 연구를 하고 있었습니다. 그는 실험을 통해 에틸알코올이 언제나 같은 비율로 탄소와 수소, 산소를 포함하고 있다는 걸 알게 되었어요. 그리고 반응을 시켜보면, 그중 에틸 라디칼C_2H_5은 '하나의 고정된 덩어리'처럼 행동한다는 사실도 발견했지요. 당시로서는 매우 파격적인 연구였어요.

[연소 분석의 표준화]

리비히는 유기 화합물 속의 탄소와 수소와 산소의 함량을 측정하면 분자식을 결정할 수 있다는 것을 알아냈습니다.

예를 들어, 탄소 40퍼센트와 수소 6.7퍼센트, 산소 53.3퍼센트의 질량비로 이루어져 있는 유기 화합물을 생각해 봅시다. 탄소의 원자량 12, 수소

의 원자량 1, 산소의 원자량 16이므로 각각의 원자의 개수의 비는

$$\frac{40}{12} : \frac{6.7}{1} : \frac{53.3}{16} \fallingdotseq 3.3 : 6.7 : 3.3 \fallingdotseq 1 : 2 : 1$$

이 됩니다. 그러므로 이 유기 화합물의 분자식은 CH_2O가 돼요. 이렇게 수치가 식으로 연결되는 표준 절차가 자리 잡으면서, 유기 화학은 '숫자와 식으로 말하는' 과학이 되었어요.

리비히가 이런 연구를 하던 때, 유럽은 나폴레옹의 몰락 이후 다시 평화를 되찾고 있었습니다. 산업 혁명을 따라 석탄, 철강, 화학 산업이 급속히 성장하고 있었어요. 이런 사회적 배경에서 리비히의 분석법은 비료 산업, 식품 보존, 약물 조성 분석, 그리고 생리학적 대사 연구로까지 확장되었지요. 이처럼 리비히는 유기 화학을 '숫자와 식으로 말할 수 있는 과학'으로 만들어 낸 사람이라고 할 수 있답니다.

질소를 세고 원자를 바꾼 뒤마

19세기 초 프랑스는 나폴레옹의 몰락, 왕정 복고, 7월 혁명과 공화정·제국의 재편을 거치며 요동치고 있었습니다. 그 소용돌이 속에서 유기 화합물의 성질을 실험으로 파고든 한 사람이 있었어요. 바로 장 바티스트 앙드레 뒤마Jean-Baptiste André Dumas입니다.

뒤마는 1800년, 프랑스 남부의 작은 도시 알레Alès에서 태어났습니다.

장 바티스트 앙드레 뒤마

그는 어린 시절 마을의 약국에서 견습생으로 일했는데, 그때부터 화학에 대한 흥미를 키워나갔어요. 16살이 되던 해, 뒤마는 스위스 제네바로 이주합니다. 그곳에서 물리학, 화학, 식물학을 공부하며 학문적 기반을 쌓은 뒤마는 1822년, 파리로 올라와 교수가 되어 학생들을 가르치기 시작해요. 그는 1820년대 파리에서 당시로서는 매우 새롭고 정밀한 유기 화합물 분석 논문들을 발표했어요. 그는 곧 프랑스 최고의 화학자로 인정받았고, 1835년에는 에콜 폴리테크니크의 화학 교수로 임명되었지요.

1833년, 프랑스 파리의 실험실. 유기 화합물의 세계는 여전히 안개처럼 흐릿했습니다. 수많은 분자가 존재했지만, 그 안에 어떤 원소가 얼마나 들어 있는지 정확히 아는 사람은 거의 없었어요. 이때 뒤마는 유기 화합물 속 질소의 양을 정확히 측정하는 실험법을 개발합니다. 그는 유기물을 태워 질소를 질소 산화물로 만든 뒤, 이를 다시 기체 질소로 환원해 그 양을 측정함으로써 시료 속 질소 함량을 계산했어요. 뒤마의 이름을 따 '뒤마 질소 정량법Dumas method for nitrogen analysis'이라고 불리는 이 기술은 식품영양학, 비료 산업, 단백질 분석에 지금까지도 널리 쓰이고 있어요.

그리고 1834년, 뒤마는 유기 화학의 사고방식을 바꿔 놓은 '치환의 법칙'을 제안합니다. 핵심은 "염소 같은 원소가 유기물 속 수소를 치환해도 화합물의 기본 골격이 유지될 수 있다"라는 것이었어요. 뒤마는 이 반응을 자세히 분석한 다음, 실험 결과를 보고 이렇게 결론을 내립니다.

염소가 알코올 속 수소 원자를 하나씩 치환하면서

완전히 새로운 화합물을 만든 것이다.

이건 단순한 우연이 아니었어요.

한 원자가 다른 원자와 바뀌어도, 화합물의 기본 성질은 유지될 수 있다.

이것이 바로 '치환의 법칙Loi de Substitution'이에요. 우리가 유기 화학에서 배우는 치환 반응Substitution Reaction이라는 개념의 시초라 할 수 있지요.

1830년대 파리, 프랑스 국왕 샤를 10세는 튀일리 궁전에서 성대한 만찬을 열었습니다. 그런데 만찬 도중, 샹들리에에 꽂힌 양초들이 검은 그을음을 내뿜기 시작했어요. 실내에 시커먼 연기가 퍼지자 왕은 만찬장을 관리하던 책임자에게 원인을 알아내라고 지시했지요.

그 일을 맡은 사람은 박물학자 브롱니아르였어요. 그는 이 문제를 사위이자 화학자인 뒤마에게 의논했습니다. 양초를 살펴본 뒤, 뒤마는 조심스럽게 말했어요. "이 양초들은 표백된 것 같습니다. 염소로 처리된 건 아닐까요?"

뒤마는 실험을 통해, 양초를 하얗게 만들기 위해 사용된 염소가 연소 과정에 영향을 주었을 가능성을 밝혀냈어요. 염소와 관련된 화합물들이 불꽃을 불안정하게 만들면서 그을음과 자극적인 기체가 생겼다는 것이지요. 특히 염화 수소HCl는 공기 중의 수분과 만나 연기를 심하게 만드는 원인이 되었을 거로 여겨졌어요.

뒤마는 이를 계기로, 유기 화합물을 단순한 재료가 아니라 정확한 조성과 반응을 지닌 과학적 대상으로 바라보아야 한다는 생각을 더욱 확고히 하게 되었어요.

하지만 여기서 끝이 아니었습니다. 뒤마는 실험을 계속하며 염소가 유기 화합물 속 '수소 원자'를 밀어내고 자리를 차지한다는 사실을 알아냈어요. 이렇게 뒤마는 실생활 속 문제였던 촛불의 그을음에서 분자 구조의 핵심 원리인 치환 반응Substitution이라는 개념을 도출하기에 이릅니다.

뒤마의 삶은 실험실에만 머물지 않았습니다. 1848년, 프랑스에서 2월 혁명이 일어난 후, 뒤마는 과학 연구를 중단하고 정치의 길로 들어섰어요. 그는 국회의원, 농업 상무부 장관, 그리고 상원의원, 파리 시의회 의장, 조폐국장까지 역임했지요. 이렇게 뒤마는 실험실에서 정밀한 정량법과 반응 개념을 세웠고, 정치의 무대에선 과학 행정의 표준을 만들었어요. 과학을 '숫자와 법칙의 언어'로 단단히 세우고, 그것이 사회 운영에도 기여할 수 있음을 몸소 증명한 인물이랍니다.

게르하르트의 형 이론

샤를 프레데리크 게르하르트

1800년대 중반, 유기 화학은 급격히 발전하고 있었지만, 분자식의 표기와 반응의 해석 방식은 연구자마다 달랐습니다. 산소 원자를 기준으로 삼는 사람, 산소의 결합력을 강조하는 사람, 원자량 자체를 다르게 설정한 사람까지, 마치 음악은 있는데 악보가 없는 듯한 시절이었지요. 이 혼란을 정리하기 위해 등장한 인물이 바로 샤를 프레데리크 게르하르트Charles Frédéric Gerhardt였어요.

게르하르트는 프랑스 스트라스부르에서 태어났습니다. 이 시기는 나폴레옹 전쟁이 끝난 지 얼마 안 된 혼란의 시대였어요. 유럽은 전쟁의 상흔을 수습하는 한편, 산업 혁명의 기운이 서서히 퍼져가고 있었지요. 과학도 변화의 중심에 있었습니다. 전기, 열, 물질의 본성에 관한 연구가 활발히 이루어졌고, 특히 유기 화학은 새로운 시대의 과학으로 떠오르고 있었어요. 사람들은 식물에서 얻던 물질을 인공적으로 만들려 했고, 약을 공장에서 생산할 수 있기를 기대했지요.

게르하르트는 처음에는 칼스루에 공과 대학에서 화학을 공부했습니다. 하지만 졸업 후에는 집으로 돌아와 백연(흰색 납 화합물) 공장에서 일하게 되었어요. 아버지의 뜻이었지요. 하지만 그는 공장에서 일하는 것이 마음에 들지 않았어요. 결국 게르하르트는 군대에 입대했지만, 거기서도 오래 머물지 못했어요.

게르하르트는 독일로 건너가기로 합니다. 그러고는 유명한 화학자 리비히의 연구실이 있는 기센 대학교에 들어갔어요. 1830년대 독일은 과학의 중심지 중 하나였고, 당시 리비히는 유기 화학의 왕처럼 여겨지던 시절이었지요. 리비히 밑에서 실험의 중요성을 배운 게르하르트는, 다시 파리로 돌아와 뒤마의 강의를 들으며 이론적 시야까지 넓혔습니다. 마침내 1841년, 게르하르트는 뒤마의 도움으로 몽펠리에 대학 화학 교수가 되었어요.

19세기 중반의 유기 화학은 혼돈의 바다였습니다. 어떤 과학자는 아세트산을 CH_3COOH로, 어떤 과학자는 $HO \cdot C_2H_3O$로 썼어요. 같은 물질인데 다르게 부르는 일이 많았지요. 이름도, 구조도, 원자량도 제각각이라 서로의 논문을 읽고도 무슨 말을 하는지 알 수 없었어요. 게르하르트는 복잡하고 통일되지 않는 표기법에 답답함을 느꼈습니다. 그는 유기 화합물들을 몇 가지 기본적인 형태로 정리하면 훨씬 쉽게 설명할 수 있을 거라고 믿었어요. 이 아이디어가 바로 게르하르트의 '형 이론Type Theory'이에요.

그는 유기 화학의 표기·해석 혼란을 정리하기 위해 뒤마-로랑의 '형Type' 개념을 계승해 수소·물·염화 수소·암모니아의 네 가지 형으로 체계를 다듬었습니다. 게르하르트는 유기 화합물이 물 형, 수소 형, 염화 수소 형, 암모니아 형의 네 가지 형 중의 하나라고 생각했어요. 이 표준화는 서로 다른 분자식 관행을 쓰던 연구자들이 같은 언어로 대화하도록 만든 결정적 발판이 되었어요.

$\left.\begin{matrix}H\\H\end{matrix}\right\}$	$\left.\begin{matrix}H\\H\end{matrix}\right\}O$	$\left.\begin{matrix}H\\Cl\end{matrix}\right\}$	$\left.\begin{matrix}H\\H\\H\end{matrix}\right\}N$
수소	물	염화 수소	암모니아

수소 형 유기 화합물: 에테인 C_2H_6 $\left.\begin{matrix}CH_3\\CH_3\end{matrix}\right\}$	물 형 유기 화합물: 에틸알코올 C_2H_6O $\left.\begin{matrix}C_2H_5\\H\end{matrix}\right\}O$
염화 수소 형 유기 화합물: 클로로에테인 C_2H_5Cl $\left.\begin{matrix}C_2H_5\\Cl\end{matrix}\right\}$	암모니아 형 유기 화합물: C_2H_7N $\left.\begin{matrix}C_2H_5\\H\\H\end{matrix}\right\}N$

프랭클랜드와 원자가

게르하르트의 형 이론은 복잡한 유기 화합물을 일정한 틀로 정리하는 데 큰 역할을 했지만, 여전히 원자들이 왜 특정한 수의 결합만을 이루는지는 설명하지 못했습니다. 이 지점을 메운 사람이 바로 에드워드 프랭클랜드Edward Frankland예요. 그는 각 원자가 결합할 수 있는 '손의 개수', 즉 원자가Valency 개념을 도입해 화학 결합의 규칙을 수량적으로 설명했지요. 그는 "원자에도 규칙이 있어 아무렇게나 붙지 않고, 정해진 수만큼만 결합하려 한다"라고 말했어요.

프랭클랜드는 영국에서 태어났습니다. 그가 어린 시절을 보낸 랑카셔 지방은 당시 산업 혁명의 심장부였어요. 증기 기관차의 소음과 연기가 도시에 가득하고, 새로운 공장들이 쉴 새 없이 돌아가던 시절이었지요.

1840년, 프랭클랜드는 약사 스티븐 로스Stephen Ross의 밑에서 약국 견습생으로 일하며 실험 기구를 다루고 조제법을 배우며, 본격적으로 화학을 익히기 시작합니다. 1845년에는 프랑스 리옹으로 건너가 더 깊은 화학 공부를 했고, 이후 독일 마그데부르크로 가서 로베르트 분젠Robert Bunsen의 연구실에서 일하게 되었어요. 이어 그는 기센 대학교로 옮겨 당시 최고의 유기 화학자인 리비히의 제자가 됩니다. 이후 1851년, 프랭클랜드는 맨체스터의 오언스 칼리지 화학과 교수가 되어 학생들에게 화학을 가르치며 실험과 이론을 병행했어요.

에드워드 프랭클랜드

그는 '화합물에서 원자들이 어떻게 결합하는가?'라는 문제를 두고 연구하고 있었어요. 오늘날 우리는 분자식을 배울 때, 원자 사이에 선을 그려 넣곤 합니다. H－H, H－O－H, O＝O처럼요. 이 선의 의미는 무엇일까요? 프랭클랜드는 이 선의 의미를 '원자가'를 이용해 설명했어요.

원자가란 한 원자가 다른 원자와 결합할 수 있는 가짓수를 말합니다. 쉽게 말해, 원자가는 결합할 수 있는 손의 개수예요. 사람이 두 손을 써서 친구 두 명과 손을 잡을 수 있다면, 그 사람의 '원자가'는 2인 셈이에요. 프랭클랜드는 실험을 통해 원자마다 결합할 수 있는 가짓수가 다르다는 사실을 알아냈어요. 그리고 그것이 화학 반응의 규칙성과 구조를 설명하는 열쇠라는 사실도 밝혔지요.

예를 들어, 수소 분자는 H－H로 나타낼 수 있어요. 즉, 수소는 자기 자신과 한 개의 결합을 만들어요. 그래서 수소의 원자가는 1이지요. 물 분자의 경우에는 수소 원자 두 개와 산소 원자 하나로 이루어져 있으니까 H－O－H라고 쓸 수 있어요. 이때 산소는 두 개의 수소 원자와 결합하므로 산소 원자의 원자가는 2가 되지요. 즉 2가 산소와 1가 수소 두 개가 결합해 물 분자를 만든다는 뜻이에요.

이번에는 암모니아를 볼까요? 암모니아는 다음 그림과 같아요.

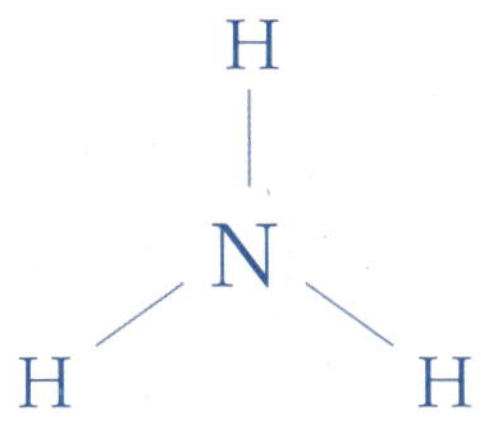

질소는 세 번 연결되므로 3가가 되고 암모니아는 3가 질소와 세 개의 1가 수소가 결합한 형태가 돼요. 이번에는 산소 원자 두 개가 산소 분자를 만드는 경우를 보지요. 산소는 원자가가 2이므로 산소 원자와 산소 원자 사이에는 두 개의 선이 필요해요. 그러니까 산소 분자를 그림으로 나타내면 O = O가 되지요. 이렇게 두 개의 선에 의해 연결된 결합을 이중결합이라고 불러요.

케쿨레의 탄소 4가

원자가 개념이 제시된 이후, 과학자들은 원자들이 결합한 모양에 관심을 두기 시작했습니다. 그리고 1857년, 독일의 젊은 화학자 아우구스트 케쿨레August Kekulé는 중요한 사실을 발견해요. 바로 탄소 원자가 4개의 수소와 결합하여 하나의 안정된 분자, 메테인CH_4을 만든다는 사실이에요.

프리드리히 아우구스트 케쿨레

당시 화학자들은 탄소가 몇 개의 원자와 결합하는지 확신하지 못했습니다. 케쿨레는 여기에 분명한 답을 제시했어요. "탄소는 네 개의 손을 가지고 있고, 그 손으로 각각 수소 하나씩을 잡을 수 있다"라고요. 바꿔 말하면, 탄소의 원자가는 4란 말이에요. 즉, 메테인은 원자가가 4인 탄소 1개와 수소 4개가 네 개의 단일 결합으로 연결된 구조예요.

$$
\begin{array}{ccccc}
 & & H & & \\
 & & | & & \\
H & - & C & - & H \\
 & & | & & \\
 & & H & &
\end{array}
$$

하나의 탄소에 네 개의 수소가 결합한 메테인의 구조

이 간단한 구조는 당시 화학계에 커다란 충격을 주었어요. 이 구조는 게르하르트의 '네 가지 형'에 속하지 않는 새로운 결합 방식이었기 때문이에요. 그래서 당시 사람들은 메테인을 기존 분류로 설명할 수 없는 사례, 이른바 '제5의 형The Fifth Type'이라고 부르기도 했어요. 이 메테인을 게르하르트의 그림으로 묘사하면 다음과 같아요.

$$
\left.\begin{array}{c} H \\ H \\ H \\ H \end{array}\right\} C
$$

게르하르트의 방법으로 나타낸 메테인

[벤젠의 육각 고리]

1865년, 아우구스트 케쿨레는 그때까지 풀리지 않던 난제였던 벤젠 C_6H_6의 구조에 대해 결정적인 아이디어를 제시했습니다. 탄소의 원자가는 4이고 탄소끼리 사슬을 이룰 수 있다는 개념은 이미 알려져 있었지만, 탄소 6개와 수소 6개라는 조성으로는 단순한 사슬 모형으로 그 구조를 설명하기가 어려웠어요. 케쿨레는 벤젠의 탄소 6개가 고리로 배열되고, 각 탄소가 수소 하나와 결합하며, 탄소-탄소 결합이 단일 결합과 이중 결합이 번갈아 나타나는 육각형 구조라고 제안했습니다. 이 구상은 논문으로 발표되며 이후 유기 화학의 전개에 큰 전환점을 마련했지요.

여기서 유명한 '꿈' 이야기가 등장합니다. 케쿨레는 1890년, 벤젠 발견 25주년 기념행사 연설에서, 난로 앞에서 선잠을 자는 사이 뱀이 자기 꼬리를 무는 모습을 보고 고리 구조의 영감을 얻었다고 회상했어요. 케쿨레의 아이디어로 벤젠을 나타내면 다음 그림과 같아요.

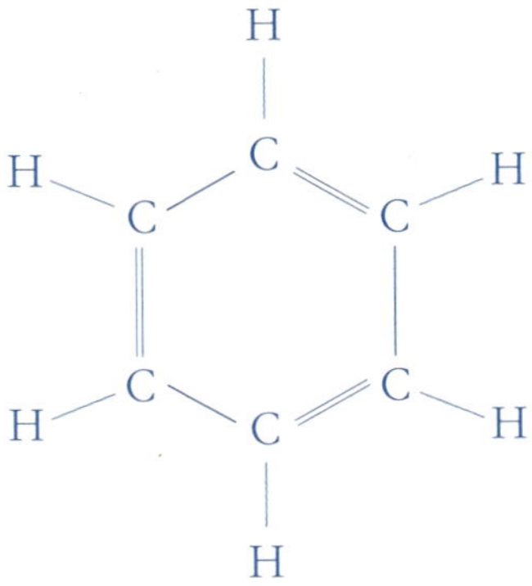

벤젠의 고리 구조

케쿨레는 유기 화학의 사고방식에 큰 전환을 가져왔습니다. 벤젠의 육각 고리라는 발상으로 방향족 화합물의 성질을 한눈에 설명할 수 있는 틀을 제시했고, 탄소가 어떻게 서로 연결되고 배열되는지 구조로 표현하는 방법을 정착시켰지요. 그 결과, 유기 화합물의 규칙성과 안정성을 이해하기 쉬워졌고, 복잡한 분자도 그림으로 생각하며 예측하고 설계하는 문화가 자리 잡았어요. 말하자면, 케쿨레 이후 유기 화학은 수식만의 학문이 아니라 보이는 언어를 가진 과학이 되었고, 새 분자의 분석과 합성, 명명까지 모든 과정을 견인하는 표준이 되었어요.

브라운의 구조식

케쿨레는 탄소가 네 개의 손으로 결합하고, 그 사슬이 서로 이어질 수 있다는 개념을 제시했습니다. 하지만 이런 생각은 여전히 추상적이었어요. 이 보이지 않는 결합을 눈으로 볼 수 있는 형태로 그려낸 사람이 바로 알렉산더 크럼 브라운Alexander Crum Brown이에요.

알렉산더 크럼 브라운

브라운의 중요한 업적은 유기 화합물의 구조를 그림으로 표현하기 시작한 것입니다. 그는 1864년, 분자의 모습을 시각적인 그림으로 나타내기 시작했는데, 이때 각 원자 기호를 동그라미로 감싸고, 그 사이를 선으로 연결하는 방식을 사용했어요. 이 선은 각 원자가 가진 결합 능력, 즉 원자가를 만족하도록 이어진 것이었지요. 이러한 그림 덕분에 사람들은 분자의 구조를 훨씬 더 쉽게 이해할 수 있게 되었고, 유기 화학은

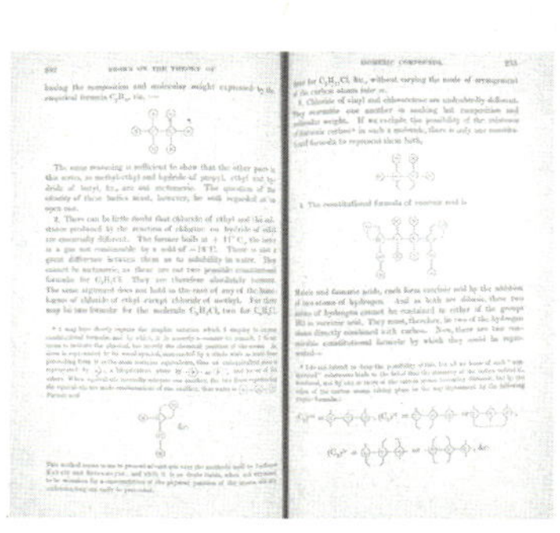

화합물의 구조를 나타낸 브라운의 논문(1864년)

점차 직관적이고 시각적인 학문으로 발전해 나갔습니다.

브라운은 에틸렌과 같은 유기 화합물을 원자 기호를 원으로 감싸고 선으로 연결하는 방식으로 표현했어요. 이를 오늘날의 기호로 나타내면 다음과 같아요.

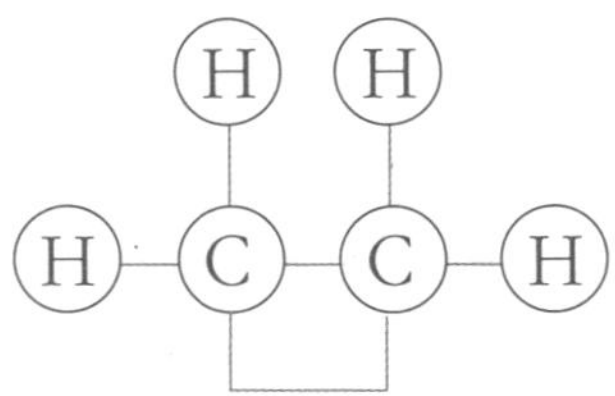

또한 브라운은 에틸렌을 구조식으로 나타내며 두 탄소가 이중 결합으로 연결된 형태를 표현했는데, 브라운의 그림을 현재의 기호로 나타내면 다음과 같아요.

$$
\begin{array}{ccccccc}
 & & H & & H & & \\
 & & | & & | & & \\
H & - & C & = & C & - & H
\end{array}
$$

이후 화학자 아우구스트 호프만August Wilhelm von Hofmann은 런던 왕립 연구소의 '금요 저녁 강연'에서 서로 다른 색의 크로켓 공과 금속 막대를 이용해 화합물의 모양을 모형으로 만들었어요. 이때 사용된 색상으로 원소를 구분하는 방식은, 오늘날 분자 모델에서 널리 쓰이는 관행으로 자리 잡게 되었답니다.

호프만 모형으로 나타낸 메테인

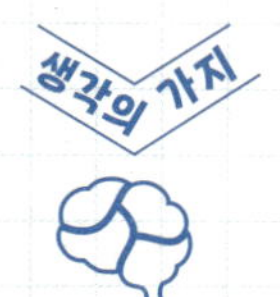

유기 화학의 역사

- **유기물과 무기물**
  - 유기물_ 탄소를 기본 골격으로 수소, 산소 등이 결합된 화합물
  - 무기물_ 탄소를 포함하지 않거나, 유기물이 아닌 물질
- **리비히**
  - 원소 분석의 표준화
- **뒤마**
  - 치환의 법칙_ 한 원자가 다른 원자와 바뀌어도 화합물의 기본 성질은 유지된다.
- **게르하르트의 형 이론**
  - 유기 화합물을 물 형, 수소 형, 염화 수소 형, 암모니아 형으로 분류함.
- **프랭클랜드와 원자가**
  - 원자가_ 한 원자가 다른 원자와 결합할 수 있는 가짓수
  - 아무렇게나 결합하는 것이 아니라 정해진 수만큼 결합한다.
- **케쿨레와 탄소 4가**
  - 탄소가 4개의 결합을 가지며, 탄소-탄소 결합으로 사슬 구조를 만들 수 있음을 제시함
- **브라운의 구조식**
  - 원과 선을 이용해 구조식을 그려 보이지 않는 결합을 눈으로 볼 수 있는 형태로 나타냄.

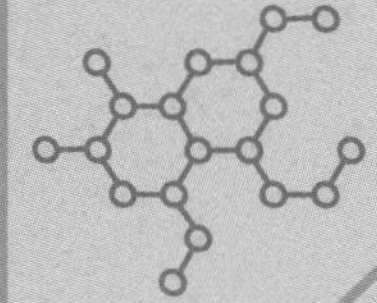

11장

주기율표와 비활성 기체

거리를 환하게 밝히는 비활성 기체, 네온

정교수의 pick

◆ 세 쌍 원소설 ◆ 옥타브 법칙 ◆ 멘델레예프
◆ 주기율표 ◆ 분광 분석 ◆ 선 스펙트럼

보이지 않는 기체, 드러난 법칙

어두운 밤거리를 밝히는 네온사인, 용접 현장을 감싸는 보랏빛 불꽃, 병원 중환자실의 호흡기까지, 우리는 생각보다 다양한 곳에서 비활성 기체Noble gas를 만납니다. 헬륨은 산소와 혼합해 호흡 저항을 낮추는 호흡기 치료·잠수용 혼합 가스로 쓰이고, 네온은 전류가 흐르면 선명한 붉은빛을 내며 간판을 밝히지요. 반응에 둔감한 아르곤은 용접 보호 가스와 전구 충전 가스로, 크립톤과 제논은 스트로브나 헤드라이트, 고급 조명 장치에 쓰입니다. 심지어 제논은 우주선의 이온 엔진 연료로도 사용되고 있어요.

놀랍게도 불과 150년 전까지만 해도 이들은 과학의 지평 밖에 있던 '보이지 않는 기체'들이었습니다. 어떻게 미지의 기체가 주기율표의 한 기둥을 차지하고, 실험실을 넘어 산업과 우주로 뻗어 나가게 되었을까요? 이 질문의 답을 찾기 위해 고대의 금속 분류부터 되베라이너, 뉴랜즈의 발견을 거쳐 스펙트럼과 비활성 기체의 발견 과정까지 차근차근 살펴보며 이 여정이 주기율표와 현대 과학의 지형을 어떻게 바꿨는지 알아보도록 해요. 밤을 밝히는 네온처럼 보이지 않던 법칙이 한 번 보이기 시작하면 세상은 전혀 다른 색으로 빛나기 시작할 거예요.

고대의 금속 분류

우리가 알고 있는 '주기율표'는 현대 화학의 정수처럼 보이지만, 그 뿌리는 아주 오래전부터 시작되었습니다. 당시 사람들은 지금처럼 실험실에서 분자 구조나 원자 번호를 따지지 않았어요. 대신 하늘을 바라보고, 땅속에서 반짝이는 금속을 꺼내며, 세상의 이치를 읽으려 했지요.

사람들이 가장 먼저 눈치챈 물질은 바로 금속이었습니다. 특히 반짝이고, 무겁고, 잘 녹지 않고, 단단하고, 가끔은 아주 값비싼 것들 말이에요. 고대 사람들은 이 금속들이 단순한 물질이 아니라, 우주의 본질과 연결되어 있다고 믿었어요. 그래서 연금술사들은 가장 잘 알려진 7가지 금속을 하늘의 7개 행성과 연결했답니다.

이런 분류 방식은 마치 시처럼 낭만적이었지만, 새로운 금속들이 등장하면서 조금씩 균열이 생기기 시작했습니다.

완전한 금속 vs 불완전한 금속

하늘의 일곱 행성에 금속을 대응시키던 고대의 분류는 상징으로는 우아했지만, 새 금속이 속속 알려지고 실험 기술이 정밀해지자 과학적으로 설명하기에는 모자랐어요. 그리고 "금속을 겉모습이 아니라 성질로 나눌 수 없을까?"라는 질문이 18세기 실험실로 들어옵니다.

피에르 조제프 마케르

18세기 유럽은 연금술이 막을 내리고 화학이 과학으로 독립하던 격동의 시기였습니다. 파리의 실험실 안에서는 유리병과 불꽃, 그리고 금속 조각들이 어지럽게 얽혀 있었고, 그 한복판에서 피에르 조제프 마케르Pierre-Joseph Macquer가 조용히 분류의 기준을 '상징'에서 '성질'로 옮기려 했어요.

마케르는 단지 금속을 녹이고 섞는 데 그치지 않고, 금속이 열에, 불에, 공기에 어떻게 반응하는지 하나하나 관찰했어요. 이렇게 물리적 성질과 화학적 반응성을 함께 관찰한 끝에, 마케르는 금속을 세 무리로 가르는 실천적 분류를 제안했습니다. 이는 단순히 색이나 무게 같은 겉모습이 아니라, 금속의 화학적 반응성과 물리적 성질을 동시에 고려한 분류였어요. 그 시절 많은 학자들이 금속을 '빛난다', '녹는다' 정도로만 생각하던 것과 달리, 마케르는 금속이 산소나 산과 어떻게 반응하는지, 그리고 열을 얼마나 잘 전달하는지, 얼마나 쉽게 구부러지는지까지 관찰하며 금속의 성질 자체를 기준으로 삼으려 했습니다.

- 완전한 금속: 금, 은, 백금처럼 불에 강하고, 산화되지 않으며, 광택이 유지되는 귀한 금속

- 불완전한 금속: 철, 구리, 납, 주석처럼 공기 중에서 쉽게 변하고 녹슬며, 열에 약한 금속

- 반(半)금속: 안티몬, 비스무트, 비소처럼 겉보기엔 금속처럼 보이지만, 잘 구부러지지 않고 쉽게 부서지는, 일종의 금속과 비금속 사이에 놓인 경계의 존재

오늘 기준으로 보면 다소 엉성해 보이지만, '상징'에서 '성질'로 기준을 옮긴 이 분류는 이후 푸르크루아의 체계화, 되베라이너의 '세 쌍 원소설', 멘델레예프의 주기율표로 이어지는 길목을 열어 주었어요.

푸르크루아의 분류 실험

18세기 말, 유럽은 혁명과 과학으로 뜨겁게 달아오르고 있었어요. 그들은 식물뿐만 아니라 물질의 본성, 특히 금속의 성질을 실험하고 이해하려고 애썼지요. 그 중심에 앙투안 푸르크루아Antoine-François Fourcroy가 있었습니다.

앙투안 푸르크루아

푸르크루아는 당시 프랑스 최고의 화학자 중 한 명이었습니다. 그는 라부아지에와 함께 근대 화학의 기초를 세운 인물이자,

루아 공원(현 파리 국립자연사박물관)에서 화학을 가르치는 권위자였어요. 그는 1801년에 『화학 지식의 체계Système de connaissances chimiques』를 펴내어 당시까지 알려진 원소들과 물질을 체계적으로 분류했습니다.

푸르크루아는 금속을 겉모습이 아니라 물리적 성질과 화학적 반응성을 함께 고려한 등급Orders으로 나누어 설명했습니다. 그가 제안한 금속의 다섯 등급은 다음과 같아요.

- 완전한 금속: 금, 은, 백금처럼 빛나고, 잘 녹지 않으며, 산화되지 않는 것
- 불완전한 금속: 철, 주석, 납, 구리처럼 녹이 슬고, 공기와 반응하는 것
- 반(半)금속: 아연, 안티몬, 비소, 코발트처럼 금속처럼 보이지만 물리적 성질에서 차이를 보이는 것
- 금속 유사 물질: 실제 금속은 아니지만, 금속과 유사한 반응을 보이는 것
- 특수한 금속(예외적 존재): 실온에서 액체 상태인 수은

푸르크루아는 이런 분류를 물리적 기준과 화학적 반응성의 두 축으로 나누었고, 이는 오늘날의 주기율표에서 금속-비금속 경계가 왜 생겼는

지를 이해하는 데 큰 실마리를 제공했습니다. 그가 남긴 '5등급 금속 분류'는 이후 주기율표의 철학적 토대 중 하나가 되었어요.

되베라이너와 세 쌍 원소설

우리는 흔히 주기율표의 아버지를 멘델레예프라고 배웁니다. 하지만 그보다 훨씬 앞서, 원소들 사이에 숨은 질서를 눈치챈 사람이 있었어요. 그 이름은 요한 볼프강 되베라이너Johann Wolfgang Döbereiner예요. 그가 제안한 '세 쌍 원소설Triad Theory'은 훗날 주기율표로 이어지는 토대가 되었답니다.

1817년, 독일의 작은 실험실에서 되베라이너는 실험을 하다 이상한 점을 발견합니다. 리튬과 나트륨, 칼륨이 서로 비슷하다는 사실을 알아챈 거예요. 모두 은빛 광택을 내고, 공기 중에 두면 금세 산화되어 색이 변하고, 물과 만나면 격렬하게 반응하며, 전기도 아주 잘 통한다는 공통점이 있었어요. 더 놀라운 건 원자량을 비교했을 때, 가운데 원소인 나트륨의 값이 양 끝(리튬과 칼륨) 원자량의 산술 평균값과 거의 같았다는 사실이었어요.

요한 볼프강 되베라이너

되베라이너는 점점 더 많은 원소를 조사했고, 비슷한 패턴을 보이는 원소를 세 개씩 묶어 '세 쌍'이라 불렀어요.

알칼리 금속	리튬 – 나트륨 – 칼륨	반응성이 큰 금속으로, 물과 반응해 수산화물을 만들며 비슷한 화학적 성질을 보임.
알칼리 토금속	칼슘 – 스트론튬 – 바륨	화학 반응성이 서로 비슷하며, 원자량이 증가할수록 반응성이 커지는 경향을 보임.
할로겐 원소	염소 – 브롬 – 아이오딘	금속과 결합해 염을 만들고 유사한 화학 반응을 보인다.

이런 구조를 그는 '세 쌍 원소설'이라고 불렀고, 각 원소의 성질과 수치적 관계가 잘 들어맞았어요. 마치 화학에도 음악처럼 일정한 리듬이 흐르고 있는 듯했지요.

되베라이너의 이론은 당시로선 혁신적이었지만, 몇 가지 중대한 한계에 부딪히게 됩니다. 아직 발견되지 않은 원소들이 많고 모든 원소가 쌍을 이루진 못했으며, 일부 평균값은 잘 맞지 않는 예도 있었어요. 게다가 '왜 그렇게 되는지'에 대한 이론적 설명도 부족했지요. 비록 세 쌍 원소설은 학계에서 점차 잊혔지만, '주기성Periodicity'이라는 개념의 씨앗을 과학자들의 마음속에 뿌렸답니다.

음악처럼 원소를 배열한 뉴랜즈

오늘날 우리는 주기율표를 통해 원소들을 질서 있게 배열하고, 그들의 성질을 예측할 수 있습니다. 화학자이자 음악 애호가였던 존 뉴랜즈John Newlands는 이 질서의 씨앗을 심은 사람 중 한 명이에요. 그는 음악의 옥타브처럼 원소에도 반복이 있다고 주장했지요.

존 뉴랜즈

1864년부터 뉴랜즈는 분석 화학 연구에 집중했고, 1868년에는 런던의 설탕 정제소에서 수석 화학자로 일하며 공정 개선을 이끌었습니다. 그 무렵 그는 원소들을 원자량 순으로 늘어놓다가 놀라운 규칙성을 발견합니다. 당시 알려진 원소(약 56개)를 차례대로 배열해 보니, 1번째와 8번째, 2번째와 9번째, 3번째와 10번째…처럼 원소의 성질이 여덟 번째마다 반복되었지요. 그는 이를 음악의 '옥타브의 법칙Law of Octaves'이라 불렀고(1865) 이 아이디어는 훗날 주기율표 발전의 중요한 디딤돌이 됩니다.

당시 학계는 뉴랜즈의 발견을 곱게 받아들이지 않았습니다. "양배추를 여덟 번째에 넣으면 무슨 소리가 나겠느냐"라는 조롱 섞인 반응까지 나왔어요. 하지만 뉴랜즈는 물러서지 않았습니다. 그는 자신의 논문을 모아 1884년에 『On the Discovery of The Periodic Law』라는 책을 펴내며, 주기적 배열의 근거를 정리했어요. 훗날 이 책은 주기율표 발전의 중요

	No.		No.		No.		No.		No.		No.		No.		No.
H	1	F	8	Cl	15	Co & Ni	22	Br	29	Pd	36	I	42	Pt & Ir	50
Li	2	Na	9	K	16	Cu	23	Rb	30	Ag	37	Cs	44	Os	51
G	3	Mg	10	Ca	17	Zn	24	Sr	31	Cd	38	Ba & V	45	Hg	52
Bo	4	Al	11	Cr	19	Y	25	Ce & La	33	U	40	Ta	46	Tl	53
C	5	Si	12	Ti	18	In	26	Zr	32	Sn	39	W	47	Pb	54
N	6	P	13	Mn	20	As	27	Di & Mo	34	Sb	41	Nb	48	Bi	55
O	7	S	14	Fe	21	Se	28	Ro & Ru	35	Te	43	Au	49	Th	56

옥타브의 법칙

한 선행 작업으로 평가받게 돼요.

뉴랜즈의 옥타브 구상은 오늘 기준으로 완벽하진 않았습니다. 하지만 음악의 규칙처럼 자연에도 리듬이 있다는 그의 직관은 현대 주기율표로 연결되는 디딤돌이 되었어요.

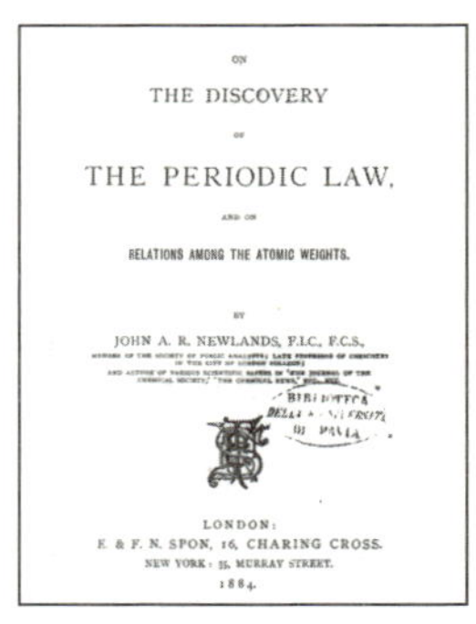
ON
THE DISCOVERY
OF
THE PERIODIC LAW,
AND ON
RELATIONS AMONG THE ATOMIC WEIGHTS.
BY
JOHN A. R. NEWLANDS, F.I.C., F.C.S.,
LONDON:
E. & F. N. SPON, 16, CHARING CROSS.
NEW YORK: 35, MURRAY STREET.
1884.

뉴랜즈의 『The Periodic Law』

멘델레예프, 빈칸 속 미래를 본 사람

'주기율표' 하면 먼저 떠오르는 사람이 있지요? 바로 멘델레예프Dmitri Ivanovich Mendeleev입니다. 멘델레예프는 러시아 시베리아 토볼스크 근처의 베르흐니예 아렘쟈니Verkhnie Aremzyani 마을에서 태어났어요. 그의 아버지는 덕망이 높은 선생님이었고, 어머니는 비교적 부유한 유리 공장 주인의 딸이었지요.

하지만 멘델레예프가 태어난 지 얼마 되지 않아, 그의 가정에는 뜻하지 않은 비운이 찾아옵니다. 아버지가 시력을 잃어 교직에서 물러나게 된 거예요. 어머니는 가계를 꾸리기 위해 친정에서 유리 공장을 물려받아 운영했어요. 어느 정도 안정을 되찾은 듯했지만, 불행하게도 또 다른 비운이 닥칩니다.

멘델레예프가 열다섯 살이던 1849년, 아버지가 세상을 떠났고 유리 공장마저 화재로 사라졌습니다. 가세가 급격히 기울자 어머니는 멘델레예프를 데리고 모스크바로 옮겼지만, 학교 진학에는 실패해요. 이후 상트페테르부르크로 다시 이주한 그는 아버지의 모교였던 사범학교에 간신히 입학합니다. 당시 학장이 아버지의 오랜 친구였던 덕분이었어요.

하지만 멘델레예프가 대학에 진학하자마자 오로지 자신을 위해 모든 것을 바쳤던 어머니가 세상을 떠납니다. 1850년 9월이었지요. 그날 이후, 멘델레예프는 오로지 공부에만 몰두합니다. 그 길만이 자신을 위해 고생한 어머니에게 보답하는 유일한 길이라 생각했어요. 그리고 1855년, 멘델레예프는 대학을 수석으로 졸업합니다.

드미트리 멘델레예프

대학을 졸업한 멘델레예프는 한적한 크리미아 지방으로 내려가 김나지움 교사가 되었습니다. 그러고는 1857년, 그는 상트페테르부르크로 돌아왔어요. 1859년에는 2년간 외국에서 연구할 수 있는 관비 유학생으로 선발되어 프랑스에서 화학을 공부한 후, 다음 해에는 본격적인 연구를 위해 독일의 하이델베르크 대학교로 가 개인 실험실을 꾸리고 연구에 몰두해요. 그곳에서 그는 독일의 유명한 화학자인 분젠Robert Bunsen과 키르히호프Gustav Kirchhoff의 지도로 분광기에 관한 연구를 합니다.

귀국 후 그는 러시아에서 화학 교육과 연구를 이끌며, 1867년에 집필을 시작해, 이듬해 『화학의 원리』를 출간했습니다. 그 과정에서 비슷한 성질을 지닌 원소들이 있다는 것을 알게 되었어요. 그는 당시까지 알려진 56개의 원소를 카드로 만들어서 원소의 이름과 성질을 기록한 다음, 실험실의 벽에 꽂아 놓고 자신이 모은 자료를 다시 검토했어요. 그리고 원소들의 성질을 비교해 비슷한 것을 골라 원소의 카드를 다시 벽에 꽂는 과정을 반복했어요. 그는 같은 성질을 갖는 원소가 주기적으로 나타난다는 점을 확인한 후 원소의 성질을 원자량에 따라 주기적으로 변한다고 가정했어요. 그는 이를 근거로 원소들을 원자량의 순서대로 배열해 주기율표를 만들었지요.

멘델레예프는 1869년 3월 6일, 러시아 화학회에서 「원소의 체계에 관한 고찰」이라는 논문을 발표합니다. 그 논문은 원자량의 순으로 배열한 원소의 성질이 주기적으로 변화한다는 가설을 바탕으로 당시 알려져 있던 원소들 사이의 관계를 명쾌하게 설명하고 있었어요. 그 표에는 빈칸이 있었는데, 멘델레예프는 그 빈칸이 아직 발견되지 않은 원소를 위한 자리라고 과감히 예측했습니다. 그 예측 가운데 에카 알루미늄, 에카 붕소, 에카 규소는 훗날 갈륨Ga, 스칸듐Sc, 게르마늄Ge이라는 이름으로 발견되며 주기율표의 정확성이 입증되었답니다.

Reihen	Gruppe I. — R^2O	Gruppe II. — RO	Gruppe III. — R^2O^3	Gruppe IV. RH^4 RO^2	Gruppe V. RH^3 R^2O^5	Gruppe VI. RH^2 RO^3	Gruppe VII. RH R^2O^7	Gruppe VIII. — RO^4
1	H=1							
2	Li=7	Be=9,4	B=11	C=12	N=14	O=16	F=19	
3	Na=23	Mg=24	Al=27,3	Si=28	P=31	S=32	Cl=35,5	
4	K=39	Ca=40	—=44	Ti=48	V=51	Cr=52	Mn=55	Fe=56, Co=59, Ni=59, Cu=63.
5	(Cu=63)	Zn=65	—=68	—=72	As=75	Se=78	Br=80	
6	Rb=85	Sr=87	?Yt=88	Zr=90	Nb=94	Mo=96	—=100	Ru=104, Rh=104, Pd=106, Ag=108.
7	(Ag=108)	Cd=112	In=113	Sn=118	Sb=122	Te=125	J=127	
8	Cs=133	Ba=137	?Di=138	?Ce=140	—	—	—	— — — —
9	(—)	—	—	—	—	—	—	
10	—	—	?Er=178	?La=180	Ta=182	W=184	—	Os=195, Ir=197, Pt=198, Au=199.
11	(Au=199)	Hg=200	Tl=204	Pb=207	Bi=208	—	—	
12	—	—	—	Th=231	—	U=240	—	— — — —

멘델레예프의 주기율표

멘델레예프의 주기율표는 그저 분류의 도구가 아니라, 아직 발견되지 않은 세계를 가리키는 지도였습니다. 그가 본 것은 원소의 목록이 아니라, 원소의 구조적 언어였어요. 그래서 그의 표는 오늘날까지 화학의 기본 문법으로 여겨진답니다.

분광 분석, 빛으로 원소를 읽다

햇빛을 프리즘에 통과시키면 무지개처럼 나뉘는 모습을 본 적이 있을 거예요. 과학자들은 이 속에 있는 '지문'을 읽는 방법을 고안했는데, 이를 분광 분석Spectroscopy이라고 불러요. 핵심은 간단합니다. 원소가 빛을 방출하거나 흡수할 때, 특정한 선 스펙트럼이 나타나며 각 선의 위치, 즉 파장이 원소마다 다르다는 사실이에요.

분광 분석을 본격적으로 발전시킨 사람은 독일의 과학자 로베르트 분젠과 구스타프 키르히호프입니다. 두 사람은 먼저 불꽃에 금속을 태우면 색이 다르게 나오는 것에 주목했어요. 분젠과 키르히호프가 이 빛을 프리즘과 렌즈로 정밀하게 분해한 결과, 불꽃에서 나온 빛은 무지개처럼 연속적인 띠가 아니라, 특정 위치에만 나타나는 선들의 집합이라는 사실이 드러났습니다. 이것을 선 스펙트럼Line spectrum이라고 불러요.

이 차이는 간단한 실험으로도 확인할 수 있습니다. 나트륨은 노란색 불꽃, 칼륨은 보라색 불꽃, 구리는 푸른색 불꽃을 보여요. 이 색을 분광기로 보면 각 자리에 선이 있고, 그 자리가 해당 원소가 '나트륨'인지, '칼륨'인지를 증명해 주지요.

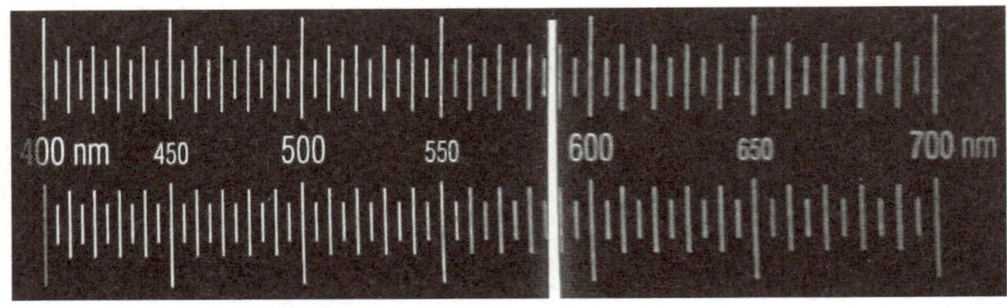

나트륨의 선 스펙트럼, 약 589.3나노미터의 파장을 갖는다

분광 분석법은 새로운 원소를 찾는 훌륭한 도구가 되었습니다. 프랑스의 화학자 폴 에밀 르코크 드 부아보드랑Paul-Émile Lecoq de Boisbaudran은 분광 분석의 대가였는데, 그는 금속 원소들이 내는 불꽃 색깔과 선 스펙트럼을 이용해 아주 소량의 새로운 원소를 찾아내는 데 성공했어요. 바로 '갈륨Gallium'이에요. 부아보드랑은 1875년, 스펙트럼에 본 적이 없는 새로운 선이 나타나는 것을 보고, 전기 분해로 순수한 갈륨을 분리해 내는 데 성공했답니다.

헬륨의 발견, 태양에서 보고 지상에서 확인하다

헬륨은 가볍고 반응성이 거의 없는 아주 안정된 기체입니다. 이처럼 안정적인 헬륨은 놀랍게도, 지구가 아닌 하늘에서 먼저 발견되었어요.

[헬륨, 태양에서 보다]

1868년 8월 18일, 인도 군투르에서 개기 일식을 관측하던 프랑스의 천문학자 피에르 얀센Pierre Jules César Janssen은, 태양 가장자리(홍염) 스펙트럼에서 나트륨 D선과는 다른 새로운 노란 선을 포착했습니다. 이 선의 파장은 약 588나노미터로 나트륨의 선 스펙트럼의 파장보다 약간 작았어요. 이 선은 오늘날 헬륨의 D3선으로 알려져 있습니다.

위_ 조지프 노먼 로키어
아래_ 피에르 얀센

같은 해 영국의 조지프 노먼 로키어Joseph Norman Lockyer도 이 노란 선을 독립적으로 확인했습니다. 그는 당시 알려진 어떤 원소의 스펙트럼과도 일치하지 않는다는 점에 주목했고, 새로운 원소의 존재를 제안했어요. 그리고 태양을 뜻하는 그리스어 '헬리오스Helios'에서 이름을 따 '헬륨Helium'이라 명명했습니다.

로키어의 헬륨 발견 논문과 얀센의 논문이 같은 날 프랑스 학술원에 접수되었기 때문에, 학술원은 두 사람의 공을 함께 인정하며 태양 스펙트럼에서의 '헬륨' 발견을 공식화했어요.

[램지의 헬륨 발견]

그로부터 27년 뒤, 헬륨은 마침내 지상에서도 확인됩니다. 그 주인공은 윌리엄 램지William Ramsay예요.

1895년 3월 26일, 램지는 광물 클레베이트Cleveite를 산으로 처리해 실

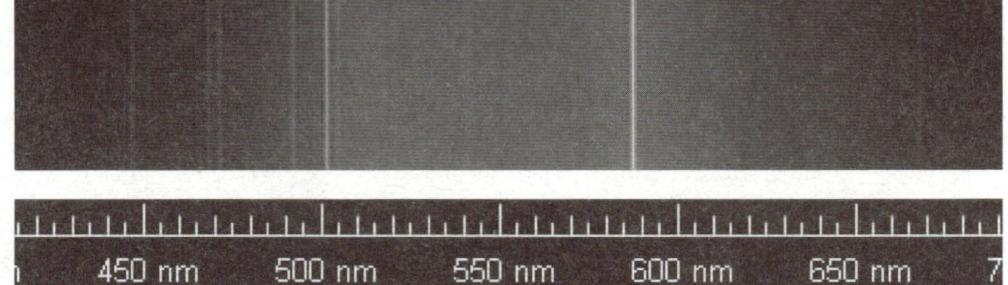

헬륨의 선 스펙트럼, 약 588나노미터의 파장을 갖는다.

험실에서 헬륨을 분리하는 데 성공합니다. 그는 방출되는 가스를 모아 스펙트럼을 비교했고, 그 선이 태양에서 보았던 것과 일치한다는 것을 확인했어요. 실험실에서 최초로 헬륨을 분리해 낸 거예요.

같은 해, 헬륨 발견에 관한 소식은 〈화학 뉴스Chemical News〉에 실렸습니다. 램지는 헬륨이나 아르곤이 산소, 수소, 염소와 같이 반응성이 큰 원소들과 섞여도 거의 반응하지 않는다는 사실을 알아냈어요. 그래서 이렇게 화학적으로 매우 안정적이고 반응성이 낮은 기체를 비활성 기체라고 불렀지요.

더 알아보기

아르곤의 발견

1894년 4월 19일 저녁, 램지는 레일리 경의 강연에 참석합니다. 당시 레일리는 공기 속에 질소와 산소 외에 또 다른 기체가 있을 것이라는 생각을 가지고 있었어요. 이 아이디어에 관심을 보인 램지는 레일리와 함께 이 문제를 조사하기 시작합니다. 그해 8월, 램지는 공기 중에서 새로운 원소를 발견해요. 그리고 이 원소가 다른 원소들과 화학 반응을 하지 않는다는 것을 알아내지요. 그는 이 원소에 '게으른'을 의미하는 그리스어 Argos를 따 이름을 붙였습니다. 이후 램지는 레일리와 함께 아르곤 발견에 관한 연구를 정리해 1895년에 발표했고, 이로써 공기 속에 존재하던 새로운 원소의 발견은 학계에 널리 알려지게 되었어요.

윌리엄 램지

잡지에 실린 램지의 캐리커처

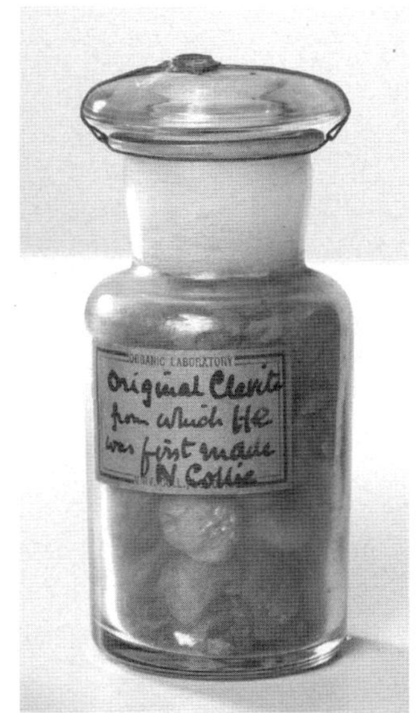

램지가 처음으로 헬륨을 정제한 클레베이트 샘플

그 후 1898년, 램지는 모리스 트래버스Morris Travers와 함께 크립톤, 네온, 제논이라는 세 가지 비활성 가스를 연달아 발견합니다. 비활성 기체가 하나의 계열을 이룬다는 사실이 분명해지자, 그는 당시 분류 체계에서 '제8족'이라 불리던 새로운 세로줄을 주기율표에 추가했어요. 이 열에는 맨 위에 헬륨, 그 아래로 네온, 아르곤, 크립톤, 제논이 차례로 배열되었지요. 1908년, 유명 잡지 〈베니티 페어Vanity Fair〉에는 램지의 캐리커처가 실려요. 이 그림에서 그는 완성된 주기율표의 새로운 오른쪽 기둥을 자랑스럽게 가리키고 있어요. 이는 과학자 한 사람이 주기율표의 구조에 하나의 열을 새로 추가했다는 상징적인 표현이기도 해요.

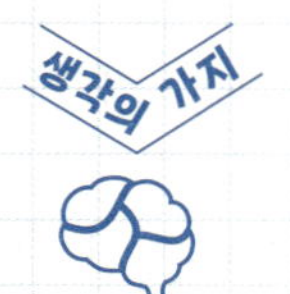

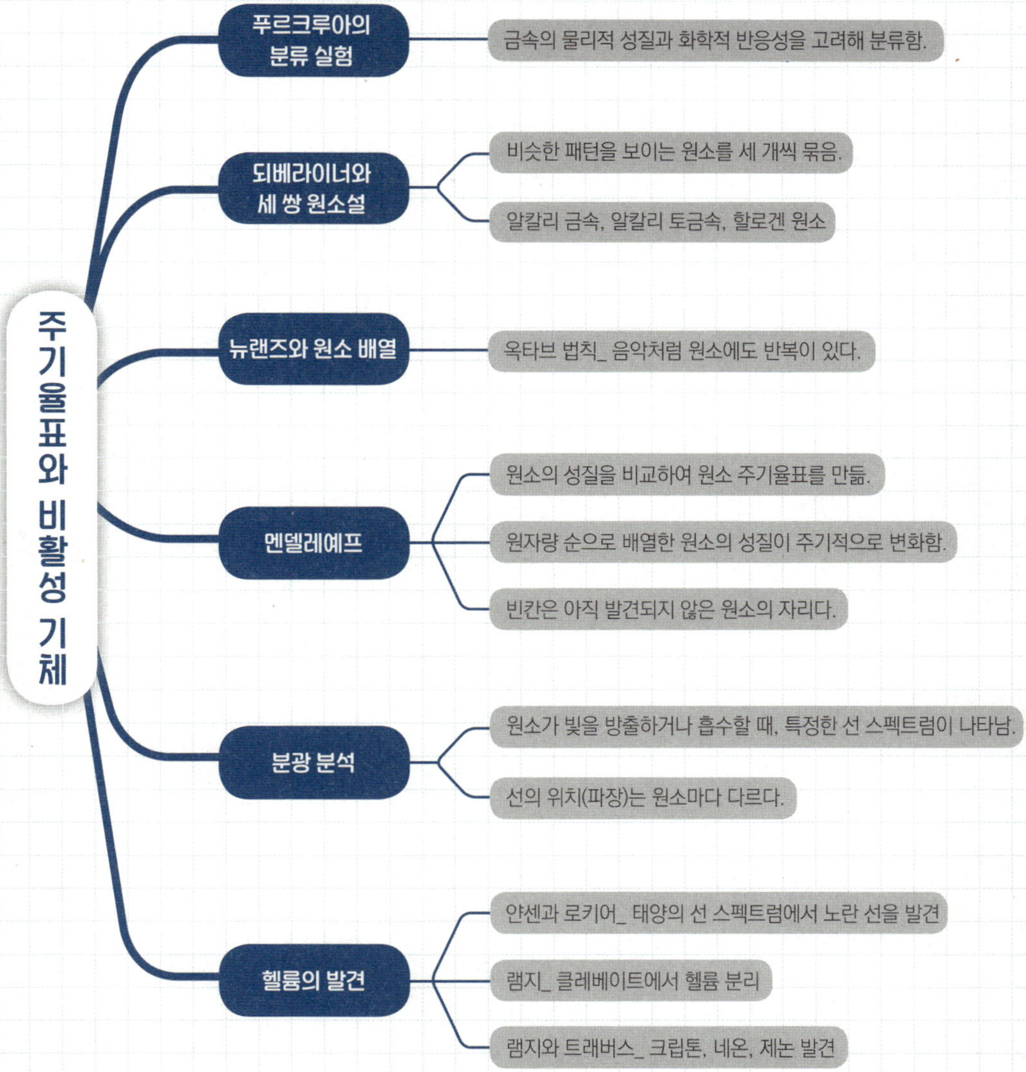

주기율표와 비활성 기체

- **푸르크루아의 분류 실험**
  - 금속의 물리적 성질과 화학적 반응성을 고려해 분류함.
- **되베라이너와 세 쌍 원소설**
  - 비슷한 패턴을 보이는 원소를 세 개씩 묶음.
  - 알칼리 금속, 알칼리 토금속, 할로겐 원소
- **뉴랜즈와 원소 배열**
  - 옥타브 법칙_ 음악처럼 원소에도 반복이 있다.
- **멘델레예프**
  - 원소의 성질을 비교하여 원소 주기율표를 만듦.
  - 원자량 순으로 배열한 원소의 성질이 주기적으로 변화함.
  - 빈칸은 아직 발견되지 않은 원소의 자리다.
- **분광 분석**
  - 원소가 빛을 방출하거나 흡수할 때, 특정한 선 스펙트럼이 나타남.
  - 선의 위치(파장)는 원소마다 다르다.
- **헬륨의 발견**
  - 얀센과 로키어_ 태양의 선 스펙트럼에서 노란 선을 발견
  - 램지_ 클레베이트에서 헬륨 분리
  - 램지와 트래버스_ 크립톤, 네온, 제논 발견

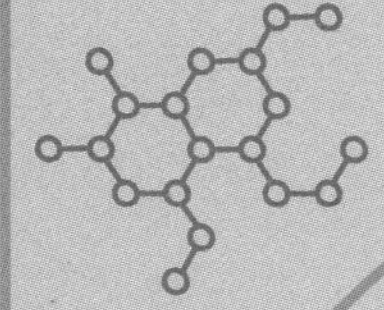

12장

방사능 원소의 발견

어둠 속에서 빛나는 라듐이 발린 시계

정교수의 pick

◆ 베크렐 실험 ◆ 베크렐선 ◆ 방사선 ◆ 퀴리 부부
◆ 폴로늄 ◆ 라듐 ◆ 피치블렌드 정제

방사선부터 라듐까지

전구나 전지의 힘을 빌리지 않고, 어둠 속에서 스스로 빛을 내는 시계가 있습니다. 바로 라듐과 황화 아연을 섞은 발광 도료를 바른 '야광 시계'예요. 사람들은 그 희미한 녹색빛을 신비로운 현상으로 여겼지만, 곧 그것이 인체에 치명적인 방사선을 내뿜는 물질임이 밝혀집니다.

라듐의 발견은 단순한 물질의 발견이 아니라, 눈에 보이지 않던 에너지, 즉 방사능이라는 새로운 세계의 문을 연 사건이었습니다. 1896년, 앙리 베크렐의 서랍 속 사진건판에서 시작된 실험은 퀴리 부부의 집요한 연구로 이어졌습니다. 그 결과 폴로늄과 라듐이 분리되며 새로운 현상의 실체가 드러났지요. 극미량을 얻기 위해 수 톤의 광석을 끓이고 거르는 지난한 과정 끝에, '보이지 않는 에너지'가 화학과 물리의 경계를 흔드는 과학적 사실로 자리 잡았습니다. 이제 그 빛나는 발견이 어떻게 인류의 과학을 바꾸었는지 함께 살펴보도록 해요.

과학을 가업으로, 베크렐 가문

자연 방사선을 처음으로 발견한 사람은 프랑스의 물리학자 앙리 베크렐Antoine Henri Becquerel입니다. 베크렐의 집안은 4대에 걸친 과학자 집안으로, 할아버지 앙투안 세자르, 아버지 알렉상드르 에드몽, 본인 앙리, 그리고 아들 장까지 모두 물리학에 큰 기여를 했습니다. 특히 3대가 파리 국립자연사박물관Muséum national d'Histoire naturelle에서 연구·교수직을 맡기도 했지요.

- 앙투안 세자르 베크렐: 에콜 폴리테크닉을 거쳐 물리학자로 활동하며 인광(어둠 속에서 스스로 빛을 내는 현상) 연구를 했어요.

- 에드몽 베크렐: 형광, 태양광, 전기의 관계를 탐구했고, 젊은 시절부터 광전 현상(빛과 전기)의 독창적 연구로 이름을 알렸어요.

- 장 베크렐: 앙리 베크렐의 아들로, 빛의 편광과 자성체의 광학적 특성을 연구했어요.

[앙리 베크렐]

1852년, 파리. 나폴레옹 3세가 황제로 즉위하고 제2제정이 시작되던 해에 앙리 베크렐이 태어났습니다. 그는 어려서부터 아버지 에드몽 베크렐의 실험실을 놀이터처럼 드나들었어요. 형광판과 렌즈, 거울과 전기 장치로 가득한 공간에서 그는 자연스럽게 빛과 전기, 그리고 물질 사이의 관계에 대한 호기심을 키워 갔습니다.

앙리 베크렐

베크렐은 에콜 폴리테크닉을 졸업한 뒤 교량·도로학교École des Ponts et Chaussées에서 수학과 토목공학을 배우고, 국토 인프라를 담당하는 기술직으로 일하면서도 연구를 이어 갔습니다. 1888년에는 '자기장과 편광된 빛의 상호 작용'을 주제로 파리 대학교에서 박사 학위를 받았고, 1891년, 부친이 세상을 떠난 뒤에는 파리 국립자연사박물관의 자리를 이어받아 교수로 임명되었어요. 훗날 베크렐은 이렇게 말했어요. "뉴턴이 거인들의 어깨 위에 섰다고 말했듯, 나 역시 아버지와 할아버지 덕분에 이 자리에 설 수 있었습니다."

[보이지 않는 광선의 발견]

1895년 겨울, 독일의 뢴트겐이 X선을 발표하자 유럽 과학계는 충격에 빠졌습니다. 이 소식은 프랑스 파리에도 전해졌고, 앙리 베크렐도 깊은 관심을 가졌어요.

베크렐은 다양한 형광·인광 물질을 모아 실험을 했습니다. 하지만 아무것도 나타나지 않았어요. 사진 건판을 현상해 봐도 아무 흔적이 없었어요. 기존의 실험들은 번번이 실패했지요. 그러던 어느 날, 그는 좀 더 강한 인광 물질을 찾기로 마음먹었어요. 그의 선택은 바로 우라늄염이었어요. 우라늄염은 가공된 우라늄 광석에서 얻는 노란색 가루예요. 일명 '옐로케이크Yellowcake'라고도 불리는 이 가루는 주성분이 산화우라늄

U_3O_8이고, 우라늄 화합물 가운데서도 광학적 특성이 뚜렷해요.

베크렐은 우라늄염으로 다시 실험을 시작했습니다. 먼저 두꺼운 검은 종이로 사진 건판을 감싸 빛이 직접 닿지 않게 한 뒤, 그 위에 우라늄염을 올렸어요. 그리고 햇빛에 노출시킨 다음 현상을 했지요. 그러자 놀랍게도 사진 건판에 우라늄염의 모양이 뚜렷이 나타났어요. 유리판을 사이에 두어도 마찬가지였지요. 이것은 기존의 햇빛이나 인광이 아니었어요. 햇빛은 두꺼운 종이를 통과하지 못하기 때문이지요. 이것은 물질을 투과해 건판을 감광시키는 '보이지 않는 광선'이 분명했습니다.

며칠 뒤인 2월 26일과 27일, 앙리 베크렐은 날씨가 흐려 실험을 할 수 없게 되자, 우라늄염과 사진 건판을 검은 종이로 싸서 서랍 속에 넣어두었습니다. 그리고 3월 1일, 그는 그걸 꺼내 현상했어요. 분명 햇빛을 쬐지 않았으니 그림자가 희미할 거라 본 베크렐의 생각과 달리 그림자는 선명했어요. 순간, 베크렐은 이렇게 결론을 내립니다. "이 보이지 않는 광선은 인광과는 무관하다. 이것은 우라늄이라는 원소 자체에서 나오는 새

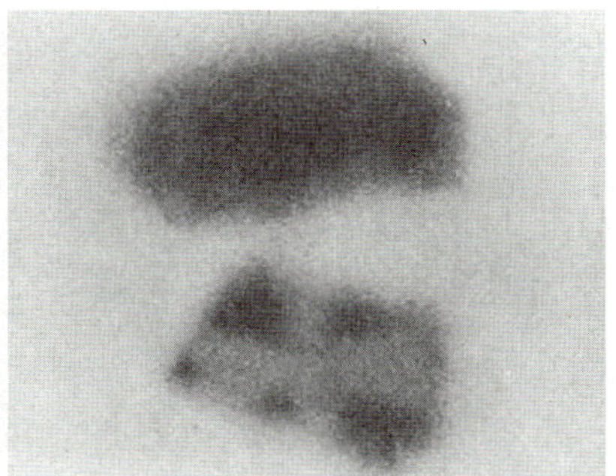

좌_ 옐로케이크라고도 불리는 우라늄염
우_ 우라늄염 모양이 그대로 나타난 것

로운 형태의 투과력을 가진 광선이다." 이 광선은 처음에는 '베크렐선 Becquerel Rays'이라 불렸어요. 훗날 퀴리 부부가 이러한 현상을 방사능 Radioactivity라 명명하였으며, 방사선Radioactive Rays이라고 불렀지요.

마리 퀴리, 바르샤바에서 소르본까지

19세기 후반, 폴란드는 러시아 제국의 지배 아래 있었습니다. 우리가 퀴리 부인이라고 부르는 마리아 스클로도프스카Marie Skłodowska는 이런 환경 속에서 태어났어요. 1867년, 바르샤바에서 태어난 마리는 물리 · 수학 교사였던 아버지와, 여학교 교장이었던 어머니 사이에서 1남 4녀 중 막내로 자랐습니다.

유복한 가정 환경이었지만 행복은 오래가지 않았습니다. 마리아가 9살 되던 해, 큰언니 조피아가 발진 티푸스로, 2년 뒤, 어머니마저 폐결핵으로 세상을 떠났어요. 설상가상으로 아버지는 학교에서 쫓겨났고, 가족의 저축은 실패한 투자로 모두 사라졌어요. 그때부터 마리아의 삶은 궁핍해졌어요. 하지만 마리아는 절망 대신 공부에 몰두했습니다. 당시 학교에서는 러시아어만 배울 수 있었지만, 마리아는 몰래 폴란드어를 공부하고 역사책을 읽었어요. 그리고 1883년, 바르샤바 국립 여학교를 수석 졸업하며 금메달을 받습니다.

하지만 문제는 그다음이었습니다. 러시아의 지배를 받던 폴란드에서는 여성의 대학 진학이 금지되어 있었기 때문이에요. 언니 브로냐 역시 의사가 되기를 원했지만, 대학에 진학할 수 없었지요. 그래서 두 자매는

좌_ 1883년의 마리아
우_ 마리아와 언니 브로냐

지하 교육 조직인 '플라잉 유니버시티Flying University'에서 공부합니다. 하지만 마리아와 브로냐는 진짜 대학에 가기를 꿈꿨어요. 자매는 '서로의 유학을 번갈아 지원하자'라고 약속했지요. 먼저 언니 브로냐가 파리 유학을 떠났고, 마리는 1885년부터 폴란드 시골 가문의 가정교사로 일하며 언니 학비를 보탰습니다. 이때 수학자 카지미에시 조라브스키와 사랑에 빠졌지만, 신분과 경제적 이유로 반대에 부딪혀 끝내 이어지지 못했어요. 그사이 마리는 바르샤바 '산업농업박물관'의 실험실에서 분석 화학의 기본을 익히며 과학이야말로 자신의 길이라고 확신합니다.

1891년 10월 30일, 24살의 마리아는 프랑스 파리 북역에 조용히 도착합니다. 손에는 가방 하나, 머릿속에는 배움에 대한 간절함 하나뿐이었어요. 그녀는 자신을 프랑스식 이름인 '마리Marie'로 부르기 시작했어요. 당시 파리는 화려했지만, 여성에게는 아직 냉정한 도시였어요. 소르본의 여학생 비율은 2퍼센트 미만이었고, 여성의 학문은 '취미나 사교'로 간주되던 시절이었어요.

피에르 퀴리와 마리 퀴리의 신혼여행 사진

1891년 11월 3일, 마리는 소르본 과학 학부Faculté des Sciences에 등록합니다. 난방조차 넉넉지 않은 다락방에서 낮에는 강의를 듣고, 밤에는 과외로 생계를 잇는 혹독한 생활을 했지만, 우수한 성적으로 학교를 졸업하게 되지요.

하지만 졸업은 끝이 아니라 새로운 시작이었습니다. 마리는 '자성Magnetism'을 주제로 본격적인 연구를 시작했어요. 지도 교수였던 리프만 교수Jonas Lippmann의 추천으로 당시 물리학계에서 정밀 측정으로 이름 높던 피에르 퀴리Pierre Curie를 소개받습니다. 피에르 퀴리는 이미 자성, 압전 효과, 결정학 분야에서 잘 알려진 학자였어요. 그는 동생 자크와 함께 압전 효과Piezoelectricity를 발견했고, 그의 이름을 딴 '퀴리 온도Curie Point' 이론으로도 유명했어요.

1894년 여름, 실험실에서 가까워진 두 사람은 1895년 7월 26일, 소박한 결혼식을 올립니다. 신혼여행은 자전거로 프랑스 시골을 달리는 방식이었어요. 장미 대신 실험 노트를 든, '조용한 과학자 부부'의 출발이었지요.

1896년, 앙리 베크렐이 우라늄에서 나오는 방사선을 발견하자, 퀴리 부인은 그 발견에 깊은 관심을 보였어요. 당시 박사 과정을 시작한 마리는 실험실 노트에 이렇게 적었습니다. "우라늄에서만 방사선이 나오는 걸까? 아니면 자연에는 방사선을 내는 다른 원소가 더 있는 걸까?" 이 간단한 질문은 인류 과학사의 큰 전환점이 되었어요. 퀴리 부인은 남편 피에르를 설득해 이 주제로 공동 실험을 하기로 했어요.

[헛간 실험실과 피치블렌드]

1898년, 마리와 피에르 퀴리는 파리 외곽의 낡은 건물에서 실험을 시작합니다. 파리 제5구에 위치한 파리 물리화학 학교의 창고였어요. 제대로 된 환기나 난방도 어려운, 말 그대로 '임시 실험실'에 가까운 곳이었지요. 바닥은 차가운 돌바닥이었고 천장에는 금이 가 있었으며, 창문은 제대로 닫히지 않아 겨울이면 찬바람이 들이쳤어요. 증류를 하면 방 안은 금세 화학 약품 냄새로 가득 찰 정도였지요. 그럼에도 두 사람은 이 불편한 장소에서 연구를 계속했어요.

두 사람이 실험한 물질은 '피치블렌드'라는 검고 무거운 광석이었습

실험실의 퀴리 부인(1908년)

니다. 피치블렌드는 우라늄을 정제한 뒤 남은 찌꺼기 광석이었지만, 이상하게도 이 광석에서는 순수한 우라늄보다 훨씬 강한 방사선이 검출되었어요. 그들은 이 안에 아직 발견되지 않은 새로운 원소가 있을 거로 생각했어요. 그리고 그 정체불명의 원소를 추출하기 위해, 그들은 약 8톤이 넘는 피치블렌드를 헛간에 쌓아 놓고 수년간 정제 실험을 반복했어요.

실험은 쉽지 않았습니다. 광석을 가마솥에 넣고 녹이고, 산을 붓고, 거르고, 다시 결정화시키는 과정을 수백 번도 넘게 반복해야 했어요. 가마솥에서 올라오는 김은 마리의 얼굴을 덥히고, 팔은 무거운 광석 자루를 나르느라 멍들기 일쑤였어요. 환풍기도, 가스 배출 장치도 없던 헛간 안에서 그들은 매일 먼지와 증기를 마셔야 했지요. 그래도 두 사람은 묵묵히 공정을 반복했습니다. 밤이 되면 시약병 속 어떤 물질이 은은한 푸른빛을 띠었고, 두 사람은 일을 마친 뒤 그 빛 앞에서 잠시 발걸음을 멈추곤 했어요. 마리는 "밤에 작업실로 들어가면, 희미한 요정 불빛Fairy Lights처럼 빛나는 시험관들을 보는 기쁨이 있었다"라고 말했다고 해요.

피치블렌드

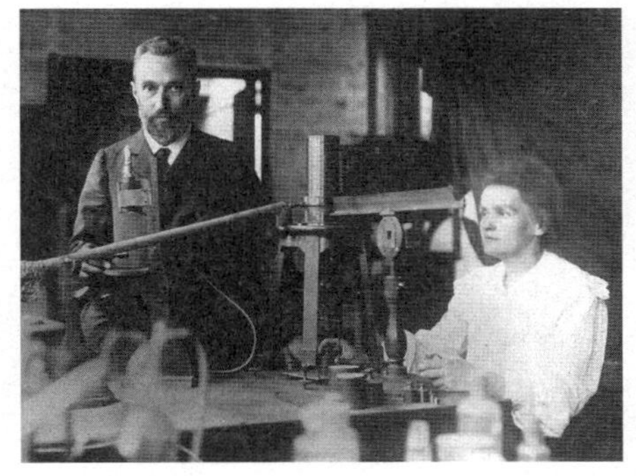

실험을 하는 피에르 퀴리와 마리 퀴리

마침내 1898년, 퀴리 부부는 결정적인 발견을 합니다. 먼저 7월, 퀴리 부부는 피치블렌드에서 매우 강한 방사능을 내는 새로운 원소의 존재를 확인하고, 마리의 조국을 기려 그 이름을 '폴로늄'이라 붙였어요. 이어 12월에는 방사능이 더욱 강한 또 다른 원소의 존재를 밝혀내고 '라듐'이라 명명했지요. 두 발견 모두 프랑스 학술원 회보Comptes Rendus에 공식 보고되었고, 12월 보고에서 라듐의 명칭이 처음 제안되었습니다.

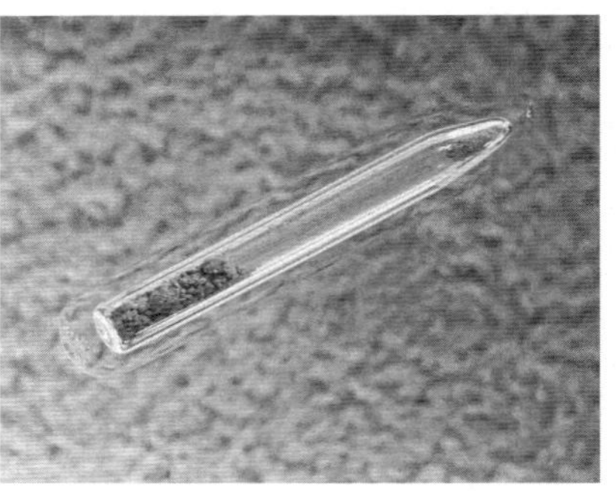

좌_ 라듐 우_ 폴로늄

라듐 발표 이후 두 사람의 이름은 점차 유럽 학계에 알려졌지만, 그들은 대대적인 홍보 대신 조용히 논문으로만 결과를 발표하고 곧장 실험대로 돌아오곤 했습니다. 그 신중한 태도와 집요한 실험이 방사능 연구와 현대 물리화학의 새 장을 연 토대가 된 거예요.

그런 퀴리 부부의 연구가 스웨덴 스톡홀름의 노벨위원회에 닿게 된 건 1903년이었습니다. 노벨위원회는 마리와 피에르 퀴리, 그리고 그 연구의 출발점이 된 앙리 베크렐에게 제3회 노벨 물리학상을 공동 수여하기로 했어요. 하지만 처음엔 마리의 이름이 빠져 있었어요. 노벨위원회 일부 인사들이 여성에게 노벨상을 주는 것을 망설였기 때문이에요. 피에르는 마리의 공로가 무시되어서는 안 된다며 수상을 거부한다고 말했다고 해요. 결국 마리는 노벨상 역사상 최초의 여성 수상자가 되었고, 부부가 함께 수상한 최초의 사례가 되었습니다.

[노벨상 수상, 그 후]

노벨상 수상 이후에도 퀴리 부부는 명예를 좇지 않았습니다. 그들은 여전히 낡은 실험실에서 실험을 계속했고, 유럽 각국에서 강연 요청이 쏟아졌지만 거의 응하지 않았어요. 하지만 1906년 4월 19일, 비 오는 파리의 거리에서 피에르는 마차에 치여 현장에서 숨을 거두고 맙니다. 그는 불과 46세였고, 라듐의 본질을 더 밝혀내기 직전이었어요. 그 소식을 들은 이후 마리는 말을 아낀 채, 이내 홀로 연구를 이어 갑니다.

피에르의 사망 이후, 마리는 혼자서 라듐의 정량적 측정, 원자량 계산, 물리적 특성 분석 연구를 해냅니다. 그 공로로 1911년, 마리는 '순수 라듐의 분리와 라듐 및 폴로늄 연구에 대한 공로'로 노벨 화학상을 받았습니다. 이로써 그녀는 물리학(1903)과 화학(1911) 두 분야에서 노벨상을 모두 받은 유일한 인물이 되었어요.

마리는 같은 해 소르본 대학교의 정식 교수로 임명되어 소르본 역사상 첫 여성 교수가 되었고, 1906년 11월 5일, 첫 강의를 시작했습니다. 그녀

피에르 퀴리의 라듐에 대한 강연(1904년)

는 자신을 둘러싼 주목과 시선을 개의치 않았고, 그저 평범한 교수처럼 학생 앞에 섰어요.

마리 퀴리의 삶은 영광과 비극, 헌신이 뒤섞인 시간이었습니다. 그녀는 라듐의 양과 성질을 하나씩 밝혀내는 느리고 꼼꼼한 연구로 과학의 토대를 다졌어요. 전쟁이 벌어지자 연구실을 떠나 X선 장비를 직접 운반하며 부상병을 살리는 데 과학을 사용하기도 했지요. 이 선택들은 오늘날 방사선 의학과 연구 안전 개념의 출발점이 되었습니다.

역사 속으로

제1차 세계 대전과 작은 퀴리

1914년 7월, 유럽 대륙이 흔들리기 시작했습니다. 사라예보에서 오스트리아 황태자가 암살된 사건은 곧 세계 최초의 총력전, 제1차 세계 대전으로 이어졌어요. 마리 퀴리는 학문적 명성과 영예를 내려놓고, 자신의 재산과 라듐 연구소의 기금을 끌어모아 엑스레이 발생 장치, 발전기, 건판, 납차폐 장비를 실은 이동형 X선 차량을 만들었어요. 이 차량은 '작은 퀴리Petite Curie'라고 불리게 되었어요. 마리는 '작은 퀴리'를 직접 몰고 벨기에·알자스·마른강 전선 등 최전방을 돌며 군의관과 의무병에게 사용법을 가르쳤고, 부상 위치를 정확히 찾아 불필요한 절단 수술을 하지 않도록 도왔어요. 전쟁이 길어지자 그녀는 엑스레이 교육소를 세워 여성 의사와 기술자 150여 명을 양성했고, 이동형 X선 차량 여러 대를 운영했어요. 또 야전 병원에는 고정식 X선 장비를 보급했지요. 이 기술은 수많은 부상자의 진단에 쓰이며 수많은 목숨을 살렸답니다.

생각의 가지

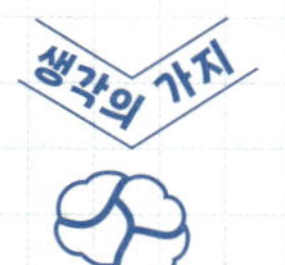

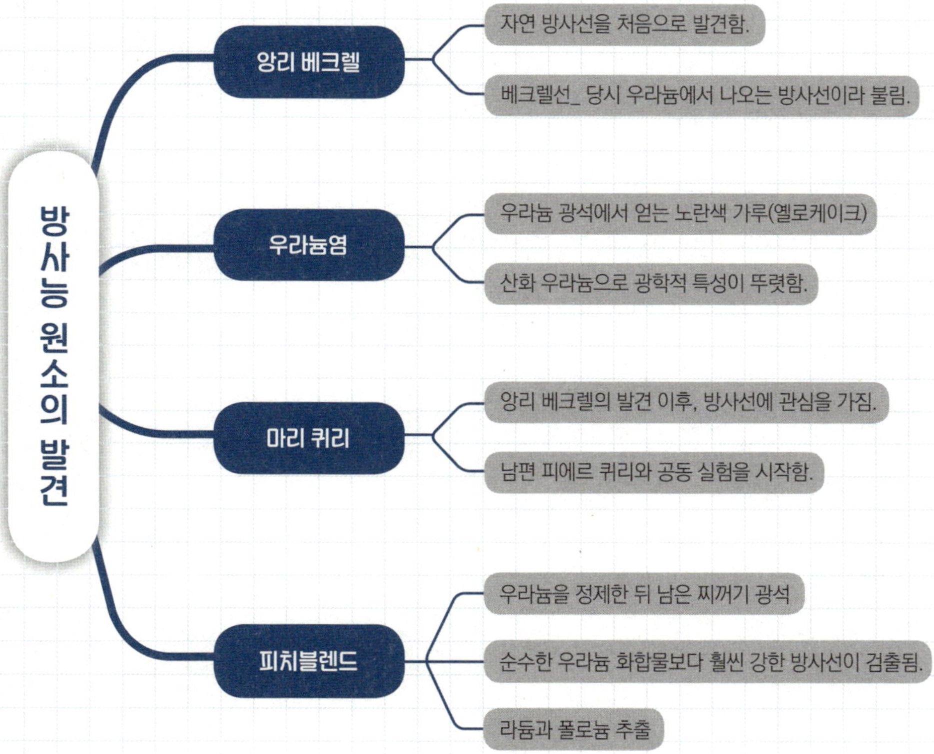
방사능 원소의 발견
앙리 베크렐
자연 방사선을 처음으로 발견함.
베크렐선_ 당시 우라늄에서 나오는 방사선이라 불림.
우라늄염
우라늄 광석에서 얻는 노란색 가루(옐로케이크)
산화 우라늄으로 광학적 특성이 뚜렷함.
마리 퀴리
앙리 베크렐의 발견 이후, 방사선에 관심을 가짐.
남편 피에르 퀴리와 공동 실험을 시작함.
피치블렌드
우라늄을 정제한 뒤 남은 찌꺼기 광석
순수한 우라늄 화합물보다 훨씬 강한 방사선이 검출됨.
라듐과 폴로늄 추출

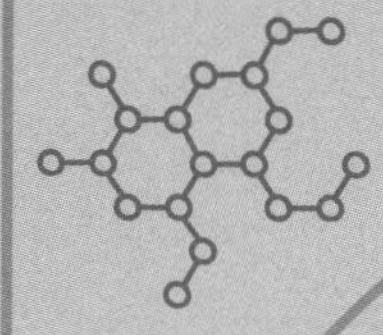

13장

화학 결합의 역사

고릴라 글라스의 화학 구조

정교수의 pick

◆ 조프루아 ◆ 친화력 표 ◆ 원자 모형 ◆ 톰슨
◆ 러더퍼드 ◆ 전자껍질 ◆ 루이스 점 구조식

세상을 바꾼 원자의 결합

우리는 하루에도 수백, 수천 번씩 스마트폰 화면을 누릅니다. 메시지를 보내거나 영상을 보고 게임을 하면서 손가락으로 화면을 계속 두드리지요. 하지만 스마트폰의 유리 화면은 쉽게 닳지 않습니다. 여전히 화면은 선명하고 단단하지요. 이 얇은 유리 한 장이 어떻게 이렇게 견고할 수 있을까요?

사실 이 매끄러운 유리는 단순한 유리가 아닙니다. '고릴라 글라스'라는 이름을 가진 이 고강도 유리는 규소 기반 유리 구조에 금속 이온이 섞여 있고, 이온 교환과 같은 공정을 통해 표면이 더 단단해지도록 설계돼요. 서로 다른 원자가 정교하게 결합해 만들어 낸 과학의 결정체지요.

하지만 이 원자들은 단순히 섞여 있는 게 아닙니다. 각 원자는 어떤 전자를 내어 주고 어떤 전자를 끌어당길지, 또 서로 어떤 방식으로 손을 잡을지를 꼼꼼히 따져요. 그 결과, 단단하고 쉽게 깨지지 않는 유리라는 새로운 물질이 만들어진 거예요. 다시 말해, 유리의 성질은 화학 결합 방식에서 비롯된 것이라 할 수 있어요.

뉴턴의 상상, 결합의 힘

화학 결합은 원자들이 전자를 주고받거나 공유하면서 안정한 구조를 이루는 힘(인력)입니다. 우리가 마시는 물H_2O도, 우리가 숨 쉬는 이산화탄소CO_2도, 모두 화학 결합의 결과물이에요. 그렇다면 이 놀라운 현상에 대해 처음으로 과학적인 추측을 한 사람은 누구였을까요? 놀랍게도 아이작 뉴턴Isaac Newton이에요.

1704년, 뉴턴은 빛에 관한 연구를 모은 책 『광학』을 발표했습니다. 이 책은 빛의 굴절과 반사, 색깔의 정체를 다룬 것이었는데 책 뒷부분에 아주 흥미로운 제안을 하나 했어요. 원자가 서로 가까이 다가가면, 마치 보이지 않는 힘이 작용하듯 결합한다는 것이었지요.

조프루아의 친화력 표, 결합의 질서를 찾은 사람

1718년, 프랑스에서는 아주 특별한 표가 하나 발표됩니다. 그 표는 원소들 사이에서 누가 누구와 더 잘 어울리는가를 정리한 친화력 표였어요. 말하자면, 화학 반응의 궁합표였던 셈이지요. 이 표를 만든 사람은 프랑스의 과학자 에티엔 프랑수아 조프루아예요.

18세기 초, 유럽은 계몽주의 시대로 접어들고 있었습니다. 사람들은 신의 뜻보다 이성과 경험, 관찰을 믿기 시작했고, 철학자들은 인간의 자유를 외쳤으며, 과학자들은 자연의 법칙을 하나하나 밝혀내고 있었어요. 당시 프랑스는 루이 15세가 다스리고 있었는데, 수도인 파리는 유럽 지성의 중심지였어요. 이런 분위기 속에서 조프루아도 '세상엔 법칙이 있다'라는 믿음으로 실험에 매달립니다.

그러던 어느 날, 조프루아는 실험을 하다 깨달았어요. 같은 물질이라도 어떤 경우에는 반응하고, 어떤 경우엔 반응하지 않는다는 사실을요. 그래서 그는 수많은 실험 기록을 정리해 한 장의 표를 만듭니다. 예를 들어, 금속 A에 산 B가 붙어 있었는데, 산 C를 넣었더니 B가 떨어져 나가고 C가 붙는다면, 그건 C가 A와 더 강한 친화력을 가졌기 때문이라고 본 거예요.

조프루아가 말한 친화력은 '어떤 물질이 다른 물질을 얼마나 강하게

Mem. de l'Acad. 1718. Pl. 8. pag. 212.

TABLE DES DIFFERENTS RAPPORTS
observés entre differentes substances.

Esprits acides.
Acide du sel marin
Acide nitreux
Acide vitriolique
Sel alcali fixe
Sel alcali volatil
Terre absorbante.
SM Substances metalliques
Mercure.
Regule d'Antimoine.
Or.
Argent.
Cuivre
Fer
Plomb
Etain
Zinc
PC Pierre Calaminaire.
Soufre mineral.
Principe huileux ou Soufre Principe
Esprit de vinaigre.
Eau.
Sel.
Esprit de vin et Esprits ardents.

조프루아의 친화력 표

끌어당기느냐'라는 개념이에요. 요즘으로 말하면 반응성, 결합의 우선순위와 비슷한 개념이지요. 조프루아는 이런 관계를 아래에서 위로 배열해 정리했어요. 표 위에 있을수록 친화력이 강해서 아래에 있는 물질을 밀어낼 수 있어요.

조프루아의 친화력 표는 화학 반응을 예측하는 과학적 시도 가운데 하나였습니다. 그전까지는 연금술처럼 느낌과 신비로만 설명하던 반응들이 이제는 표 하나로 정리되고 이해되기 시작한 거예요. 이 표는 18세기 화학 교과서에 실렸고, 후대의 과학자들에게 큰 영향을 끼쳤어요.

18세기 후반으로 갈수록 더 많은 화학 물질과 반응이 발견되었고, 조프루아의 표만으로는 설명되지 않는 반응도 늘어났어요. 그러자 스웨덴의 화학자 토르베른 베리만은 조프루아의 아이디어를 잇는 동시에, 훨씬 더 많은 원소와 화합물에 대해 친화력의 강약을 정리한 포괄적인 표를 만들기로 결심했어요.

1775년, 베리만은 더 정밀한 실험과 반응 순서를 기록해서 보다 체계적인 친화력 표를 만들어 발표했습니다. 그의 표는 조프루아처럼 단순한 순위 나열이 아니라, 복합 반응, 산-염기 중화, 침전, 치환 반응 등 다양한 반응 유형을 반영했어요. 그는 또한 반응이 일어날 때, 물질이 어떤 형태로 존재하는지(용해, 침전, 기체)를 고려했고, 이를 통해 화학 반응의 '방향'을 보다 구체적으로 예측할 수 있었어요.

조프루아의 표가 '반응의 궁합을 서열로 나타낸 첫 지도'였다면, 베리만의 연구는 그 지도를 최신 지형에 맞춰 대폭 확장한 판본이라 할 수 있습니다. 두 사람의 표는 훗날 결합·반응성 이론이 세워지기 전까지, 화학자들이 실험을 설계하고 결과를 해석하는 데 실질적인 나침반 역할을 했어요.

원자 모형의 등장

하지만 친화력 표는 물질들이 왜 서로 결합하는지는 설명하지 못했어요. 1897년, 영국의 과학자 톰슨J. J. Thomson은 아주 작고 특별한 입자를 발견합니다. 바로 전자예요. 전자는 원자를 이루는 매우 작은 입자인데, 신기하게도 음(-)의 전기를 띠고 있었지요. 이 발견으로 원자는 더 이상 쪼갤 수 없는 작은 무언가가 아니라, 전하를 띤 구성 요소를 가진 복합체라는 사실이 확인되었어요. 과학자들은 곧 의문이 생겼어요. "그렇다면 원자 전체는 왜 전기를 띠지 않을까?", "전자처럼 음전하(-)가 있다면, 그걸 잡아두는 무언가가 있어야 하지 않을까?" 이 궁금증을 풀어낸 사람이 바로 어니스트 러더퍼드Ernest Rutherford예요.

러더퍼드는 1911년, 얇은 금박에 양의 전기를 띤 아주 빠른 입자를 충돌시켰습니다. 이 입자는 폴로늄에서 방출된 알파 입자예요. 얇은 금박에 쏜 알파 입자는 대부분 박을 통과했지만 일부는 크게 산란하는 현상을 보였습니다. 러더퍼드는 이 실험을 통해 원자의 중심에 양의 전기를 띤 아주 작고 무거운 부분이 있다는 것을 알아냈고, 이를 원자핵이라고 불렀어요.

그 후 과학자들은 수소의 원자핵이 양성자라고 부르는 양의 전기를 띤 입자라는 것을 알아냅니다. 그리고 수소보다 무거운 원소의 원자핵은 두 개 이상의 양성자로 이루어져 있다고 주장했지요. 양성자 수가 증가하는 순서로 번호를 매긴 것을 원자 번호라고 부르는데, 이때 중성 원자의 원자 번호는 원자 속 전자의 수와 같아요.

원소	원소기호	전자의 수
수소	H	1
헬륨	He	2
리튬	Li	3
베릴륨	Be	4
붕소	B	5
탄소	C	6
질소	N	7
산소	O	8
플루오린	F	9
네온	Ne	10

1913년, 덴마크의 과학자 닐스 보어Niels Bohr는 러더퍼드의 원자 모형을 바탕으로 더 정밀한 원자 구조 모델을 제안합니다. 보어는 전자가 원자핵 주위를 아무렇게나 돌지 않고, 특정한 궤도Orbit에서만 돈다고 생각했어요. 그는 이 궤도를 '전자껍질'이라고 불렀지요. 보어는 원자핵에 가까운, 가장 안쪽 껍질부터 차례대로 K-껍질, L-껍질, M-껍질, N-껍질이라 하고, 각 껍질에 들어갈 수 있는 전자 개수를 단순한 규칙으로 제시했어요. K-껍질에는 최대 2개, L-껍질에는 최대 8개, M-껍질에는 최대 18개, N-껍질에는 최대 32개의 전자가 채워질 수 있지요. 보어의 원자 모형으로 처음 몇 개의 원자를 그리면 다음과 같아요.

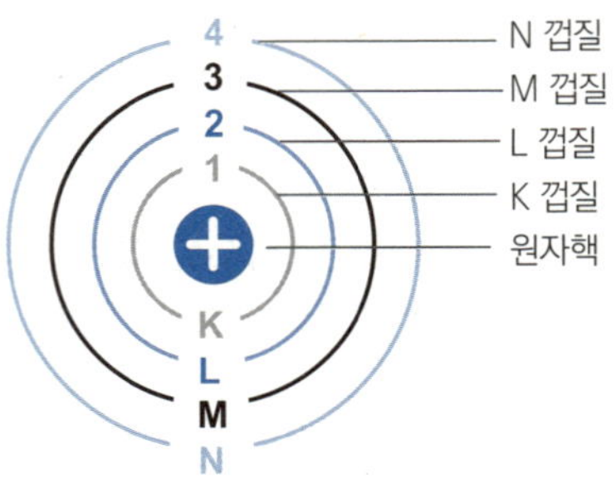

보어의 원자 모형과 껍질

K-껍질에만 전자가 있는 원소는 수소와 헬륨이에요.

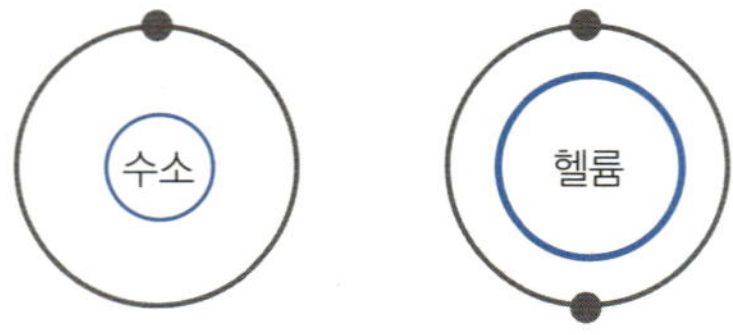

원자 번호 3번 리튬부터 10번 네온까지는 K-껍질과 L-껍질에 전자가 먼저 채워지고, 원자 번호 11번인 나트륨은 K-껍질, L-껍질, M-껍질에 전자가 채워져 있어요.

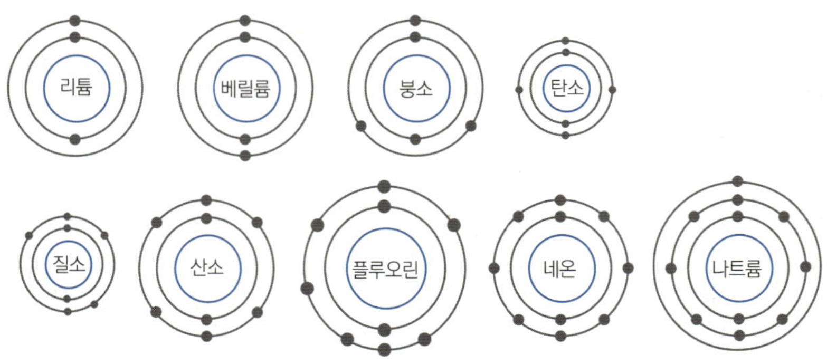

이때 가장 마지막 껍질에 있는 전자를 가전자라고 불러요. 즉 리튬의 가전자는 L-껍질에 있는 전자이고 나트륨의 가전자는 M-껍질에 있는 전자이지요. 원자 번호 3번부터 10번까지의 원소에 대해 가전자수는 다음과 같아요.

원소	원소기호	가전자수
리튬	Li	1
베릴륨	Be	2
붕소	B	3
탄소	C	4
질소	N	5
산소	O	6
플루오린	F	7
네온	Ne	8

화학 결합 이론의 창시자, 루이스

러더퍼드와 보어가 원자의 구조를 밝히며 전자가 원자핵 주위를 도는 질서를 찾아냈다면, 이제 과학자들의 관심은 "이 전자들이 서로 다른 원자 사이에서는 어떻게 작용할까?"로 옮겨갔습니다. 즉, 원자 내부의 구조가 밝혀진 다음 단계는 원자와 원자가 만나 새로운 물질을 만드는 힘인 '화학 결합'을 이해하는 것이었지요. 이를 전자 관점에서 정리한 대표 이론가 중 한 명이 바로 길버트 뉴턴 루이스Gilbert Newton Lewis였어요. 그는 전자가 원자 사이의 다리 역할을 한다는 사실을 이론으로 정리해, 오

길버트 뉴턴 루이스

늘날 우리가 배우는 화학 결합의 기초를 세웠습니다.

길버트 뉴턴 루이스는 1875년, 매사추세츠주 웨이머스에서 태어나 어린 시절 네브래스카주 링컨에서 자랐습니다. 그는 어릴 때부터 아주 똑똑했는데, 3살부터 책을 읽을 수 있었다고 해요. 그는 주로 가정 교육을 받았고, 네브래스카 대학교 예과 과정을 거쳐 1893년, 하버드에서 학부 과정을 마친 뒤 대학원에 진학했습니다. 이후 독일로 건너간 루이스는 오스트발트Friedrich Wilhelm Ostwald와 네른스트Walther Nernst 아래에서 연구합니다. 루이스는 이렇게 유럽 최고의 연구자들과 함께 연구하면서, 자신만의 과학적 사고력과 실험 능력을 키워 나갔어요.

유럽에서 과학의 최전선에 서 있었던 루이스는 유럽에서의 연구 경험을 바탕으로 더 큰 도전을 해 보기로 결심합니다. 다시 미국으로 돌아온 루이스는 자신이 졸업했던 하버드 대학교에서 강사로 일했어요. 하지만 루이스는 연구에 더 집중할 수 있는 곳을 찾고 있었고, 1905년에 매사추세츠 공과 대학교로 자리를 옮기게 돼요. 거기서 그는 열에너지와 화학 변화의 관계, 즉 열역학에 대한 본격적인 연구를 시작하지요. 그리고 5년 뒤, 1912년, 루이스는 캘리포니아 대학교 버클리 캠퍼스 물리화학 교수로 부임하며 또 한 번의 인생 전환점을 맞이합니다.

[활동도와 이온 결합, 공유 결합]

루이스는 1907~1908년, 활동도Activity에 대한 개념을 정교하게 다듬

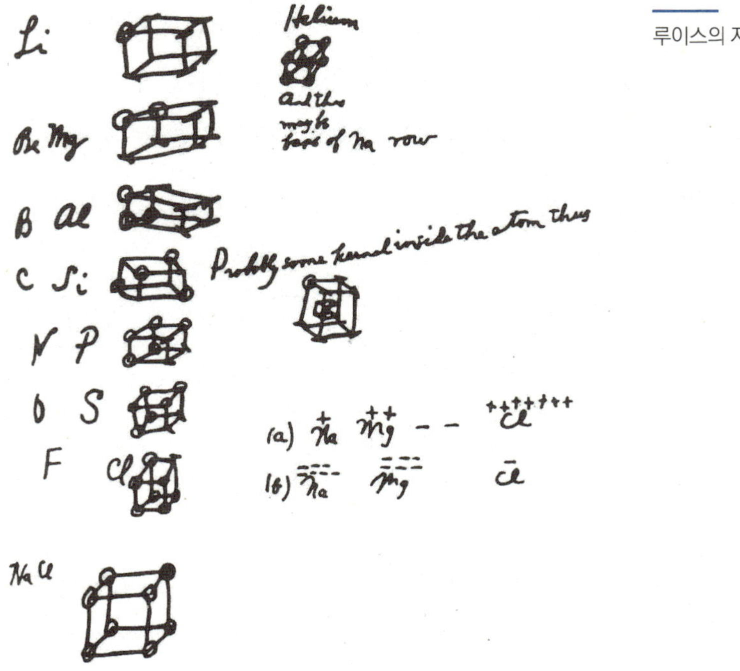

루이스의 자필 노트

고 널리 알리는 데 기여합니다. 이 개념은 어떤 물질이 반응에 참여하려는 정도를 나타내는 수치예요. 그 덕분에 열역학 계산의 정확도가 높아졌고, 화학 평형을 이해하는 데 아주 중요한 기초가 마련되었어요. 1916년경부터 루이스는 원자들이 서로 붙는 방식, 즉 화학 결합에 집중하기 시작했어요. 그는 이때 유명한 '옥텟 규칙'을 제안했어요. 많은 원자들이 가전자가 8개일 때 안정해지는 경향이 있다는 규칙이지요.

또한 그는 공유 결합 이론도 발전시켰습니다. 원자들이 전자쌍을 나눠 쓰며 결합한다는 설명은 전자가 이동하는 이온 결합과 구별되는 중요한 원리예요. 이런 아이디어를 시각적으로 보여 주기 위해 루이스는 '정육면체 원자 모형'도 제안했어요.

루이스는 먼저 정육면체를 떠올리고, 그 여덟 꼭짓점에 가전자를 배치하는 원자 모형을 생각했어요. 그리고 가전자를 정육면체의 각 꼭짓점에 개수만큼 나타냈지요. 우리가 배우는 '루이스 점 구조식'은 이 모델에서 유래한 거예요.

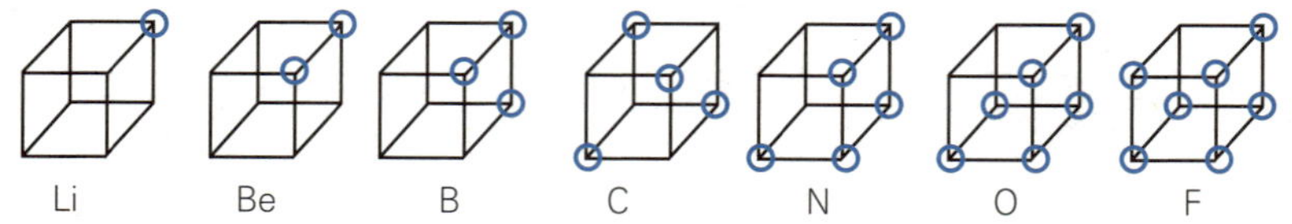

정육면체를 활용한 루이스의 가전자 모델

루이스의 이론에 따르면, 네온은 가전자수가 8개이므로 안정된 원소입니다. 그러므로 네온은 다른 원소들과 잘 결합하지 않아요. 또한 리튬은 가전자수가 1개이므로 8-1=7개의 가전자수를 가진 플루오린과 화학 결합하여 플루오린화 리튬 LiF을 만들고, 베릴륨은 가전자수가 2개이므로 8-2=6개의 가전자수를 가진 산소와 결합해 산화 베릴륨 BeO을 만들어요. 루이스는 이 경우 가전자수가 작은 원소가 가전자를 가전자수가 많은 원소에게 넘김으로써, 안정된 원소가 되려고 한다고 생각했지요. 이렇게 가전자가 한쪽으로 이동해 결합이 이루어지는 경우를 이온 결합이라고 불러요. 이때 가전자를 준 원소는 양이온이 되고 가전자를 받은 원소는 음이온이 되지요.

루이스가 다음으로 생각한 결합은 두 개의 원자가 가전자를 공유하는 공유 결합입니다. 루이스는 염소 원자 두 개가 결합해 염소 분자를 만드는 상황을 예로 들었어요. 염소 원자는 가전자 7개를 가지고 있으므로 다음 그림과 같아요.

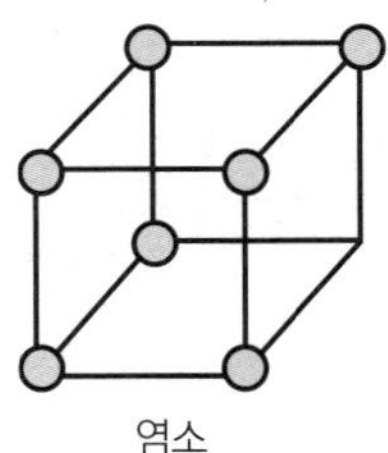
염소

루이스는 두 염소 원자의 결합을 다음 그림으로 설명했어요.

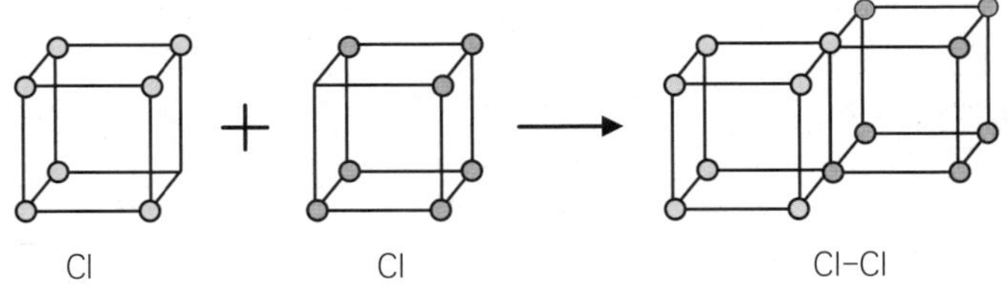

이런 식으로 두 염소 원자를 나타내는 정육면체의 모서리를 공유하면 두 염소 원자는 8개의 가전자를 가진 안정된 형태가 됩니다.

또 루이스는 산소 원자 두 개로 산소 분자를 만드는 과정을 다음과 같이 설명했습니다. 산소는 가전자가 6개이므로 그림으로 나타내면 다음과 같지요.

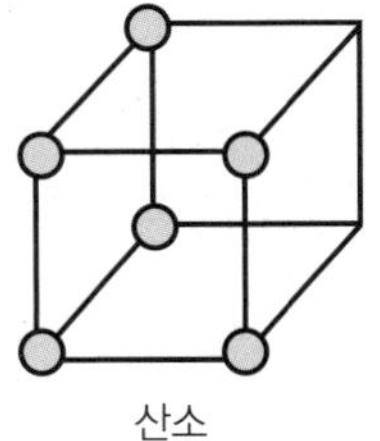
산소

이제 산소 원자 두 개가 결합하면 아래 그림처럼 그릴 수 있어요.

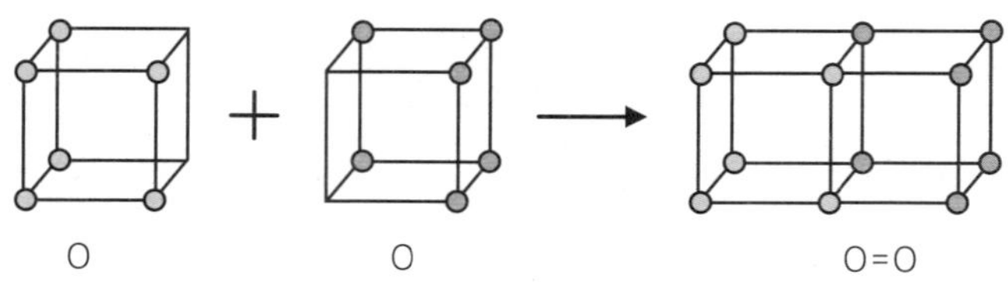

이 경우는 하나의 면을 공유하게 되는데, 이 방식은 산소의 이중 결합을 설명해 줍니다. 이때 두 개의 가전자가 화학 결합에서 공유되는 것을 볼 수 있어요.

루이스의 정육면체 원자 모형은 직관적이었지만, 한계도 있었습니다.

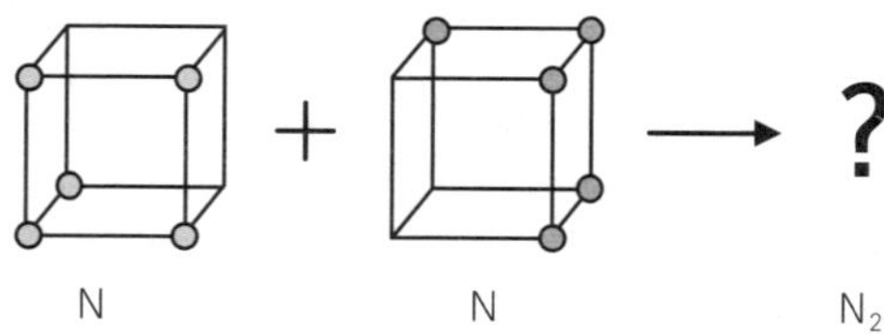

특히 질소 분자 N_2의 삼중 결합처럼 세 쌍의 전자쌍을 공유하는 경우를 정육면체의 모서리·면 공유만으로 자연스럽게 설명하기 어려웠어요. 대신 이 결합은 훗날 전자쌍의 공간 배치와 전자구름 개념으로 보완되며 현대 결합 이론으로 발전합니다.

루이스 전자점식

루이스는 이전의 정육면체 모형 대신 가전자를 점으로 나타내는 방법을 생각했습니다. 예를 들어, 황은 가전자수가 6개이므로 다음과 같이 나타내요.

루이스는 이 점들을 전자점이라고 불렀어요. 몇 개의 원소를 가전자수에 따라 루이스 전자점식으로 나타내면 다음과 같아요.

수소 1 H	주기율표 원소 1-20번						헬륨 2 He
리튬 3 Li	베릴륨 4 Be	붕소 5 B	탄소 6 C	질소 7 N	산소 8 O	플루오린 9 F	네온 10 Ne
나트륨 11 Na	마그네슘 12 Mg	알루미늄 13 Al	규소 14 Si	인 15 P	황 16 S	염소 17 Cl	아르곤 18 Ar
칼륨 19 K	칼슘 20 Ca						

[이온 결합]

루이스는 전자점을 이용해 다음과 같이 나트륨과 염소의 이온 결합을 설명했어요. 나트륨의 가전자 한 개가 염소 원자로 이동하면, 나트륨은 양이온이 되고 염소는 음이온이 돼요.

[공유 결합]

수소 원자 두 개가 공유 결합해 수소 분자를 만드는 경우를 볼까요?

H· + H· ⟶ H:H

이렇게 각각의 수소 원자는 서로 가전자를 하나씩 공유해 헬륨처럼 안정한 전자 배치를 갖게 됩니다. 이때 전자 두 개(전자쌍 하나)가 공유되므로 단일 결합이에요. 이를 H−H 같이 나타내기도 해요. 또 아이오딘 원자 두 개가 아이오딘 분자를 만드는 경우를 보면, 아이오딘의 가전자 수는 7개이므로 다음 그림과 같이 공유 결합을 해요.

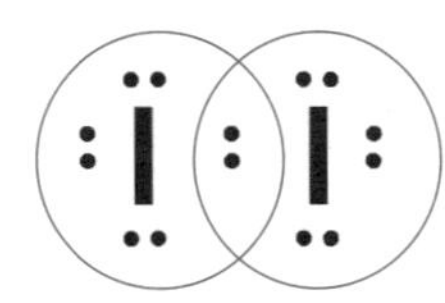

이때 결합은 단일 결합이므로 루이스 전자점식으로는 다음과 같이 나타낼 수 있어요.

:I—I:

H—F:	H—O—H	H—N—H (N—H)	H—C—H (C—H, C—H)
플루오린화 수소HF 수소의 가전자: 1개 플루오린의 가전자: 7개	물H_2O 수소의 가전자: 1개 산소의 가전자: 6개	암모니아NH_3 수소의 가전자: 1개 질소의 가전자: 5개	메테인CH_4 수소의 가전자: 1개 탄소의 가전자: 4개

이제 이중 결합을 생각해 볼게요. 대표적인 예는 탄소 원자 한 개와 산소 원자 두 개가 이산화 탄소를 만드는 경우예요. 이때 탄소는 4가(가전자 4개)이므로 두 개의 산소 원자와 각각 전자쌍을 공유해 이중 결합을 해요. 이것을 루이스 전자점식으로 나타내면 다음 그림과 같아요.

O=C=O

삼중 결합 역시 그림으로 나타낼 수 있어요. 질소 분자N_2는 두 원자가 전자쌍 세 쌍을 공유하는 삼중 결합을 이루며, 이를 루이스 전자점식으로 나타내면 다음 그림과 같아요.

$$\ddot{N}\equiv\ddot{N}$$

루이스 전자점식은 눈에 보이지 않던 전자의 배치를 점으로 드러내며 화학 결합을 처음으로 그릴 수 있는 언어로 바꾸어 주었습니다. 이 간단한 점과 선 덕분에 우리는 원자가 어떻게 결합하고, 왜 특정한 분자가 만들어지는지를 직관적으로 이해할 수 있게 되었지요. 이후의 결합 이론들은 이 출발점 위에서 분자의 모양과 성질을 더 깊이 설명해 나가게 됩니다.

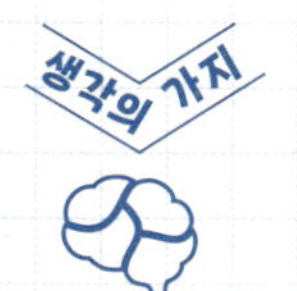

화학 결합의 역사

- **조프루아**
  - 친화력_ 어떤 물질이 다른 물질을 얼마나 강하게 끌어당기느냐
  - 친화력 표_ 결합하려는 경향을 순서로 나타낸 표
- **원자 모형**
  - 톰슨_ 전자를 발견함
  - 러더퍼드_ 알파 입자 산란 실험을 통해 원자핵 발견
  - 닐스 보어_ 전자는 특정한 궤도에서만 돈다
- **길버트 루이스**
  - 활동도_ 어떤 물질이 반응에 참여하려는 정도
  - 옥텟 규칙_ 원자는 대부분 가전자가 8개일 때 안정해짐.
  - 전자점식_ 가전자를 점으로 나타낸 것
- **공유 결합과 이온 결합**
  - 공유 결합_ 원자가 전자쌍을 나눠 쓰며 결합
  - 이온 결합_ 가전자를 다른 원소에게 주고받아 결합
- **단일 결합과 이중 결합**
  - 단일 결합_ 공유 전자쌍이 1쌍(전자 2개)
  - 이중 결합_ 공유 전자쌍이 2쌍(전자 4개)

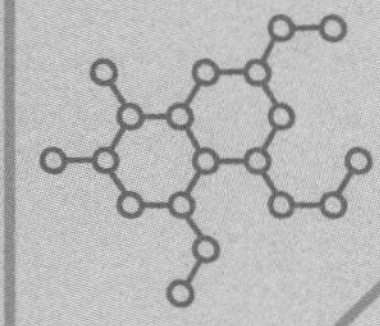

14장

핵분열과 주기율표의 완성

인류 최초의 핵폭발 실험으로 형성된 버섯구름

정교수의 pick

◆ 방사선 ◆ 원자핵 붕괴 ◆ 동위 원소
◆ 중성자 ◆ 연쇄 반응 ◆ 주기율표

핵분열과 주기율표의 확장

퀴리 부부가 세운 출발선 위에서 러더퍼드·소디·채드윅은 방사선이 단순한 빛이 아니라 원자 내부의 변화에서 비롯된다는 사실을 차례로 밝혀냈습니다. 그리고 1938년 겨울, 한과 슈트라스만의 실험은 마이트너와 프리슈의 해석을 거쳐 '핵분열' 개념으로 이어집니다. 핵분열은 단일 반응에서 에너지를 방출하고, 튀어나온 중성자가 또 다른 핵분열을 일으키는 연쇄 반응을 만든다는 점에서 과학과 사회에 강한 충격을 주었어요.

이후 벌어진 전쟁은 연구의 속도를 더 끌어올렸습니다. 미국의 맨해튼 프로젝트는 핵분열 에너지를 군사 기술로 전환했고, 같은 시기 연구실에서는 핵반응과 분리 화학을 묶어 주기율표의 빈칸을 메워 갔지요. 이 장에서는 라듐에서 시작된 '보이지 않는 선'이 어떻게 핵물리학으로 정식화되고, 전쟁과 산업을 거치며 주기율표의 지형을 확장해 온 흐름을 다룹니다. 그 과정에서 방사선 · 중성자 · 동위 원소 · 연쇄 반응이 연구실의 관찰을 넘어 하나의 과학적 구조로 엮여 가는 모습을 차분히 따라가 보겠습니다.

세 종류의 방사선

방사선의 발견은 단순한 과학적 호기심을 넘어서, 세상을 바라보는 방식 자체를 바꿔 놓은 사건이었습니다. 1895년에 뢴트겐이 X선을 발견하고, 이듬해인 1896년에 베크렐이 우라늄에서 방사선이 나오는 것을 밝혀낸 뒤, 마리 퀴리가 라듐과 폴로늄을 찾아내면서 보이지 않는 세계에 대한 탐험이 본격적으로 시작되었어요.

19세기 말, 사람들은 전자와 X선, 방사선과 같은 보이지 않는 미지의 세계를 향한 탐구에 목말라 있었습니다. 영국의 젊은 과학자 러더퍼드도 마찬가지였지요.

1899년, 러더퍼드는 우라늄에서 나오는 방사선이 하나가 아니라 두 종류임을 밝혀냈습니다. 이후 그는 우라늄이 내는 방사선에 전기장을 거는 또 다른 실험을 통해, 일부 방사선이 음극 쪽으로 약하게 휘어진다는 것을 알아냈어요. 이 사실은 그 방사선이 양전하를 띠고 있다는 뜻이었지요. 러더퍼드는 이 방사선을 '알파 방사선'이라고 불렀고, 각각 양전하를 가진 알갱이, 즉 '알파 입자'로 이루어져 있다고 생각했어요. 이후 그는 나머지 방사선도 분석했는데, 이것을 '베타 방사선'이라고 불렀어요. 음전하를 띠고 양극 쪽으로 휘어졌기 때문이지요. 이렇게 우라늄에서는 서로 다른 성질을 가진 두 가지 입자가 쏟아져 나오고 있었어요.

어니스트 러더퍼드

이 발견은 방사선의 본질을 밝히는 데 큰 전환점이 되었습니다. 러더퍼드는 이후에도 방사선이 물질 속을 어떻게 통과하는지, 알파 입자가 물질에 어떤 흔적을 남기는지를 끊임없이 연구했어요. 이 연구는 훗날 원자핵의 존재를 밝히고, 현대 원자 모형을 만들어 내는 데 결정적인 역할을 하게 되지요.

이후 1900년, 프랑스의 물리학자 폴 빌라르Paul Villard가 라듐에서 매우 강한 투과력을 가진 제3의 방사선을 발견했고, 러더퍼드는 1903년, 빌라르의 이 새로운 방사선에 감마 방사선이라는 이름을 붙입니다.

이렇게 방사선은 알파, 베타, 감마 세 가지로 구분할 수 있습니다. 투과력은 일반적으로 감마 > 베타 > 알파 순서예요. 이후 실험이 축적되면서, 알파 입자는 헬륨 원자핵He^{2+}, 베타 입자는 전자β^-, 감마 방사선은 파장이 아주 짧은 전자기파라는 사실이 알려집니다.

원자핵의 붕괴

방사선의 정체를 알파·베타·감마로 나눴다면, 다음 질문은 자연스럽게 "그럼 방사선은 원자 안에서 어떻게 생길까?"로 연결되었습니다. 답을 찾으려면 원자 껍질이 아니라 핵 속을 들여다봐야 했고, 그 단서가 된 것이 바로 중성자의 발견이었지요.

1932년, 영국의 제임스 채드윅James Chadwick은 베릴륨Be 금속에 알파 입자(헬륨 원자핵)를 쏘는 실험을 합니다. 그러자 전기를 띠지 않는, 정체불명의 입자가 튀어나왔고, 이것이 파라핀 같은 물질에 부딪히자 양성자들이 튕겨 나왔어요. 채드윅은 이렇게 생각했어요.

전기를 띠지 않았는데도 양성자를 튕겨냈다는 건, 이것 역시 입자로 이루어져 있다는 말이다. 이 입자는 전하가 없고, 질량은 양성자와 비슷하다.

채드윅은 이 입자를 중성자Neutron라고 불렀고, 이때부터 원자핵은 양성자와 중성자로 이루어진다는 모형이 확립되었어요.

불안정한 원자핵은 가만히 있지 못하고, 자신을 더 안정된 상태로 바꾸려고 합니다. 이런 과정을 방사성 붕괴라고 불러요. 그중에서 대표적인 두 가지 붕괴 방식이 바로 알파 붕괴와 베타 붕괴예요.

원자핵이 너무 크고 무거워 불안정해지면 알파 입자를 내보내 더 가벼운 상태로 바뀌려고 하는데, 이것을 알파 붕괴라고 합니다. 알파 입자는 양성자 2개와 중성자 2개로 이루어진, 헬륨 원자핵이에요. 예를 들어, 우라늄-238은 알파 입자 하나를 내보내면서 토륨-234로 바뀌어요. 이때 양성자 수는 2개 줄어들고, 중성자 수도 2개 줄어들어요. 그래서 원자 번호는 92에서 90으로, 질량수는 238에서 234로 바뀌어요. 완전히 다른 원소가 되는 거지요.

제임스 채드윅

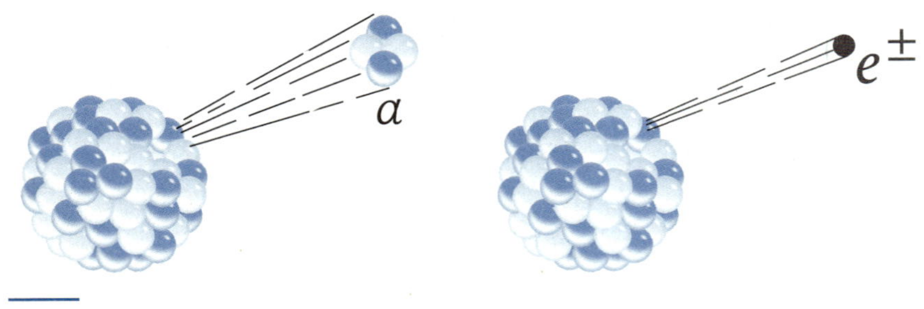

좌_ 알파 붕괴 우_베타 붕괴

베타 붕괴에서는 원자핵 안에 있던 중성자 하나가 어느 순간 양성자로 바뀝니다. 그리고 그 과정에서 전자 하나를 밖으로 튕겨내요. 이 튀어나온 전자가 바로 '베타 입자'이지요. 예를 들어, 탄소-14는 베타 입자 하나를 내보내고 질소-14로 바뀌어요. 질량수는 그대로 14인데, 양성자 수가 6개에서 7개로 늘어나면서 원자 번호가 6에서 7로 바뀌지요.

동위 원소를 찾아서

화학적 성질은 같지만, 질량이 서로 다른 원소가 존재한다.

이 단순한 생각은 원자 구조 이해의 결정적 열쇠가 되었습니다. 1910년, 영국의 과학자 프레더릭 소디Frederick Soddy는 우라늄이 방사선을 내면서 전혀 다른 원소로 바뀐다는 사실을 밝혔습니다. 그런데 놀랍게도, 새로 생긴 원소가 또다시 방사선을 내며 다른 원소로 바뀌는 일이 반복

되었지요. 소디는 이런 연속적인 변화 과정을 연구했어요. 그 과정에서 소디는 '메조토륨'과 '토륨 X'라는 원소를 발견했는데, 이 둘은 '라듐'과 화학적 성질이 똑같다는 사실을 알게 되었어요.

프레더릭 소디

메조토륨과 토륨 X는 성질상 라듐과 구별되지 않았습니다. 그런데 화학 반응에서는 완전히 같은 원소처럼 행동했지만, 질량은 분명히 달랐어요. 이런 현상을 설명하기 위해, 소디는 1913년에 "화학적 성질은 같지만, 질량이 서로 다른 원소가 존재한다"라고 발표합니다.

그가 새로 붙인 이름이 바로 'isotope'입니다. 그리스어 isos(같은) +

더 알아보기

중수소의 발견

수소의 동위 원소인 중수소를 처음 발견한 사람은 미국의 화학자 해럴드 유리Harold Clayton Urey입니다. 수소는 워낙 가볍고 단순한 원자이기 때문에, 그 안에서 아주 미세한 질량 차이를 탐지하는 일이 무척 까다로운 작업이었어요. 유리는 액체 수소를 아주 차갑게 냉각해서 서서히 분리하는 방법을 사용했어요. 이렇게 해서 수소 속에 아주 조금 섞여 있는 중수소를 골라내는 데 성공합니다. 질량수 2인 수소의 동위 원소를 무거운 수소라는 뜻으로 '중수소'라고 불러요. 중수소는 지구에 매우 희박하게 존재합니다. 자연 상태의 수소 가운데 대부분은 질량수 1인 수소이며, 약 0.0156퍼센트 정도만이 중수소로 발견된다고 알려져 있어요.

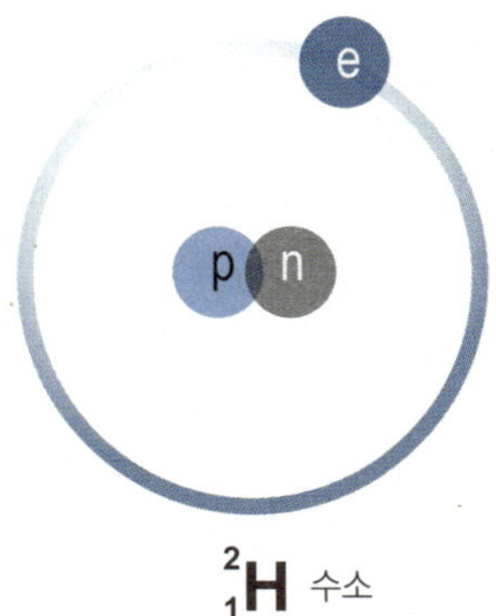

$^{2}_{1}H$ 수소

topos(자리)에서 온 말로, '주기율표에서 같은 자리에 있는 원소'라는 뜻이에요. 이후 1932년, 채드윅의 중성자 발견으로 소디의 가설은 과학적으로 증명되었어요. 원자핵의 양성자 수는 같지만 중성자 수가 다르면, 원자 전체의 질량은 달라지지만 전자 배치는 같으므로 화학 성질은 동일하다는 것이지요. 예를 들어, 라듐의 동위 원소인 메조토륨, 토륨 X는 양성자 수는 88개로 모두 같으나, 중성자 수가 라듐은 138개, 메조토륨은 140개, 토륨 X는 136개로 달라요. 그래서 화학적으로는 같은 원소처럼 보이지만, 질량과 방사능 성질이 다르게 나타나지요. 이처럼 양성자 수는 같고 중성자 수만 다른 원소를 우리는 오늘날 '동위 원소Isotope'라고 불러요.

해럴드 클레이턴 유리

- 1893년: 인디애나주 워커톤에서 태어남.
- 1911년: 고등학교를 졸업한 뒤, 얼험 칼리지에서 학부 과정을 이수함.
- 1917-1919년: 제1차 세계 대전 기간, 바렛 화학 회사에서 근무함.
- 1919년: 몬태나 주립 대학교 화학 강사로 돌아옴.
- 1921년 무렵: 버클리 대학교를 시작으로 닐스 보어 연구소, 존스홉킨스 대학교 등을 거치며 연구 활동을 이어감.
- 1931년: 중수소의 존재를 탐지함.
- 1932년: 동료와 함께 중수소를 분리해냄.
- 1934년: 중수소 발견과 동위 원소 연구의 공로로 노벨 화학상을 받음.

제2차 세계 대전과 원자 폭탄

[제1차 세계 대전과 베르사유 조약]

제1차 세계 대전에서 패배한 독일은 1919년 6월 28일, 프랑스 베르사유궁에서 협정을 맺습니다. 바로 그 유명한 베르사유 조약이에요. 이 조약에서 독일은 앞으로 징병제를 하지 않겠다고 약속했고 군대도 10만 명으로 제한하기로 했어요. 또 전쟁으로 피해를 본 프랑스와 벨기에 등 여러 나라에 전쟁 보상금을 지급하겠다고 서명했지요.

하지만 이 조약은 독일에는 굉장히 가혹한 내용이었습니다. 독일 사회는 패전의 상처와 경제적 부담이 남았고, 불만은 점점 쌓여갔지요. 게다가 막대한 전쟁 보상금으로 인해, 독일 정부는 돈이 부족하자 중앙은행을 통해 화폐를 마구 찍어내기 시작했어요.

그 결과는 끔찍했습니다. 화폐의 가치가 급속도로 떨어지면서, 불과 몇 달 만에 물가가 급속도로 오르는 초인플레이션이 일어났어요. 예전에는 빵 한 덩이를 1마르크에 살 수 있었지만, 나중에는 수레 가득 돈을 싣고도 사기 어려울 정도였지요. 사람들은 돈 대신 물건과 물건을 맞바꾸는 물물 교환을 하기도 했고, 은행은 신뢰를 잃었습니다. 이 혼란은 결국 독일 사회 전체에 깊은 좌절과 분노를 남겼고, 훗날 극단적인 정치 세력이 등장하는 계기가 되었어요.

급격한 물가 상승은 국민의 삶을 망가뜨렸고, 사람들은 정부에 대한 불신으로 피폐한 상태였습니다. 특히, 많은 독일인은 이 모든 고통의 원인이 베르사유 조약 때문이라고 생각했어요. 이 혼란스러운 틈을 타 조약 이행에 반대하고, 독일인의 우월성을 주장하는 극단적인 정치 세력

베르사유 조약을 체결하는 장면

이 인기를 끌게 됩니다. 그 중심에 있었던 인물이 바로 아돌프 히틀러였어요.

히틀러는 1919년, 극우 정당인 나치당에 가입했고, 점차 당의 얼굴이자 대표적인 연설가로 떠오르게 되었습니다. 그는 독일 민족의 자긍심을 자극하고 유대인과 공산주의자, 외국 세력을 비난하면서 대중의 분노를 정치적 에너지로 바꿨어요. 결국 1933년, 나치당은 국회의원 선거에서 40퍼센트가 넘는 높은 지지율을 얻어 제1당이 되었어요. 그리고 곧이어 히틀러는 '수권법Ermächtigungsgesetz'이라는 중요한 법률을 통과시킵니다.

1934년, 힌덴부르크 대통령이 사망하고 히틀러가 총통이 되며 독재가 굳어졌습니다. 그는 재무장과 베르사유 조약 파기를 공언해 대중의 불만을 결집했고, "배상은 끝났다"라는 식의 선전으로 심리적 지지를 얻

역사 속으로

수권법

수권법은 국가 위기 상황을 명분으로, 국회가 행정부에 입법권을 넘길 수 있도록 하는 법입니다. 하지만 이 법이 통과되면서, 히틀러는 국회의 동의 없이도 스스로 법을 만들 수 있는 권한, 즉 사실상 독재자로서의 전권을 가지게 되었어요. 그 결과 독일은 민주주의 체제를 갖추고 있었지만, 그 안에서 선거를 통해 권력을 얻은 히틀러가 법적인 절차를 통해 독재 체제를 만들어가는 길에 들어서게 된 거예요.

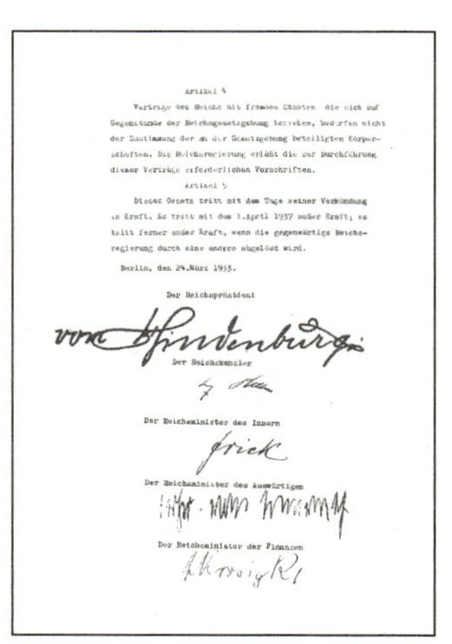

Artikel 4

Verträge des Reichs mit fremden Staaten, die sich auf Gegenstände der Reichsgesetzgebung beziehen, bedürfen nicht der Zustimmung der an der Gesetzgebung beteiligten Körperschaften. Die Reichsregierung erläßt die zur Durchführung dieser Verträge erforderlichen Vorschriften.

Artikel 5

Dieses Gesetz tritt mit dem Tage seiner Verkündung in Kraft. Es tritt mit dem 1.April 1937 außer Kraft; es tritt ferner außer Kraft, wenn die gegenwärtige Reichsregierung durch eine andere abgelöst wird.

Berlin, den 24.März 1933.

Der Reichspräsident

von Hindenburg

Der Reichskanzler

Der Reichsminister des Innern

Frick

Der Reichsminister des Auswärtigen

Der Reichsminister der Finanzen

었지요.

동시에 정권은 유대인들을 희생양 삼는 정책을 추진하기 시작합니다. 히틀러는 독일의 몰락은 '유대인과 공산주의자, 외세의 탓이다'라는 선동을 퍼뜨렸고, 그 말은 점점 현실 속에서 유대인 차별과 박해로 이어졌어요. 유대인들은 점점 학교, 공공기관, 상점, 언론 등에서 배제되기 시작했고, 많은 사람이 해고되거나, 거주지가 제한되거나, 물리적인 폭력을 당하기도 했지요. 많은 독일인은 경제 회복과 '질서'를 약속하는 선전에 끌려 자유보다 안전, 다양성보다 일치를 선택했고, 독일은 빠르게 민주주의에서 전쟁을 향하는 독재 국가로 변해 갔습니다.

바로 이 시기, 세상을 뒤흔들게 될 위대한 발견이자 동시에 위험한 발견이 시작되었습니다. 바로 원자핵 분열Nuclear Fission 연구였어요. 이 발견은 단순한 과학의 발전을 넘어, 훗날 인류 역사 전체를 바꾸는 거대한 결과를 낳게 돼요. 이 놀라운 연구는 세 명의 뛰어난 과학자, 오토 한Otto Hahn, 리제 마이트너Lise Meitner, 프리츠 슈트라스만Fritz Strassmann에 의해 이루어졌습니다.

[오토 한]

오토 한은 독일 프랑크푸르트암마인에서 태어났습니다. 아버지는 유리 장인이자 상인이었고, 한은 여러 형제 가운데 막내로 자랐어요. 어릴 적부터 세상의 원리와 물질의 변화에 큰 흥미를 느낀 오토 한은 십 대 때부터 집안 한편을 실험 공간처럼 꾸며 혼자 화학 실험을 하곤 했지요.

1897년 마르부르크 대학교에서 유기 화학을 공부한 오토 한은 1904년, 영국으로 건너갑니다. 그는 런던 유니버시티 칼리지UCL에서 윌리엄 램지와 방사선 화학을 연구했는데, 이 때 라듐 염을 다루다 1905년에 오늘날 '토륨-228'이라 불리는 새로운 방사성 물질을 발견했다고 보고해요. 같은 해 가을, 캐나다 몬트리올의 맥길 대학교에서 어니스트 러더퍼드와 일하며 자신이 찾은 핵종의 붕괴 양상을 밝혔어요.

오토 한

이 과정에서 수명이 매우 짧은 새로운 방사성 동위 원소를 하나둘씩 찾아냈는데, 각각 토륨 A(폴로늄-216), 토륨 B(납-212), 그리고 토륨 C"(폴로늄-212)로 명명했어요. 또한 라듐의 붕괴 생성물인 라듐 D를 분리하는 데 성공했고, 악티늄 계열 붕괴 사슬을 체계적으로 정리했지요. 이처럼 연이어 방사성 원소를 찾아낸 오토 한에게 러더퍼드는 이렇게 말했어요. "한은 새로운 원소를 냄새로 맡을 수 있는 특별한 코를 가졌습니다."

[리제 마이트너]

리제 마이트너는 1878년 11월 7일, 오스트리아 빈에서 태어났습니다. 그녀의 아버지는 오스트리아에서 개업을 허가받은 최초의 유대인 변호사 중 한 명이었고, 마이트너는 지적인 분위기와 교양 있는 가정에서 자라났어요.

리제 마이트너

마이트너의 과학에 대한 사랑은 아주 어

마이트너와 한(1913년)

릴 때부터 시작되었습니다. 여덟 살 무렵, 그녀는 베개 밑에 실험 노트를 숨겨 두고 밤마다 관찰 기록을 쓰곤 했어요. 특히 그녀는 빛의 반사, 얇은 막이나 기름 막에서 나타나는 무지개색 같은 현상에 깊은 관심을 가졌다고 해요. 이처럼 자연의 작은 현상에도 감탄하고 질문을 던지는 마음이 그녀를 과학의 길로 이끌었어요.

당시 오스트리아에서는 여성의 교육 기회가 매우 제한적이었습니다. 하지만 마이트너는 대학 진학을 위해 교육을 이어 가며 길을 개척했고, 마침내 빈 대학교에서 물리학을 공부할 수 있었습니다.

그곳에서 당대 최고의 이론물리학자 루트비히 볼츠만의 강의를 들은 마이트너는 큰 감명을 받고 공부에 몰두합니다. 박사 학위를 받은 마이트너는 베를린으로 옮겨 카이저 빌헬름 화학 연구소에서 오토 한의 연구를 돕는 조수로 일하게 되었어요. 오토 한과 마이트너는 처음에는 상하 관계에서 출발했지만, 시간이 지나면서 서로를 인정했고 결국에는 대등한 동료로서 함께 연구하게 됩니다.

이후 마이트너는 베를린 대학교, 카이저 빌헬름 연구소의 교수를 거쳐 당당한 여성 과학자로 유럽 물리학계에 자리 잡게 됩니다. 하지만 그녀의 연구 생활은 오래가지 못했어요. 1933년, 독일에 히틀러가 이끄는 나치 정권이 들어서면서, 유대인에 대한 차별과 박해가 시작되었기 때문이에요. 이에 마이트너의 연구 환경도 급격히 위태로워졌고, 결국 1938년, 독일을 떠나 덴마크로 망명합니다. 잠시 닐스 보어 연구소에 몸을 숨겼던 마이트너는 스웨덴 스톡홀름의 공과 대학에서 연구를 이어 갈 수 있게 되었어요.

비록 나라를 잃고 실험실도 바뀌었지만, 마이트너는 끝까지 과학자로서의 정체성을 놓지 않았습니다. 전쟁 후에도 스웨덴에 머물며 후학을 지도하고, 과학의 책임과 평화의 가치를 꾸준히 강조했어요.

[프리츠 슈트라스만]

프리츠 슈트라스만은 독일 보파르트Boppard에서 태어났습니다. 그는 아홉 남매 중 막내로 태어나, 어린 시절을 뒤셀도르프에서 보내며 자랐어요. 어릴 때부터 화학에 남다른 관심을 가졌고, 집에서도 혼자서 간단한 화학 실험을 하며 호기심을 채우곤 했어요.

그는 1920년, 하노버 공과 대학에 입학해 본격적으로 화학을 공부한 뒤, 이후 계속해서 물리화학 분야에서 연구를 이어 갔어요. 그리고 1929

년에 카이저 빌헬름 화학 연구소에 합류합니다. 프리츠 슈트라스만은 나치당을 매우 강하게 반대했던 과학자였어요. 1930년대 독일에서 나치 정권이 과학계까지 장악하려 할 때, 슈트라스만은 정치 조직 가입을 거부하며 과학의 자율성을 고수한 것으로 전해져요. 이로 인해 불이익과 압박을 겪었지만 연구소에 남아 실험을 꾸준히 이어 갔고, 훗날(1938) 베를린에서 마이트너, 한과 함께 핵분열을 확인하는 데 결정적인 화학 분석을 담당하게 됩니다.

프리츠 슈트라스만

[핵분열로 향하는 길]

1934년, 리제 마이트너는 오토 한에게 슈트라스만을 소개합니다. 슈트라스만의 뛰어난 분석 화학 능력을 알고 있던 마이트너는 그가 우라늄 실험에 꼭 필요한 인물이라고 생각했어요. 오토 한도 슈트라스만의 실험 기술을 높이 평가했기에, 세 사람은 함께 방사선과 원자핵 변화에 관한 공동 연구를 시작하게 돼요. 한의 실험 능력, 마이트너의 물리 이론 해석, 슈트라스만의 정밀 분석 기술이 결합하면서 이들의 연구는 점점 더 세계를 뒤흔들 '원자핵 분열'의 순간에 가까워집니다.

결정적 전환은 1938년 12월, 베를린에 남아 있던 한과 슈트라스만이 우라늄을 중성자로 쏜 뒤 생기는 생성물 가운데 바륨Ba의 화학적 흔적을 포착하면서 시작됩니다. 당시 유대인 출신이었던 마이트너는 스웨덴에서 한과 슈트라스만의 연구 결과를 편지로 받아 해석하는 일을 하고 있

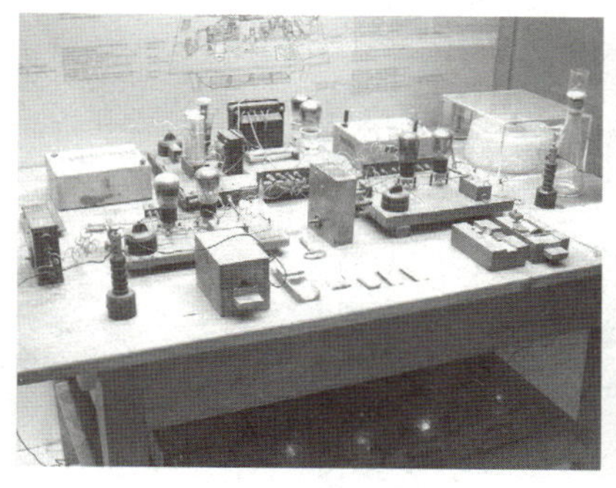

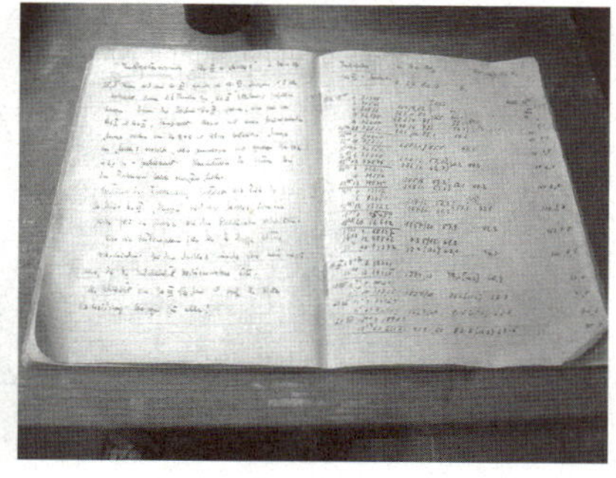

좌_ 한, 마이트너, 슈트라스만의 실험 장치 우_ 한의 실험 노트

었어요.

마이트너는 한에게서 중대한 실험 결과가 담긴 편지 한 통을 받습니다. 우라늄에 중성자를 충돌시킨 실험에서 나온 생성물 중 일부가 바륨Ba처럼 보인다는 내용이었지요.

오토 한은 이 실험 결과를 두고, 우라늄 원자핵이 바륨 원자핵으로 변환된 것이 아닌가 하고 조심스럽게 제안합니다. 바륨의 원자 번호는 56으로, 원자 번호 92인 우라늄과는 무려 36이나 차이가 났고, 질량수로 보아도 바륨은 우라늄보다 약 40퍼센트나 가벼운 원소였기 때문이에요. 그동안 알려진 방사성 붕괴는 알파나 베타 붕괴처럼 원자 번호나 원자량이 조금씩 변하는 과정이었지, 한 번의 반응으로 이렇게 큰 차이가 나는 원소로 바뀌는 경우는 없었어요. 만약 단순한 붕괴라면 수차례의 중간 단계와 여러 생성물이 연속적으로 관측되어야 했지만, 실험에서는 그런 흔적 없이 바륨이 바로 나타났어요.

이에 마이트너는 스웨덴에서 조카이자 이론물리학자인 오토 로버트 프리슈Otto R. Frisch와 함께 머리를 맞대고 계산을 했고, 곧 실험 결과를

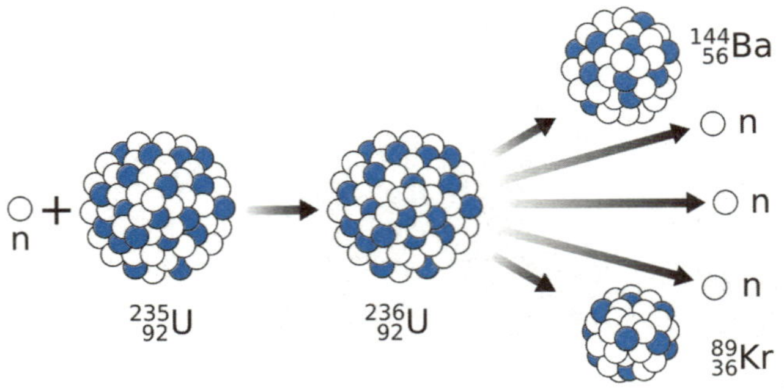

우라늄-235 핵분열의 대표적인 예

설명할 수 있는 놀라운 결론에 도달합니다. 바로, 우라늄 원자핵이 중성자의 충돌을 받아 바륨Ba과 크립톤Kr이라는 두 개의 원자핵으로 쪼개졌다는 것이었어요. 이 과정을 본 프리슈는, 세포가 두 개로 갈라지는 세포분열과 비슷하다고 느껴, 이 현상을 '핵분열Fission'이라고 불렀어요.

또한 마이트너는 핵분열 과정에서 생긴 바륨과 크립톤은 극도로 불안정하여 중성자를 내놓게 되는데, 이때 중성자가 두 개 내지 세 개 튀어나와 다시 우라늄과 충돌해 핵분열을 시키는 과정을 연쇄적으로 일으킨다는 것을 알아냈어요. 이 과정에서 우리가 상상할 수 없는 엄청난 에너지가 나오지요.

핵분열의 한 과정에서 발생하는 에너지는 약 200메가전자볼트MeV입니다. 1eV = 1.6 x 10^{-19}줄(J)이므로, 이 에너지를 줄로 바꾸면 약 3.2 $\times 10^{-11}$줄에 해당해요. 1그램의 우라늄-235 속의 원자핵 수는 2.6 $\times 10^{21}$(개)이므로, 1그램의 우라늄-235가 핵분열로 발생시키는 에너지는 다음과 같아요.

$$3.2 \times 10^{-11} \times 2.6 \times 10^{21} \fallingdotseq 8.2 \times 10^{10}(\mathrm{J})$$

한편 탄소 1그램이 완전히 연소할 때 발생하는 에너지는 3.4×10^{4}줄이므로 우라늄-235의 핵분열 에너지는 탄소의 연소 때 에너지의 약 240만 배에 달해요. 즉, 우라늄-235 1그램이 핵분열할 때 나오는 에너지는 탄소 2.4톤을 태웠을 때의 에너지와 같다는 말이에요.

[제2차 세계 대전의 시작]

핵분열은 과학을 넘어 정치와 전쟁의 판도까지 흔들어 놓았습니다. 1939년 9월 1일, 독일의 폴란드 침공으로 제2차 세계 대전이 시작되었어요. 유럽에서는 히틀러와 이탈리아의 무솔리니가 동맹을 맺었고, 아시아에서는 일본의 침략 전쟁이 확대되었지요. 독일, 이탈리아, 일본은 서로 동맹을 맺었는데 이 세 나라를 전쟁을 일으킨 추축국이라고 불러요. 반대로 추축국을 견제하기 위해 뭉친 영국, 프랑스, 미국, 소련 등을 연합국이라고 부르지요.

핵분열에서 나오는 엄청난 에너지를 무기로 만든 것, 그것이 바로 원자 폭탄입니다. 이 무시무시한 위력을 가진 무기를 나치 독일이 먼저 만든다면, 세상은 모두 히틀러의 발밑에 놓일 수 있다는 두려움이 전 세계로 퍼져 나갔어요. 1938년에 핵분열 실험이 끝난 뒤, 오토 한, 리제 마이트너, 프리츠 슈트라스만 세 사람은 자신들이 발견한 이 현상이 얼마나 위험한 결과를 가져올 수 있는지 짐작하고 있었어요.

Albert Einstein
Old Grove Rd.
Nassau Point
Peconic, Long Island

August 2nd, 1939

F.D. Roosevelt,
President of the United States,
White House
Washington, D.C.

Sir:

Some recent work by E.Fermi and L. Szilard, which has been communicated to me in manuscript, leads me to expect that the element uranium may be turned into a new and important source of energy in the immediate future. Certain aspects of the situation which has arisen seem to call for watchfulness and, if necessary, quick action on the part of the Administration. I believe therefore that it is my duty to bring to your attention the following facts and recommendations:

In the course of the last four months it has been made probable - through the work of Joliot in France as well as Fermi and Szilard in America - that it may become possible to set up a nuclear chain reaction in a large mass of uranium, by which vast amounts of power and large quantities of new radium-like elements would be generated. Now it appears almost certain that this could be achieved in the immediate future.

This new phenomenon would also lead to the construction of bombs, and it is conceivable - though much less certain - that extremely powerful bombs of a new type may thus be constructed. A single bomb of this type, carried by boat and exploded in a port, might very well destroy the whole port together with some of the surrounding territory. However, such bombs might very well prove to be too heavy for transportation by air.

-2-

The United States has only very poor ores of uranium in moderate quantities. There is some good ore in Canada and the former Czechoslovakia, while the most important source of uranium is Belgian Congo.

In view of this situation you may think it desirable to have some permanent contact maintained between the Administration and the group of physicists working on chain reactions in America. One possible way of achieving this might be for you to entrust with this task a person who has your confidence and who could perhaps serve in an inofficial capacity. His task might comprise the following:

a) to approach Government Departments, keep them informed of the further development, and put forward recommendations for Government action, giving particular attention to the problem of securing a supply of uranium ore for the United States;

b) to speed up the experimental work, which is at present being carried on within the limits of the budgets of University laboratories, by providing funds, if such funds be required, through his contacts with private persons who are willing to make contributions for this cause, and perhaps also by obtaining the co-operation of industrial laboratories which have the necessary equipment.

I understand that Germany has actually stopped the sale of uranium from the Czechoslovakian mines which she has taken over. That she should have taken such early action might perhaps be understood on the ground that the son of the German Under-Secretary of State, von Weizsäcker, is attached to the Kaiser-Wilhelm-Institut in Berlin where some of the American work on uranium is now being repeated.

Yours very truly,
(Albert Einstein)

아인슈타인-실라르드 편지의 원본

세 사람의 입장은 서로 달랐습니다. 마이트너는 유대인이었기 때문에, 이 무기가 히틀러의 손에 들어가는 것을 누구보다 두려워했어요. 슈트라스만 역시 반나치주의자로서 이 점을 우려했지요. 마이트너가 전한 핵분열의 의미는 보어를 통해 국제 학계로 확산되었고, 1939년에는 엔리코 페르미 등 미국의 핵물리학자들도 핵분열의 의미와 잠재적 위험성을 인식하게 됩니다.

이 무렵, 제2차 세계 대전은 이미 걷잡을 수 없이 확산되고 있었습니다. 1941년 12월, 일본이 진주만을 공격하면서 중립을 지키던 미국도 마침내 연합군으로 참전하게 되었어요. 한편 히틀러는 오토 한, 하이젠베르크 등을 중심으로 독일 내 원자 폭탄 개발팀을 구성하고 있었어요. 그 소식은 연합국 과학자들에게 큰 경각심을 불러일으켰지요.

1939년 8월, 두 명의 헝가리계 과학자, 실라르드 레오Leó Szilárd와 유진 위그너Eugene Wigner는 훗날 '아인슈타인-실라르드 편지'로 알려진 중요한 문서의 초안을 작성합니다. 이 편지에는 "엄청난 파괴력을 지닌 새로운 유형의 폭탄이 우라늄을 이용해 개발될 수 있다"라는 내용이 담겨 있었어요. 그들은 편지에 아인슈타인의 서명을 받아, 당시 미국 대통령 프랭클린 루즈벨트에게 전달했어요. 이 편지를 받은 루즈벨트 대통령은 우라늄 비축을 지시했고, 페르미를 포함한 핵물리학자들에게 본격적인 핵 연쇄 반응 연구를 추진하도록 요청했어요.

[맨해튼 프로젝트]

마침내 1941년 10월 9일, 루즈벨트 대통령은 원자 폭탄 개발을 목표로 한 미국의 본격적인 연구 추진을 승인합니다. 이 결정 이후 1942년 여름, 미 육군 공병대는 뉴욕 맨해튼에 행정 본부를 둔 핵무기 개발팀을 조직했어요. 이 프로젝트가 바로 '맨해튼 프로젝트The Manhattan Project'예요. 이 프로젝트의 과학 책임자로는 미국의 이론물리학자 로버트 오펜하이

리틀보이

머J. Robert Oppenheimer가 임명되었지요. 그는 "나는 이제 죽음이요, 세상의 파괴자가 되었다"라는 말을 남긴 인물로도 유명해요.

맨해튼 프로젝트가 본격적으로 시작되면서, 로버트 오펜하이머는 세계 최고의 과학자들을 한자리에 모으기 위해 힘을 쏟았습니다. 그는 과학의 힘이 전쟁을 끝낼 수 있다는 믿음을 가지고 있었고, 그 누구보다도 빠르고 정교하게 원자 폭탄을 완성하고자 했어요. 오펜하이머의 제안 아래, 세계 각지의 석학들이 프로젝트에 차례로 합류합니다.

천재들이 집결한 장소는 바로 뉴멕시코주의 사막 한가운데에 세워진 '로스알라모스 연구소Los Alamos Laboratory'였습니다. 존 폰 노이만John von Neumann을 비롯하여 엔리코 페르미, 한스 베테, 실라르드 레오, 어니스트 로런스, 리처드 파인먼 등 수많은 석학이 모여 우라늄과 플루토늄을 각각 이용한 두 계열의 원자 폭탄을 병행 개발했어요.

역사 속으로

태평양 전쟁과 원자 폭탄

1945년 봄, 치열했던 전쟁 끝에 소련군이 베를린을 함락시키고 아돌프 히틀러가 스스로 목숨을 끊으면서 독일은 무조건 항복을 선언합니다. 하지만 태평양 전쟁은 여전히 치열하게 계속되고 있었어요. 일본은 아시아 전역을 지배하려는 야망을 품고 있었고, 1941년 12월, 미국 하와이 진주만에 있던 미군 태평양 함대를 기습 공격했어요. 이 사건은 미국을 전쟁에 끌어들이는 결정적 계기가 되었고, 미국은 즉시 일본에 선전포고하며 전면전에 나섭니다.

1942년, 미드웨이 해전에서 미국이 대승을 거두면서 일본이 점점 아시아 본토와 태평양 섬 지역에서 밀리기 시작합니다. 연합군은 일본 해군을 사실상 무력화시키고, 서태평양의 주요 섬들을 탈환하며 본토를 압박했어요. 그리고 1945년 7월 17일, 연합군의 지도자들은 독일의 항복 이후 포츠담 회담Potsdam Conference을 열고, 일본에 무조건 항복을 요구했어요. 7월 26일, 이 회담에서 발표된 포츠담 선언은 "일본이 항복하지 않을 경우 신속하고 완전한 파괴에 직면할 것"이라고 경고했지만, 일본은 이를 거부한 채 전쟁을 계속합니다.

드디어 1945년 초, 그들은 우라늄-235의 연쇄 핵분열을 이용한 원자 폭탄 개발을 마무리합니다. 이 폭탄에는 '리틀보이 Little Boy'라는 이름이 붙었는데, 리틀보이에는 농축 우라늄이 약 60킬로그램 가량 들어 있었고, 그중 일부만 연쇄 핵분열을 해도 도시 하나를 단숨에 사라지게 만들 수 있는 어마어마한 폭발력이 생기는 구조였어요. 이제 원자 폭탄은 이론 속의 무기가 아니라, 현실 속에서 실제로 존재하는 '절대병기'가 된 거예요.

핵폭탄 개발 과정에 사용된 고리 형태의 플루토늄

두 번째 원자 폭탄은 플루토늄을 연료로 한 무기였습니다. 플루토늄은 자연 상태에서는 극히 드물게 존재하기 때문에, 실제로 사용된 플루토늄 대부분은 핵반응을 통해 인공적으로 만들어진 것이었어요.

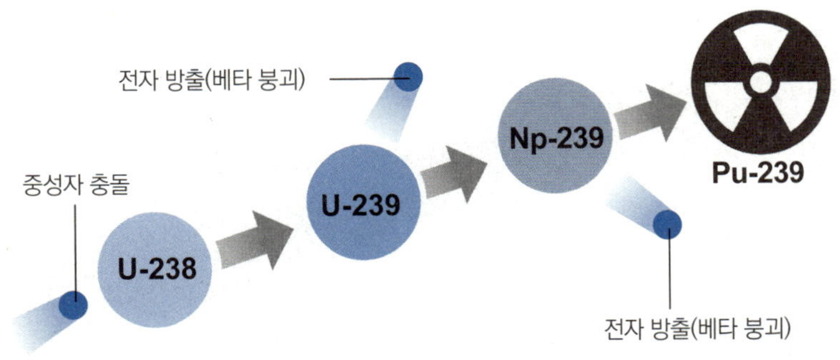

플루토늄 생성 과정

팻맨

먼저, 안정된 우라늄-238이 중성자와 충돌하면 새로운 동위 원소인 우라늄-239가 만들어져요. 그런데 이 우라늄-239는 굉장히 불안정해서, 곧 베타 붕괴를 일으켜 넵투늄-239가 됩니다. 이때 생성된 넵투늄-239 역시 불안정해서 다시 한번 베타 붕괴를 하며 플루토늄-239로 바뀌어요. 이렇게 만들어진 플루토늄-239는 우라늄-235처럼 연쇄 핵분열을 일으킬 수 있는 원소예요.

로스알라모스의 연구팀은 이 플루토늄-239를 이용해서 실험용 원자 폭탄 '가제트Gadget'와 실전용 원자 폭탄 '팻맨Fat Man'을 개발했습니다.

[트리니티 실험과 원자 폭탄]

미국은 곧 핵무기를 실전에서 사용할 가능성을 검토하기 시작합니다. 그리고 이 무기가 실제로 폭발할 수 있는지를 확인하기 위한 최초의 핵 실험이 준비되었어요. 1945년 7월 14일, '가제트Gadget'라는 이름의 실험용 플루토늄 원자 폭탄이 30미터 높이의 철탑 위에 설치됩니다. 그곳은 미국 뉴멕시코주 앨러머고도 사막 한가운데였고, 곧 인류 역사상 최

실험용 핵폭탄 가제트를 설치하는 모습

인류 최초의 핵폭발 실험

폐허가 된 히로시마

세계 최초의 핵실험을 기리는 기념비

트리니타이트

항복 문서에 서명하는 일본

초의 핵폭발 실험, 즉, '트리니티 실험Trinity Test'이 시작되려 하고 있었어요.

1945년 7월 16일 오전 5시 30분, 가제트가 점화와 동시에 강렬한 빛을 내뿜으며 폭발했습니다. 그 순간, 사막 전체가 마치 작열하는 태양처럼 환하게 빛났고, 수 킬로미터 밖에서도 하늘이 갈라지는 듯한 굉음이 울렸어요. 폭발의 위력은 TNT 약 2만 톤, 즉 20킬로톤에 달했어요. 이 거대한 폭발로 사막의 모래가 녹아 유리처럼 굳은 '트리니타이트'가 만들어졌고, 폭발 지점 주변의 지형은 완전히 변형되었지요.

끝내 일본이 포츠담 선언을 거부하자, 미국은 마침내 핵무기를 실전에서 사용하기로 합니다. 1945년 8월 6일 오전 8시 15분, 우라늄-235를 연료로 한 원자 폭탄 '리틀보이'가 일본 히로시마 상공에서 투하되었어요. 길이 약 3.3미터, 지름 71센티미터, 무게는 약 4.7톤이었고, 폭발력은 TNT 약 15,000톤에 달했지요. 히로시마의 인구는 약 34만 명에 달했는데, 폭탄이 도심 한복판에서 폭발하자 그 충격과 열, 방사선으로 인해 순식간에 수많은 사람이 목숨을 잃었어요. 특히 폭탄이 투하된 지점에서 수 킬로미터 이내에 있던 사람들이 8월 6일 당일 사망했고, 1945년 12월 말까지 사망한 사람만 해도 약 14만 명에 달했습니다. 그중에는 폭발로 직접 죽은 사람들뿐 아니라, 방사선 후유증과 화상으로 고통받다가 숨진 사람들도 많았어요. 도시 한복판은 순식간에 잿더미로 변했고, 그 파괴력은 인류가 이전에 경험하지 못한 규모였지요.

히로시마에 원자 폭탄이 투하된 후에도 일본은 끝까지 항복 결정을 내리지 않았습니다. 이에 미국은 두 번째 원자 폭탄 투하를 결정해요. 1945년 8월 9일, 이번에는 플루토늄-239를 연료로 한 원자 폭탄 '팻맨'이 일본 나가사키에 투하되었어요. 히로시마보다 지형이 복잡하고 산이 많았던 나가사키였지만, 그 피해는 결코 작지 않았어요. 약 7만 명이 넘는 사람이 목숨을 잃었고, 비슷한 수의 사람들이 부상을 입었으며, 수많은 사람이 화상과 방사능 후유증으로 고통을 겪게 됩니다.

두 차례에 걸친 원자 폭탄 투하와 그 끔찍한 피해를 눈앞에서 확인한 일본은 더는 전쟁을 지속할 수 없음을 인정했습니다. 그리고 1945년 8월 15일에 천황 히로히토가 라디오 방송으로 항복을 선언했어요. 이어 9월 2일, 일본이 항복 문서에 서명하며 6년 넘게 이어졌던 제2차 세계 대전은 마침내 막을 내리게 됩니다.

빠진 칸을 채우다, 원소의 발견사

중성자 발견과 베타 붕괴에 대한 올바른 해석 덕분에 새로운 원소들이 발견되기 시작합니다. 1930년대 중반까지, 1번 수소부터 92번 우라늄까

에밀리오 세그레

•1905년: 이탈리아 티볼리에서 태어남.
•1922년: 이탈리아 로마 대학교 라 사피엔자에 입학함.
•1928년: 엔리코 페르미의 지도로 물리학 박사 학위를 취득함.
•1937년: 카를로 페리에와 43번 원소 '테크네튬'을 공동으로 발견함.
•1938년: 반유대주의 정책을 피해 미국으로 망명함.
•1955년: 반양성자를 발견함.
•1959년: 노벨 물리학상을 받음.

지 주기율표에서 아직 발견되지 않은 원소는 딱 네 개였습니다. 바로 43번, 61번, 85번, 87번이었지요. 이 네 칸을 채우는 과정은 방사선과 핵반응, 그리고 분리 화학이 맞물린, 20세기 과학의 핵심을 응축해 보여 주는 여정이었어요.

[43번 테크네튬, 인공적으로 얻은 첫 원소]

여기에 먼저 도전장을 내민 과학자는 이탈리아계 미국인 세그레Emilio Segrè입니다.

1937년, 세그레는 동료인 페리에Carlo Perrier와 함께 43번 원소를 찾는 실험을 시작했습니다. 두 사람은 안정된 몰리브덴(질량수 98, 원자 번호 42번)에 중수소핵을 충돌시켰는데, 이 반응을 통해 질량수가 99인 몰리브덴의 동위 원소가 만들어졌어요. 그런데 불안정한 이 원소는 금방 붕괴해(베타 붕괴) 원자 번호 43번, 질량수 99의 새로운 원소로 변했습니다. 세그레는 이 43번 원소를 테크네튬Technetium이라 명명했어요. 자연에서가 아니라 인공적으로 얻어진 최초의 원소라는 의미를 담은 거예요.

[85번 아스타틴, 비스무트에 알파 입자를 쏘다]

세그레는 미국으로 자리를 옮긴 뒤에도 새로운 원소를 찾는 연구를 계속했습니다. 그는 동료인 데일 R. 코슨Dale R. Corson, 케네스 맥켄지Kenneth Ross MacKenzie와 함께 실험을 진행했어요. 1940년, 그들은 알파 입자를 원자 번호 83번 비스무트-209에 충돌시켜 핵반응을 일으킴으로써 85번 원소, '아스타틴Astatine'을 만들어 냈습니다. 오늘날에도 아스타틴은 자연에 극미량만 존재하고 주로 인공적으로 얻는답니다.

[87번 프랑슘, 악티늄 붕괴에서 건지다]

87번 원소를 처음으로 확인한 과학자는 프랑스의 여성 화학자인 마르그리트 페레Marguerite Catherine Perey입니다. 그녀는 퀴리 부인과 깊은 인연을 맺고 있던 연구자였어요.

페레는 1909년, 퀴리 부인의 라듐 연구소가 있던 파리 외곽 빌모블Villemomble에서 태어났습니다. 그녀는 의사가 되기를 꿈꿨지만, 가정 형편 탓에 정규 대학에 진학할 수 없었어요. 대신 1929년, 파리의 여성 교육 기술 학교에서 화학을 공부했어요. 하지만 이 학교는 정식 대학 과정이 아니었기 때문에, 졸업해도 공식적인 학사 학위는 주어지지 않았고, 그저 화학 기술자로 일할 수 있는 자격만 얻을 수 있었어요.

그해, 19살의 페레는 특별한 기회를 얻게 됩니다. 바로, 마리 퀴리의 라듐 연구소에서 퀴리 부인의 비서이자 연구 보조원으로 고용된 거예요. 이때부터 페레는 마리 퀴리 곁에서 방사선과 원자핵에 관한 연구 지식을 직접 배울 수 있었어요.

마르그리트 페레

라듐 연구소에서 페레는 퀴리 부인의 지도로 특별한 연구를 시작합니다. 그녀가 집중한 주제는 바로 '악티늄'이라는 방사성 원소였어요. 페레는 악티늄을 분리하고 정제하는 방법을 배우기 위해, 우라늄 광석 속에서 아주 소량만 존재하는 악티늄을 찾아내는 고된 작업을 시작했어요. 이 작업에는 무려 10년이라는 시간이 걸렸지요.

퀴리 부인이 세상을 떠난 후에도 페레는 악티늄의 발견자였던 드비에른André-Louis Debierne과 함께 악티늄 연구를 계속 이어 갔습니다. 그리고 1939년, 페레는 질량수가 227인 악티늄이 알파 붕괴하며 원자 번호 87번인 새로운 원소가 생성된다는 것을 밝혀냈어요. 처음에 페레는 이 원소를 '악티늄-K'라고 불렀지만, 곧 프랑스 출신 과학자의 자부심을 담아 이 원소에 '프랑슘Francium'이라는 이름을 붙였어요.

[61번 프로메튬, 핵분열 생성물 속 원소]

과학자들은 이제 마지막으로 남은 61번 원소를 찾는 데 집중하기 시작합니다. 이 원소는 1945년에 미국 테네시주의 오크리지 국립 연구소에서 발견되었어요. 원자로에서 우라늄을 핵분열시키고 그 생성물을 분석하던 중, 새로운 원소가 존재한다는 사실이 밝혀진 거예요. 이 원소는 자연계에서는 거의 존재하지 않고, 인공적으로 만들어지는 아주 희귀한 원소였어요. 1947년, 발견자들은 원소에 대한 내용을 공식 발표하면서 인류에게 불을 가져다준 신화 속 인물 '프로메테우스'에서 이름을 따 '프로메튬Promethium'이라 명명합니다. 이로써 수소부터 우라늄까지, 주기율표에서 빠졌던 원소들이 모두 제자리를 찾게 되었어요. 과학자들은 100년 넘게 이어진 원소 탐험의 여정을 하나의 위대한 성취로 마무리할 수 있었답니다.

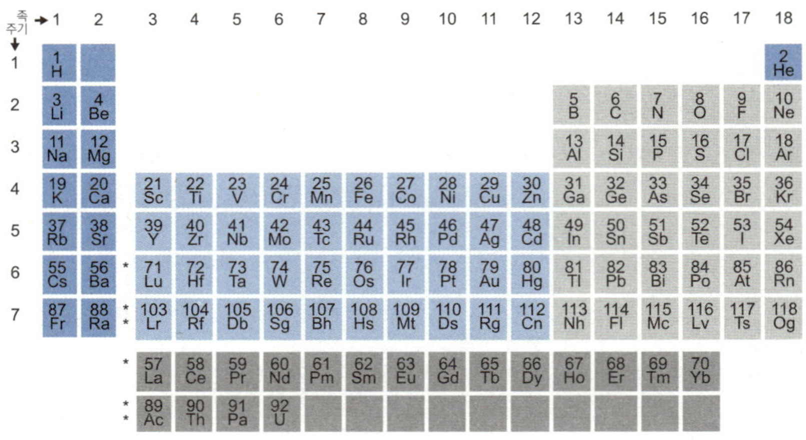

1번부터 92번까지 채워진 주기율표

초우라늄 원소들을 찾아서

과학자들은 92번 우라늄보다 무거운 원소를 찾기 시작했습니다. 이런 원소들을 '초우라늄 원소'라고 불러요. 이 실험은 제2차 세계 대전 직전인 1939년, 미국 버클리에서 시작돼요.

[93번, 넵투늄]

에드윈 맥밀런Edwin McMillan은 우라늄-238을 중성자로 때리는 실험을 하던 중, 우라늄-239라는 불안정한 원소를 발견합니다. 하지만 이 우라늄-239는 곧 베타 붕괴를 하면서 중성자가 양성자로 바뀌고, 원자 번호가 하나 늘어난 새로운 원소로 바뀌었어요. 이렇게 원자 번호 93번 원소가 처음으로 탄생했지요. 우라늄은 영어로 Uranium인데, 이건 천왕성을

여러 초우라늄 원소를 만드는 데 사용된 지름 125센티미터 크기의 사이클로트론(캘리포니아 버클리 대학교)

뜻하는 Uranus에서 따온 이름이에요. 그래서 맥밀런은 그다음 행성인 해왕성, 즉 Neptune을 따서 93번 원소의 이름을 '넵투늄Neptunium'이라고 붙였어요.

에드윈 맥밀런

[94번, 플루토늄]

1940년, 미국의 과학자 글렌 시보그Glenn Seaborg는 우라늄-238을 중성자로 충돌시키는 실험을 합니다. 이 과정에서 우라늄-239가 만들어졌고, 이 원소는 베타 붕괴를 거쳐 넵투늄-239로, 다시 베타 붕괴를 하며 원자 번호 94번의 새로운 원소로 변했어요. 이 원소는 명왕성Pluto의 이름을 따서 '플루토늄Plutonium'이라 불리게 되었지요.

글렌 시보그

[95번, 그 이후]

현재 과학계에서 공식적으로 인정된 원소는 총 118개입니다. 95번부터 118번까지 원소의 이름은 다음과 같아요.

95 아메리슘 Am	96 퀴륨 Cm	97 버클륨 Bk	98 캘리포늄 Cf	99 아인슈타이늄 Es	100 페르뮴 Fm	101 멘델레븀 Md	102 노벨륨 No
103 로렌슘 Lr	104 러더포듐 Rf	105 더브늄 Db	106 시보귬 Sg	107 보륨 Bh	108 하슘 Hs	109 마이트너륨 Mt	110 다름슈타튬 Ds
111 뢴트게늄 Rg	112 코페르니슘 Cn	113 니호늄 Nh	114 플레로븀 Fl	115 모스코븀 Mc	116 리버모륨 Lv	117 테네신 Ts	118 오가네손 Og

95번 이후 원소들의 이름은 대부분 유명한 과학자의 이름 또는 나라 이름이나 지명에서 비롯되었습니다. 예를 들어, 96번 퀴륨은 퀴리 부인, 99번 아인슈타이늄은 아인슈타인, 100번 페르뮴은 페르미, 101번 멘델레븀은 멘델레예프, 102번 노벨륨은 노벨, 103번 로렌슘은 로런스의 이름에서 따왔어요. 이 가운데 많은 원소가 미국 캘리포니아주 버클리 대학에서 발견되었기 때문에, 95번은 아메리카를 나타내는 아메리슘으로, 97번은 버클리를 나타내는 버클륨으로, 98번은 캘리포니아를 뜻하는 캘리포늄으로 명명되었지요.

니호늄을 발견·확인할 때 사용한 회전 표적 실험 장치

족 → / 주기 ↓	1	2		3	4	5	6	7	8	9	10	11	12	13	14	15	16	17	18
1	1 H																		2 He
2	3 Li	4 Be												5 B	6 C	7 N	8 O	9 F	10 Ne
3	11 Na	12 Mg												13 Al	14 Si	15 P	16 S	17 Cl	18 Ar
4	19 K	20 Ca		21 Sc	22 Ti	23 V	24 Cr	25 Mn	26 Fe	27 Co	28 Ni	29 Cu	30 Zn	31 Ga	32 Ge	33 As	34 Se	35 Br	36 Kr
5	37 Rb	38 Sr		39 Y	40 Zr	41 Nb	42 Mo	43 Tc	44 Ru	45 Rh	46 Pd	47 Ag	48 Cd	49 In	50 Sn	51 Sb	52 Te	53 I	54 Xe
6	55 Cs	56 Ba	*	71 Lu	72 Hf	73 Ta	74 W	75 Re	76 Os	77 Ir	78 Pt	79 Au	80 Hg	81 Tl	82 Pb	83 Bi	84 Po	85 At	86 Rn
7	87 Fr	88 Ra	**	103 Lr	104 Rf	105 Db	106 Sg	107 Bh	108 Hs	109 Mt	110 Ds	111 Rg	112 Cn	113 Nh	114 Fl	115 Mc	116 Lv	117 Ts	118 Og
			*	57 La	58 Ce	59 Pr	60 Nd	61 Pm	62 Sm	63 Eu	64 Gd	65 Tb	66 Dy	67 Ho	68 Er	69 Tm	70 Yb		
			**	89 Ac	90 Th	91 Pa	92 U	93 Np	94 Pu	95 Am	96 Cm	97 Bk	98 Cf	99 Es	100 Fm	101 Md	102 No		

현대의 주기율표

115번 모스코븀은 러시아 모스크바 외곽에 있는 두브나 원자핵 공동 연구원JINR에서 발견되어서 붙여진 이름이에요. 113번 니호늄은 2004년 9월 28일, 일본의 이화학연구소RIKEN가 발견했는데, 일본을 나타내는 니혼이라는 단어에서 나왔지요. 니호늄도 자연에서 우연히 발견된 것이 아니라, 오랜 시간에 걸친 실험 끝에 인공적으로 만들어진 원소예요.

아주 짧은 순간만 존재하는 원소를 확인하기 위해, 과학자들은 정밀한 장비로 같은 실험을 반복했어요. 이렇게 초우라늄 원소들이 발견되면서 주기율표는 오늘날의 모습으로 완성됩니다.

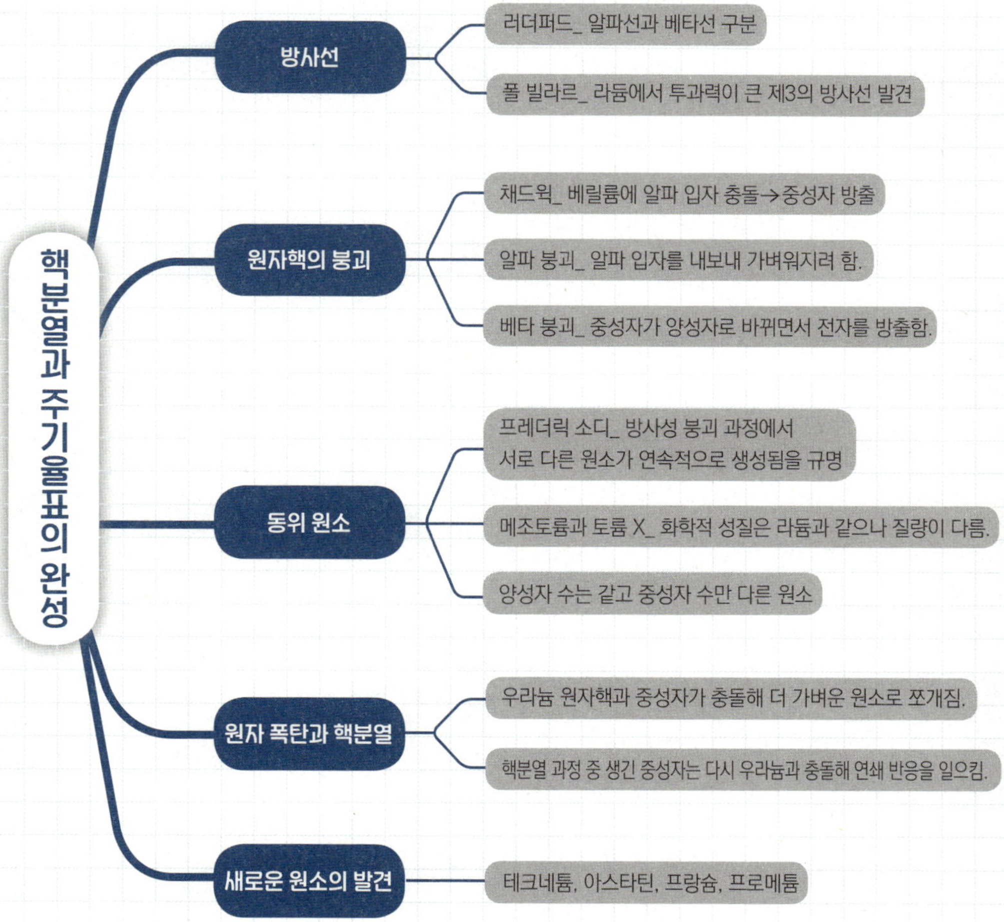

핵분열과 주기율표의 완성

- **방사선**
  - 러더퍼드_ 알파선과 베타선 구분
  - 폴 빌라르_ 라듐에서 투과력이 큰 제3의 방사선 발견
- **원자핵의 붕괴**
  - 채드윅_ 베릴륨에 알파 입자 충돌→중성자 방출
  - 알파 붕괴_ 알파 입자를 내보내 가벼워지려 함.
  - 베타 붕괴_ 중성자가 양성자로 바뀌면서 전자를 방출함.
- **동위 원소**
  - 프레더릭 소디_ 방사성 붕괴 과정에서 서로 다른 원소가 연속적으로 생성됨을 규명
  - 메조토륨과 토륨 X_ 화학적 성질은 라듐과 같으나 질량이 다름.
  - 양성자 수는 같고 중성자 수만 다른 원소
- **원자 폭탄과 핵분열**
  - 우라늄 원자핵과 중성자가 충돌해 더 가벼운 원소로 쪼개짐.
  - 핵분열 과정 중 생긴 중성자는 다시 우라늄과 충돌해 연쇄 반응을 일으킴.
- **새로운 원소의 발견**
  - 테크네튬, 아스타틴, 프랑슘, 프로메튬

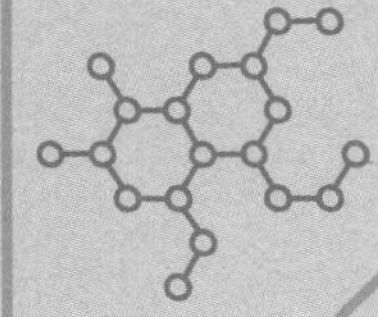

15장

고분자 화학의 역사

우리가 사용하는 플라스틱은 고분자 물질이다.

정교수의 pick

◆ 고분자 ◆ 열가소성 ◆ 가황 ◆ 셀룰로이드 ◆ 베이클라이트
◆ 거대 분자설 ◆ 나일론 ◆ 폴리에틸렌 ◆ 폴리염화 비닐 ◆ PET

플라스틱으로 읽는 고분자 문명

우리는 매일 같이 플라스틱을 들고, 쓰고, 버립니다. 투명컵, 샴푸 통, 계란판, 장바구니, 택배 포장 비닐, 카드 한 장에 이르기까지, 눈에 보이든 보이지 않든, 플라스틱은 오늘날 인간의 삶을 감싸고 있는 가장 흔하고도 인공적인 껍질이지요. 그리고 어느 날 아침, 우리는 집 앞 분리수거함 앞에 멈춰 섭니다.

"이건 플라스틱인가요, 일반 쓰레기인가요?"

"이 비닐은 왜 분리수거가 안 되죠?"

"재활용된다는 건, 정말 다시 쓰인다는 뜻일까요?"

이 단순한 질문들은 곧바로 과학적 탐구로 이어집니다. 플라스틱은 왜 이렇게 가볍고 질기고 잘 구부러질까요? 왜 어떤 플라스틱은 열을 가하면 다시 녹아 모양을 바꿀 수 있는데, 어떤 것은 한 번 굳으면 다시 녹지 않을까요?

비밀은 '고분자Polymer'에 있습니다. 플라스틱 대부분은 작은 분자 수천·수만 개가 이어져 만들어진 '아주 긴 사슬'이에요. 이 사슬이 서로 엉키고 얽히면서 가벼움, 강도, 탄성, 전기 절연성 같은 성질이 생겨나요. 그래서 얇아도 쉽게 찢어지지 않고, 금속보다 훨씬 가벼우면서도 튼튼하지요. 이러한 고분자 물질은 오랫동안 쓰였지만, 장점만 있는 건 아니에요. 길고 안정적이지만 사용 후에는 잘 분해되지 않기 때문이에요.

그럼에도 플라스틱은 우리 생활 깊숙이 자리 잡은 편리한 물질입니다. 플라스틱은 인류에게 어떤 편리를 안겨 주었고, 동시에 어떤 부담을 안겼을까요? 우리는 플라스틱과 어떻게 만났고, 왜 쉽게 헤어지지 못하는 걸까요? 플라스틱이 왜 그렇게 '편리하게' 태어났는지, 어떤 과학적 선택이 오늘의 재료를 만들어 냈는지, 그리고 앞으로 우리는 어떤 고분자와 함께 살아가게 될지, 역사와 원리를 차근차근 짚으며 답을 찾아보도록 해요.

고분자 화학, 긴 분자의 시대가 열리다

우리가 입는 옷, 먹는 음식의 포장지, 사용하는 칫솔, 자동차 타이어까지, 이 모든 곳에는 고분자가 숨어 있습니다. 고분자는 말 그대로 '작은 분자 조각(단량체)이 반복 결합해 사슬을 이룬 거대한 분자'를 말해요. 하지만 이렇게 익숙한 고분자도 사실 과학자들이 정식으로 인정하기 시작한 건 불과 100년 남짓입니다. 1920년대에 들어서야 비로소 고분자를 진짜 거대 분자로 보는 관점이 굳어졌지요.

사실 고분자 물질은 고대부터 우리 곁에 있었습니다. 천연고무, 견, 모피, 나무수지, 셀룰로스 등은 모두 자연에서 얻은 고분자예요. 고대 이집트인들은 동물성 단백질로 만든 아교(접착제)를 썼고, 중국에서는 누에고치에서 뽑은 실크로 견직물을 짰지요. 하지만 사람들은 그것이 '분자들이 길게 연결된 구조'라는 사실은 알지 못했어요. 그저 '질긴 물질', '끈적한 것'이라고만 여길 뿐이었지요.

19세기 화학은 빠르게 발전했지만, 고분자는 오히려 과학자들의 무시를 받았습니다. 당시 과학자들은 '분자란 아주 작다'라고 생각했기 때문에, 너무 질기고 크고 무거운 물질은 '분자라기엔 너무 거대하다'라며 화학적 설명이 불가능하다고 여겼어요. 그래서 셀룰로스, 천연고무, 단백질과 같은 물질들은 '비정질 물질Amorphous Material'이나 '콜로이드성 덩어리Colloidal Aggregate'로만 분류되었지요. 거대한 사슬 분자라는 개념은 아직 과학의 주류 밖에 있었던 셈입니다.

이런 흐름은 20세기 초에 이르러서야 바뀌기 시작합니다. '고분자는 실제로 길고 연속적인 사슬을 이룬 하나의 분자'라는 주장이 제기되고, 점차 실험과 이론으로 뒷받침되면서, 우리가 지금 배우는 고분자 화학, 곧 '긴 분자의 과학'이 본격적으로 문을 열게 되었어요.

찰스 굿이어와 고무의 운명을 바꾼 순간

천연고무Natural Rubber는 고대 메소아메리카에서 공, 방수 신발, 용기 등에 쓰일 만큼 오래전부터 활용된 재료였습니다. 하지만 이 물질에는 결정적인 약점이 있었어요. 날이 더우면 끈적하게 녹고, 추우면 딱딱해져 갈라졌지요. 19세기 초까지 유럽과 미국의 화학자·공예가들은 이 단점을 어떻게든 극복하려 했지만, 번번이 실패하고 말았습니다.

이 난제를 붙잡고 몇 년을 씨름한 사람이 미국의 발명가 찰스 굿이어Charles Goodyear입니다. 그는 수많은 배합과 가열 실험 끝에 1839년, '천연고무에 황Sulfur을 섞어 가열하면 더 이상 여름에 끈적거리거나 겨울에 부서지지 않는' 전혀 다른 성질의 고무가 된다는 사실을 알아냈어요. 이 공정을 '가황Vulcanization'이라 하고 굿이어는 1844년에 특허로 등록해 세상에 선보여요.

찰스 굿이어

고무는 사실 천연 고분자, 즉 폴리이소프렌Polyisoprene이라는 긴 분자 사슬로 되어 있습니다. 그런데 황을 섞어 가열하면, 활성화된 황이 사슬들 사이에 다리를 놓듯이 결합을 만들어 줘요. 이를 가교 결합Cross-Linking이라고 해요. 사슬과 사슬이 여러 개의 황 다리로 엮이면서 자유롭게 흐트러지지 않게 고정되고, 고무는 너무 딱딱하지도 않고 너무 끈적하지도 않은 탄력성과 내구성을 갖게 되지요.

그 덕분에 고무의 쓰임새는 폭발적으로 넓어졌습니다. 방수 장화, 벨트, 호스, 개스킷과 완충재 같은 산업·생활재는 물론, 뒤이어 발전한 공기 타이어의 핵심 소재도 가황 고무였지요. 다시 말해 굿이어는 '고분자 가공'이라는 개념이 자리 잡기 전, 자연 고분자에 화학적 손질을 가해 성능을 설계해 낸 선구자였던 셈입니다.

당시 굿이어는 '고분자'라는 말을 알지 못했지만, 1850년대 자신의 저술에서 가황으로 성질이 '길들여진 고무'의 장점을 여러 사례로 설명했습니다. 오늘날 우리는 그 변화의 본질을 분자 수준에서 이해합니다. 가황은 고무 사슬 사이에 다리를 놓아 구조를 '연결'하고, 그 연결이 재료

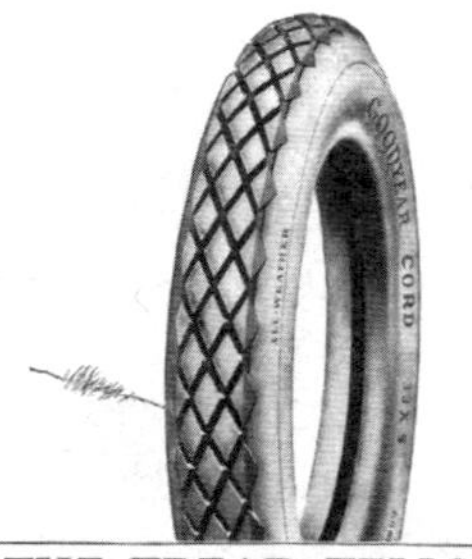

내셔널 지오그래픽에 실린 굿이어 타이어 앤 러버 컴퍼니 광고(1923년 4월호)

의 성질을 근본적으로 바꾼다는 것을 알고 있지요. 이 단순하지만 강력한 아이디어가 고무의 운명을 바꾸었을 뿐만 아니라, 고분자 재료 공학의 출발점을 마련했습니다.

셀룰로이드, 플라스틱 시대를 연 반합성 고분자

19세기 중반, 상아·진주·가죽 같은 천연 재료는 비싸고 수급도 불안정했습니다. 산업화가 빨라지면서 '가볍고, 강하고, 가공이 쉬운' 새로운 재

셀룰로이드 필름

료가 절실해졌지요. 그 무렵, 위험성과 가능성을 함께 지닌 신소재가 등장합니다. 바로 셀룰로스를 질산으로 처리해 만든 질산 셀룰로스(나이트로셀룰로스)지요. 이 물질은 훗날 셀룰로이드로 이어지며 플라스틱 시대의 문을 엽니다.

플라스틱이라는 말은 원래 그리스어 '플라스티코스Plastikos'에서 유래했습니다. 이 말은 '모양을 마음대로 바꿀 수 있는'이라는 뜻이에요. 그래서 플라스틱은 뜨겁게 가열하거나 눌렀을 때, 우리가 원하는 모양으로 만들 수 있는 물질을 말해요.

1846년, 독일의 화학자 크리스티안 프리드리히 쇤바인C.F. Schönbein은 질산과 황산 혼합물로 실험을 하다, 면직물에 혼합물을 흘렸습니다. 이 면직물을 말리니, 매우 가볍고 불에 닿자마자 확 타오르는 투명하고 잘 휘는 전혀 새로운 물질이 되었어요. 이것이 바로 질산 셀룰로스였고, 이는 인류 역사상 최초의 반합성 고분자로 기록돼요. 여기서 '반합성'이란 셀룰로스와 같은 자연물을 인위적으로 화학 처리해 성질을 바꾼 재료를 뜻해요.

질산 셀룰로스는 위험성이 크지만, 막이나 용액 형태로 가공할 수 있어 영화 필름이나 사진용 감광제로 쓰이기도 했습니다. 하지만 가연성이 높아 작은 마찰에도 폭발할 수 있어 위험한 물질로도 악명이 높았지요. 전환점은 1860년대에 찾아왔어요.

위_ 프리드리히 쇤바인
아래_ 존 하이엇

미국의 발명가 존 하이엇John Wesley Hyatt은 질산 셀룰로스를 녹나무 추출물인 캠퍼Camphor를 섞어 좀 더 안전하고 가공이 쉬운 고체를 만들었어요. 이것이 바로 셀룰로이드Celluloid예요. 셀룰로이드는 가볍고 단단하면서 잘 깎이고 잘 구부러졌어요. 빛도 투과됐고, 염색도 잘 되었어요. 셀룰로이드는 최초로 널리 성공한 상업용 플라스틱으로 평가받아요.

하이엇의 발명에는 재미있는 일화가 있습니다. 당시 미국에서는 당구공을 만들 상아가 부족했습니다. 이에 한 회사가 '상아를 대체할 수 있는 물질을 개발하면 1만 달러를 주겠다'라며 공모전을 열었고 여기에 하이엇이 도전해 셀룰로이드를 만들었다고 해요. 중요한 사실은, 하이엇이 질산 셀룰로스를 안정화해 실제로 빗·빗장, 단추, 장난감, 빗살, 피아노 건반, 그리고 초기 사진·영화 필름 기재까지 폭넓게 대체 재료를 제공했다는 점이에요.

베이클라이트, 인류 최초의 완전 합성 플라스틱

리오 베이클랜드

20세기 초, 전 세계는 전기의 보급과 대량 생산 체제로 진입하고 있었습니다. 그러나 전선을 감쌀 튼튼하고 열에 강한 절연 소재는 좀처럼 찾기 어려웠어요. 당시에는 고무나 셀룰로이드 같은 천연 또는 반합성 재료에 의존했지만, 이들 재료는 불안정하거나 쉽게 타고, 형태를 오래 유지하기 어려운 문제가 있었습니다.

1907년, 벨기에 출신의 화학자 베이클랜드Leo Baekeland는 페놀Phenol과 포름알데히드Formaldehyde라는 두 물질을 반응시켜 전혀 새로운 성질의 고체 물질을 만들었어요. 이 물질은 열에 녹지 않고, 타지도 않고, 압력을 주면 원하는 형태로 굳고, 한 번 굳으면 다시는 녹지 않는 성질이 있었어요. 이것이 바로 열경화성 수지Thermosetting Resin인 베이클라이트예요. 인류 역사에서 처음으로 자연물에 의존하지 않은 완전한 인공 물질, 즉 '진짜 플라스틱'을 만들어 낸 거예요. 이 물질은 곧 플라스틱 시대의 서막이 되었어요.

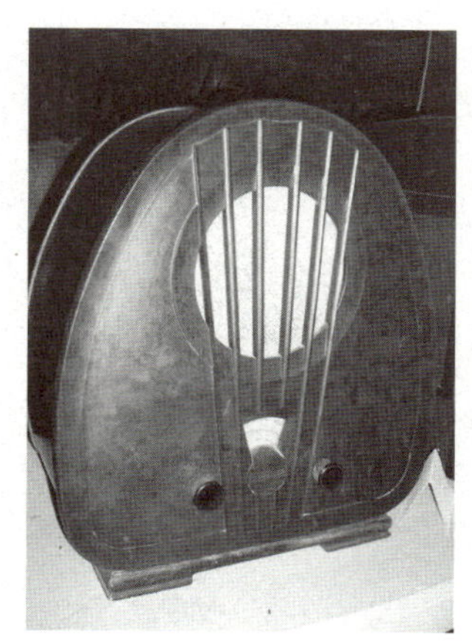

베이클라이트를 이용한 라디오

베이클라이트의 핵심은 바로 "열을 가해 굳히면 다시는 녹지 않는다"

라는 점이었습니다. 열과 압력을 가하면 원하는 틀에 맞게 성형되고, 일단 굳고 나면 영구적으로 형태를 유지했어요. 그래서 고온, 고압, 마찰, 전기 절연 등 어디든 쓸 수 있었어요. 당시에 사용되던 천연 소재보다도 훨씬 안정적이고 믿을 수 있는 소재였지요.

베이클라이트는 전화기 본체, 라디오 외장, 전기 스위치, 콘센트, 자동차 핸들, 단추, 체스 말, 화장품 케이스, 주방용품, 장난감처럼 다양한 곳에 쓰였습니다. 1909년에는 이 기술이 특허로 공표되며 널리 인정받기도 했지요. "베이클라이트가 없는 가정은 없다"라는 말이 나올 정도였어요. 그야말로 마법의 물질이었지요.

베이클라이트가 성공한 결정적 이유는, 셀룰로스 유래의 셀룰로이드처럼 자연 재료의 변형에 기대던 이전 세대와 달리, 실험실에서 만든 '완전 합성' 재료였기 때문입니다. 즉, 베이클라이트는 '화학자가 원하는 물성을 설계해서 만들어 낸 최초의 고분자 재료'였고, 이는 대량 생산 체제와 전기·통신 산업의 요구에 정확히 맞아떨어졌어요.

슈타우딩거의 도전

19세기 말, 과학자들은 식물의 주성분인 셀룰로스Cellulose에 주목하기 시작합니다. 셀룰로스는 나무, 면, 종이 등 식물의 몸을 이루는 가장 중요한 성분이지만, 당시에는 그 구조나 성질은 잘 알려지지 않았어요. 그런데 1890년대, 과학자들이 셀룰로스를 가공해 부드럽고 빛나는 인조 섬유를 만드는 데 성공하면서 상황이 달라졌어요. 훗날 레이온Rayon이라 불리게 되는 이 섬유는 '인견'이라는 이름으로 널리 알려졌고, 값싸고 대중적인 옷감으로 사랑받았어요. 덕분에 더 많은 사람이 비단 같은 광택과 감촉을 누릴 수 있게 되었지요.

그로부터 20여 년 뒤인 1912년, 셀룰로스를 또 다른 방식으로 활용한 '셀로판Cellophane'이 탄생합니다. 스위스의 화학자 자크 브란덴베르거 Jacques E. Brandenberger가 유리처럼 투명하면서도 잘 찢어지지 않는 얇은 필름을 만든 거예요. 이 필름은 공기와 수분을 막는 성질이 있어 과자 포장지, 꽃 포장지, 테이프 등에 널리 쓰이게 되었지요.

하지만 과학자들의 호기심은 멈추지 않았습니다. "도대체 이렇게 긴 분자는 어떤 구조로 되어 있을까?" 이 질문에 답한 인물이 바로 독일의 화학자 헤르만 슈타우딩거Hermann Staudinger였어요. 그는 1920년, 셀룰로스와 같은 물질들이 단순한 분자들의 느슨한 뭉침이 아니라, 수천 개의 원자가 사슬처럼 연결된 '거대 분자', 즉 고분자Polymer라고 주장했습니다. 이 획기적인 발상은 기존의 화학 개념을 뒤흔들었고, 마침내 고분자 화학이라는 새로운 과학 분야를 탄생시켰어요.

헤르만 슈타우딩거

그리고 20세기 말, 마지막 퍼즐 조각이 채워집니다. 1992년, 일본의 과학자 고바야시Kobayashi와 쇼다Shoda는 효소나 식물 없이, 순수한 화학 반응만으로 셀룰로스의 핵심 결합 구조를 실험실에서 구현하는 데 성공했어요. 이는 자연에서 얻어 쓰던 고분자의 대표격인 셀룰로스를, 실험

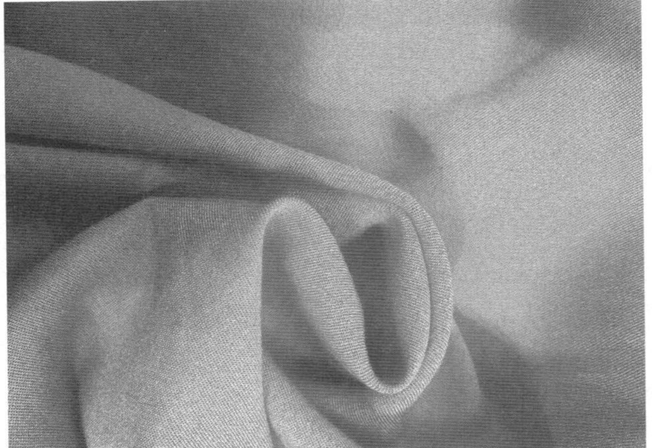

레이온

셀로판지

실에서 인공적으로 구현할 수 있음을 보여준 상징적인 성과였습니다.

나일론의 탄생

1930년대 미국, 듀폰DuPont 사의 목표는 분명했습니다. "비싼 천연 실크 대신, 실험실에서 실크 같은 섬유를 만들자!" 당시 미국은 고급 직물과 군수용 낙하산 천에까지 일본산 비단에 크게 의존하고 있었고, 이를 대체할 인공 섬유가 절실한 상황이었어요.

월리스 캐러더스

이 프로젝트를 이끈 사람이 유기화학자인 월리스 캐러더스Wallace Hume Carothers입니다. 그는 당시로서는 파격적이던 '고분자는 아주 긴 사슬 분자'라는 슈타우딩거의 견해를 받아들였고, 실제로 그런 사슬을 합성해 내는 데 집중했어요.

듀폰 사에 영입된 캐러더스는 고분자 연구팀을 꾸려 1935년, 마침내 '폴리아마이드 66', 즉 나일론Nylon 66을 합성하는 데 성공합니다. 나일론은 다이아민과 다이카복실산이라는 두 종류의 유기 분자를 교대로 이어 만든 고분자 사슬(폴리아마이드)이에요. 강하면서도 유연하고, 실크처럼 잘 뽑히고 물에도 강하며, 대량 생산이 가능했지요.

나일론 66

듀폰 사는 1939년, 뉴욕 만국박람회에서 '기적의 섬유' 나일론을 공식 발표합니다. 상업 제품, 특히 여성용 스타킹은 1940년, 미국에서 본격적

뉴욕 만국박람회에서 선보인 나일론으로 만든 스타킹

으로 출시되었는데, 나오자마자 수백만 켤레가 하루 만에 완판될 정도로 폭발적인 반응을 얻었어요. 같은 해에만 수천만 켤레가 팔릴 정도로 생활 문화 자체를 바꾸어 놓았지요. 곧이어 발발한 2차 세계 대전 동안에는 군용 낙하산, 로프, 텐트, 유니폼에 널리 사용되며 '실크 대체제'로 전략 물자의 위상까지 갖추게 됩니다.

폴리에틸렌과 폴리염화 비닐의 대결

20세기 초, 플라스틱은 막 날개를 달기 시작했습니다. 베이클라이트가 처음으로 '완전 합성 플라스틱'의 문을 열었고, 나일론이 옷과 군수 산업에 큰 변화를 가져왔지요. 하지만 그다음 무대는 훨씬 더 치열했습니다.

전선 피복, 배관, 포장지, 가방, 장난감, 장판, 파이프까지, 이 모든 생활 재료의 자리를 놓고 두 가지 플라스틱이 정면으로 맞붙게 됩니다. 그 주인공은 바로 폴리에틸렌PE과 폴리염화 비닐PVC이에요.

[폴리에틸렌]

폴리에틸렌은 가장 단순한 구조의 고분자입니다. 탄소 두 개짜리 분자 '에틸렌' 수천 개가 이어진 사슬이지요. 1933년, 영국 ICI사의 실험실에서 고압 조건 실험 중 예기치 않게 저밀도 폴리에틸렌이 만들어졌고, 제2차 세계 대전에는 레이더 케이블의 절연 재료로 투입되며 중요한 재료로 떠오릅니다. 전쟁 후에는 피복, 식품 포장지, 쇼핑백, 용기, 장난감 등에 쓰이며 빠르게 확산했어요. 이어 1950년대에는 촉매를 이용한 고밀도 폴리에틸렌이 등장하며 활용도가 더 넓어졌지요. 폴리에틸렌은 저렴하고 유연하며, 가볍고 생산도 쉬웠어요. 그래서 폴리에틸렌은 '플라스틱계의 종이'라고도 불리기도 했습니다.

폴리에틸렌 결정

[폴리염화 비닐]

폴리염화 비닐PVC은 염소Cl가 결합한 '비닐 클로라이드'라는 분자가 이어진 사슬입니다. 염소 원자가 포함되면 대체로 더 단단해지고, 불에 상대적으로 강해지며, 내구성도 좋아져요. 19세기 후반에 발견됐지만,

PVC 파이프

단단하고 깨지기 쉬워 쓰임이 제한적이었지요.

본격적인 생산은 1920~30년대 독일을 비롯한 유럽과 미국에서 빠르게 진행되었습니다. 1926년경, 가소제를 넣은 유연 PVC가 나오면서 전선 피복, 바닥재, 방수 시트, 인조가죽 등을 만들 수 있게 되었어요. 가소제를 쓰지 않은 경질 PVC는 배관이나 창틀처럼 단단하고 견고한 용도에서 강점을 보였지요.

[환경 논쟁과 그 이후]

1950~1980년대, 플라스틱은 산업의 중심이 되었고 PE와 PVC는 서로 다른 장점을 앞세워 전 세계로 빠르게 확산되었습니다. 하지만 1990년대에 들어서면서 PVC는 '환경 오염' 논란에 휘말리기 시작했어요. 부적절한 조건에서 태울 때 발생할 수 있는 다이옥신 문제가 불거졌고, 일부 가소제에서 호르몬 교란 물질이 나올 수 있다는 우려가 생겼어요. 그래서 일부 국가에서는 PVC 대신 고밀도 폴리에틸렌HDPE이나 폴리프로필렌PP을 쓰는 사례가 늘었어요. 하지만 여전히 PVC는 건축 · 배관 시장에서 강

력한 위치를 지키고 있습니다.

투명한 병에 담긴 과학

우리가 매일 손에 쥐는 투명한 병, 바로 페트병(PET병)입니다. 가볍고 단단하며, 잘 깨지지 않고 투명도까지 뛰어나지요. 이 병에 담긴 물질은 폴리에틸렌 테레프탈레이트Polyethylene Terephthalate, 줄여서 PET라고 부릅니다. PET는 테레프탈산(고리 모양 산)과 에틸렌글리콜(두 개의 알코올기), 이 두 분자가 결합하면서 하나의 긴 고분자 사슬을 이루는 구조예요. 이 반응은 축합 중합Condensation Polymerization이라고 부르는데, 두 분자가 결합하면서 물H_2O이 빠져나오기 때문이에요.

PET의 시작은 1941년 영국의 과학자 존 윈필드John Rex Whinfield와 제임스 딕슨James T. Dickson이 개발한 새로운 섬유에서 비롯되었습니다. 두 사람은 섬유용 고분자를 연구하던 중 테레프탈산과 에틸렌글리콜의 축합 반응으로 얻은 고체가 매우 강하고 탄성이 있다는 걸 발견했어요. 이 물질이 곧 폴리에스터 섬유, 즉 테릴렌Terylene이 되었지요. 지금 우리가 입는 폴리에스터 옷감의 원형이 바로 이 테릴렌이에요.

페트병

이후 PET 섬유는 교복, 운동복, 커튼 등 다양한 옷감에 널리 쓰이며 일상 속 재료로 자리 잡았습니다. 그런데 1970년대에 들어서면서 과학자들은 이 폴리에스터가 섬유를 넘어 전혀 다른 용도로도 활용될 수 있다는 사실을 깨달았어요. 가열해 부드럽게 만든 뒤 공기로 불리면, 가볍고 단단하며 투명한 용기를 만들 수 있었던 거예요. 이렇게 PET는 섬유를 넘어 병의 재료로 새롭게 주목받기 시작했고, 오늘날 우리가 사용하는 페트병으로 이어지게 되었어요.

[섬유, 병의 재료가 되다]

그렇다면 페트병은 언제 만들어졌을까요? PET는 1970년대에 이르러 병을 만드는 재료로 활용 범위를 넓히기 시작합니다. 미국과 일본 연구진은 '이 폴리에스터를 가열해 공기로 불리면 원하는 모양으로 만들 수 있다'라는 사실을 실험으로 입증했어요.

페트병은 다음과 같은 과정을 거쳐 만들어집니다. 먼저 PET 고분자 가루를 녹여서 '프리폼Preform'이라는 시험관 모양의 작은 관을 만들어요. 이 프리폼을 가열해 부드럽게 만든 다음, 압축 공기를 넣어 금형 속에서 병 모양으로 부풀립니다. 이를 스트레치 블로우 몰딩Stretch Blow Molding이라 해요. 이렇게 만든 페트병은 매우 가볍고 깨지지 않으며, 투명하지요. 또 기체 차단성이 비교적 좋고 재활용도 가능하지요. 그래서 페트병은 생수, 탄산음료, 과즙 음료, 식용유, 간장, 드레싱, 일부 약품, 샴푸, 세제 용기 등, 거의 모든 투명 용기의 기본 소재가 되었습니다. 또한 PET는 플라스틱 중에서도 구조적으로 안정적인 편에 속해, 식품 포장용으로 안전성이 높다는 평가를 받으며, 세계적으로 가장 많이 생산·재활용되는 플라스틱 중 하나가 되었답니다.

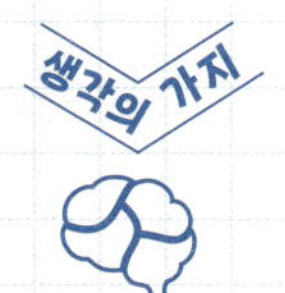

고분자 화학의 역사

- **고분자 물질**
  - 작은 분자가 반복적으로 결합해 만들어진 큰 분자
- **찰스 굿이어와 고무**
  - 가황_ 고무에 황을 섞어 가열하면 다른 성질의 고무가 된다.
  - 가교 결합_ 사슬과 사슬이 황 다리로 엮여 구조가 고정됨.
- **셀룰로이드**
  - 반합성 고분자_ 셀룰로스와 같은 자연물을 인위적으로 화학 처리한 것
  - 셀룰로이드_ 질산 셀룰로스+캠퍼
- **베이클라이트**
  - 열을 가해 굳히면 다시는 녹지 않는다.
  - 최초의 완전 합성 플라스틱
- **슈타우딩거**
  - 고분자는 거대 분자라는 개념 제시
- **고바야시와 쇼다**
  - 셀룰로스 합성에 성공
- **나일론과 플라스틱**
  - 캐러더스_ 나일론 합성에 성공
  - 폴리에틸렌, 폴리염화 비닐, PET

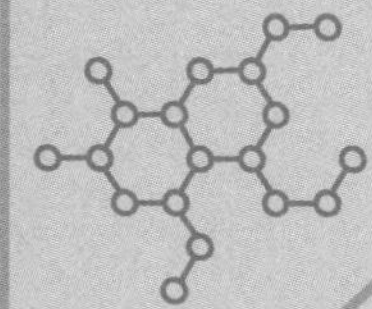

16장

액체 헬륨과 초유체의 발견

초유체 상태의 액체 헬륨

정교수의 pick

◆ 액화 ◆ 듀어 플라스크 ◆ 오너스 ◆ 액체 헬륨
◆ 카피차 ◆ 앨런 ◆ 초유동성 ◆ 초유체

영하 269도에서 열린 문

입자 가속기는 전하를 가진 입자를 빛에 가까운 속도로 가속해 정밀하게 충돌시키는 장치입니다. 이 충돌을 통해 우주의 가장 작은 비밀들을 알아내는 실험이 가능해졌어요. 마치 실험실 속에서 '미니 빅뱅'을 만드는 셈이지요.

이 거대한 장치를 제대로 작동시키려면 매우 강하고 안정적인 자기장이 필요합니다. 그 자기장은 자석 코일에 전류를 흘려 만드는데, 전기 저항이 있으면 에너지가 열로 새어 나가요. 이를 해결하기 위한 방법이 바로 초전도예요. 초전도 상태에서는 전기 저항이 사실상 0이 되어 큰 전류를 손실 없이 흘릴 수 있기 때문이지요.

바로 여기서 액체 헬륨이 등장합니다. 액체 헬륨은 약 영하 269도에 가까운 극저온의 물질로, 초전도체를 냉각해 전기 저항이 사실상 0이 되도록 임계 온도 아래로 내려 주는 역할을 해요. 액체 헬륨으로 자석을 식히면 전류가 손실 없이 흐르며 강력한 자기장을 오래, 안정적으로 유지할 수 있습니다. 이러한 액체 헬륨 덕분에 입자 가속기의 자석이 제대로 작동할 수 있는 거예요. 입자 가속기와 초전도, 액체 헬륨은 각자 따로 시작됐지만, 지금은 현대 과학에서 떼려야 뗄 수 없는 짝꿍이 되었어요. 이 세 기술이 함께 발전하면서 우리는 우주의 기원, 입자의 구조, 원자핵의 힘까지 조금씩 밝혀나가고 있어요.

기체의 액화

물질은 온도에 따라 고체, 액체, 기체로 상태가 바뀝니다. 액체 상태의 물은 0도에서 얼음(고체)으로 변하고, 100도에서는 수증기(기체)로 변해요. 우리가 숨 쉬는 데 필요한 공기는 주로 질소와 산소라는 기체로 이루어져 있는데, 온도가 충분히 낮아지면 이 역시 액체 상태로 변합니다. 다만, 이 온도는 우리가 일상에서 경험하는 것보다 훨씬 더 낮아서, 실험실처럼 특별한 환경을 만들어야만 액체 상태의 질소나 산소를 볼 수 있어요. 이렇게 기체가 액체로 변하는 현상을 '액화'라고 하고, 액화가 일어나는 온도를 '액화점(끓는점)'이라고 불러요.

기체는 누가 처음 액체 상태로 바꾸었을까요? 기체 액화를 처음 성공시킨 과학자들은 카유테, 픽테, 브로블레프스키 등이 있어요. 그중에서도 액체 산소와 액체 질소를 발견한 과학자 중 한 명인 프랑스의 카유테 Louis Paul Cailletet의 이야기는 흥미로워요.

[루이 폴 카유테]

카유테는 프랑스 동부의 샤티옹 쉬르 센Châtillon-sur-Seine에서 태어났습니다. 그는 파리에서 교육을 받은 뒤, 아버지의 제철소를 관리하기 위해 고향으로 돌아왔어요. 그곳에서 그는 철을 가열하면 가스가 용해되어

카유테의 실험 장치

금속이 매우 불안정한 상태가 된다는 사실을 발견했어요. 이후 그는 용광로에서 나오는 가스를 분석하며 금속의 상태 변화를 연구했고, 이 과정에서 다양한 기체를 액화시키는 연구를 하게 되었어요.

루이 폴 카유테

1877년, 카유테는 마침내 액체 산소 방울을 생성하는 데 성공합니다. 그는 산소를 고압에서 냉각시키고, 이를 빠르게 팽창시켜 온도를 더 낮추는 방법을 사용했어요. 그 결과, 순간적으로 작은 액체 산소 방울이 나타났어요. 당시 기술로는 액체 산소를 오래 보존할 수 없었지만, 이 실험은 산소도 액체 상태가 될 수 있다는 것을 실험으로 증명한 역사적 성과였어요.

[라울 픽테]

라울 픽테

같은 해에 스위스의 물리학자 라울 픽테Raoul-Pierre Pictet도 독립적으로 산소의 액화에 성공합니다. 그는 이산화 탄소를 먼저 압축해 액화시킨 뒤, 그 액체 이산화 탄소를 증발시키면서 주변 온도를 급격히 낮추는 방법을 사용했어요. 이렇게 만들어진 극저온 환경에서 산소를 압축·냉각하면, 마침내 산소가 액체 상태로 변했어요. 픽테의 방식은 '연쇄 냉각법'이라고 불리며, 이후 다른 기체를 액화하는 데도 널리 활용되었어요.

산소의 액화점은 −182.96도, 즉 약 영하 183도예요. 정말로 엄청나게 낮은 온도지요. 당시의 액화가 얼마나 도전적이었는지 짐작할 수 있어요. 산소도 다른 물질처럼 고체, 액체, 기체의 세 가지 상태를 모두 가질

픽테의 실험

수 있어요. 카유테와 픽테가 처음 만들어 낸 액체 산소는 아주 잠깐 나타나는 물방울 형태였어요. 오래 유지되거나 많은 양을 확보할 수 없었기 때문에, 그 시절에는 산소의 액화가 단지 '가능하다는 증거'를 보여 주는 데 그쳤지요. 그래서 과학계의 숙제는 '순간'이 아니라 '충분한 양을 안정적으로' 만드는 것이 되었어요.

[브로블레프스키와 올셰프스키]

이제 이야기는 순간적인 물방울이 아니라 충분한 양의 액체 산소를 만들어 내는 데 성공한 두 과학자로 이어집니다. 그들은 더 정교한 장치와 혁신적인 냉각 방법을 사용해 액체 산소를 눈으로 보고, 손에 담고, 연구할 수 있을 만큼 만들어 냈어요. 이 발견은 산업과 의학, 그리고 이후의 우주 과학까지 이어지는 중요한 발판이 되었지요. 그 두 사람은 바로 지크문트 플로렌티 브로블레프스키Zygmunt F. Wróblewski와 카롤 올셰프스키Karol Olszewski입니다.

브로블레프스키는 당시 러시아 제국 영토였던 그로드노(오늘날의 벨라루스)에서 태어났습니다. 그는 키예프 대학교에서 공부했지만, 1863년 1월, 제정 러시아에 대항한 봉기에 연루되었다는 혐의로 수년간 망명 생활을 해야 했어요. 망명 기간 동안 그는 베를린과 하이델베르크에서 학문을 이어 갔고, 1876년에는 뮌헨 대학교에서 박사 학위 논문을 완성했어요. 이후에는 스트라스부르크 대학교의 조교수로 활동하며 학문적 경력을 쌓았지요.

1880년, 그는 폴란드 학술원의 회원이 되었고, 곧 야기엘론스키 대학교에 물리학 교수로 부임합니다. 그곳에서 그는 화학자이자 실험 물리학자였던 카롤 올셰프스키를 만나게 돼요. 그리고 곧 당시로서는 매우 도전적인 연구 분야였던 기체의 액화에 대한 공동 연구를 시작합니다. 이 만남은 결국 과학사에 남을 액체 산소 대량 생산 실험으로 이어지게 돼요.

지크문트 브로블레프스키

카롤 올셰프스키는 1846년, 폴란드의 브로니슈프에서 태어났습니다. 그는 타르누프Tarnów에 있는 카지미에시 브로진스키 고등학교를 졸업한 뒤, 야기엘론스키 대학교에서 수학, 물리학, 화학, 생물학을 두루 공부했어요. 폭넓은 학문적 배경 덕분에 그는 실험 설계부터 이론 해석까지 혼자서도 해낼 수 있는 연구자로 성장했지요.

카롤 올셰프스키

이후 그는 독일 하이델베르크 대학교로 건너가 박사 학위 논문을 완성했고, 다시 야기엘론스키 대학교로 돌아와 부교수로 학생들을 가르칩니다. 바로 이 시기에 브로블레프스키와 만난 올셰프스키는 기체를 충분한 양의 액체로 바꾸는 도전적인 연구를 함께 추진하게 됩니다.

1883년 3월 29일, 브로블레프스키와 올셰프스키는 기존보다 효율적인 산소 응축 방법을 고안해 실험에 적용하기 시작합니다. 그 결과, 순간적으로 사라지는 작은 방울이 아니라, 실험 장치 안에 고여서 관찰하고 측

좌_ 액체 산소 우_ 액체 질소

정할 수 있을 만큼의 충분한 양의 액체 산소를 얻는 데 성공했어요. 그들의 성취는 여기서 멈추지 않았습니다. 불과 2주 뒤인 1883년 4월 13일, 이번에는 같은 방식으로 질소를 응축하는 데도 성공해요. 이는 세계 최초로 실험실에서 관찰 가능한 형태의 액체 질소를 만들어 낸 사례였지요. 두 사람의 연구는 극저온 물리학의 새로운 시대를 열었고, 이후 다른 기체의 액화 연구에도 중요한 기반이 되었어요.

듀어와 극저온 기술

액체 산소와 액체 질소에 이어 이번에는 액체 수소를 처음 만든 인물이 있습니다. 바로 스코틀랜드의 과학자 제임스 듀어James Dewar예요. 그는

'듀어 플라스크'라는 특별한 용기를 발명해 극저온 상태의 기체를 안전하게 보관하고 연구할 수 있도록 만들었고, 이를 이용해 액체 수소를 얻는 데 성공했어요.

듀어는 1842년 스코틀랜드 킨카딘Kincardine에서 태어났습니다. 그는 달러 아카데미에서 공부한 뒤, 에든버러 대학교에서 화학을 전공했어요. 이곳에서 그는 저명한 화학자 라이온 플레이페어Lyon Playfair 교수의 지도를 받으며 정밀한 실험 기술을 배웠어요. 그리고 1875년, 케임브리지 대학교에서 자연철학 교수가 되었고, 불과 2년 뒤인 1877년에는 화학과 교수로 활동하며 극저온 물리학과 기체 액화 연구의 토대를 닦았습니다.

그의 연구 분야는 매우 넓었는데, 초기 논문은 유기 화학, 수소의 물리 상수, 고온 연구, 태양과 전기 스파크의 온도 측정, 분광 광도법, 그리고 전기 아크의 화학 반응에 이르기까지 다양한 분야를 다루었습니다. 1878년에는 다양한 기체 원소의 분광학을 본격적으로 연구하기 시작했고, 특히 낮은 온도에서 기체가 어떤 성질을 보이는지에 깊은 관심을 가졌어요. 이런 연구 과정에서 그는 극저온 환경을 만드는 기술을 꾸준히 발전시켰고, 마침내 1884년에는 영하 218.79도라는 극한 온도에서 고체 상태의 산소를 얻는 데 성공하며 주목받습니다. 이는 기체 연구의 새로운 장을 여는 역사적인 순간이었어요.

제임스 듀어

1891년경, 듀어는 런던의 왕립 연구소에

서 액체 산소를 대량으로 생산할 수 있는 기계를 직접 설계하고 제작합니다. 이 장치는 이전의 실험용 소형 장비와 달리, 안정적으로 많은 양의 액체 산소를 만들어 낼 수 있었어요. 덕분에 극저온 물질에 대한 다양한 실험이 가능해졌지요. 그해 말, 그는 흥미로운 사실을 발견합니다. 바로 액체 산소와 액체 오존이 자기장에 강하게 끌리는 성질이 있음을 확인한 거예요. 이 발견은 기체 상태에서는 잘 드러나지 않던 산소와 오존의 자기적 특성을 눈으로 확인시켜 주었고, 물질의 자기 성질 연구에도 큰 영향을 주었어요.

1892년 무렵, 듀어는 또 하나의 혁신을 이룹니다. 그는 액화 가스를 안전하게 보관하고 증발을 최소화하기 위해 '진공 재킷 용기'를 설계했어요. 이 용기는 나중에 '듀어 플라스크Dewar Flask'라는 이름으로 불리게 되었고, 오늘날 우리가 사용하는 보온병의 원형이 되었어요.

[듀어와 액체 수소]

1898년, 듀어는 런던 왕립 연구소에서 액체 수소(액화점 영하 252.97도)를 안정적으로 제조하고 보존하는 데 성공합니다. 듀어는 이를 위해 대형 재생 냉각기를 완성했는데, 이 장치는 여러 단계의 냉각 과정을 반복해 온도를 극도로 낮출 수 있었고, 마침내 인류가 한 번도 도달하지 못했던 목표에 도전할 수 있게 했어요. 듀어는 거기서 멈추지 않았어요. 그는 온도를 더 낮추는 실험을 이어 갔고, 이듬해인 1899년에는 마침내 고체 수소를 얻는 데까지 성공합니다. 수소가 투명하고 단단한 고체 결정으로 변하는 그 순간은, 극저온 물리학의 새로운 장을 여는 역사적인 장면이었어요.

듀어의 실험

액체 헬륨과 오너스의 집념

수소 액화에 성공한 듀어는 이제 헬륨으로 시선을 돌립니다. 여러 해 동안 도전했지만, 수소보다도 훨씬 낮은 헬륨의 액화점(약 영하 269도) 때문에 당시 기술로는 달성하기 극도로 어려운 목표였어요. 듀어는 냉각 기술을 개선하고 장비를 개조하며 수없이 실험을 반복했지만, 끝내 헬륨의 액화에는 성공하지 못해요.

오너스의 이름을 딴 카메를링 오너스 연구소

하지만 그의 연구는 이후 극저온 기술 발전에 큰 밑거름이 되었습니다. 듀어는 평생 여러 차례 노벨상 후보에 올랐지만, 수상의 영예는 1908년에 액체 헬륨을 최초로 만든 네덜란드의 과학자 헤이커 카메를링 오너스Heike Kamerlingh Onnes에게 돌아갔어요.

헤이커 카메를링 오너스

오너스는 1853년 네덜란드의 흐로닝언에서 태어났습니다. 그는 어릴 때부터 과학에 두각을 나타냈어요. 1870년, 흐로닝언 대학교에 입학한 오너스는 더 넓은 학문 세계를 경험하고자 1871년에 독일 하이델베르크 대학교로 유학을 떠납니다. 그는 화학의 대가 로버트 분젠과, 전기 회로와 분광학 연구로 유명한 구스타프 키르히호프의 지도 아래 공부했어요. 흐로닝언 대학교로 돌아온 오너스는 학위를 받은 뒤, 델프트 폴리테크닉을 거쳐 1882년부터 무려 40여 년 동안 레이던 대학교에서 실험 물리학을 가르칩니다.

1909년 실험실에서, 오너스(왼쪽)와 반데르발스(오른쪽)

레이던 대학교에 자리를 잡은 그는, 오랫동안 품어왔던 목표 하나에 온 힘을 쏟기 시작합니다. 바로 헬륨의 액화였어요. 그는 헬륨이 액체로 변하는 온도가 수소나 질소에 비해 훨씬 낮을 것이라고 예측했고, 그 온도에 도달하기 위해선 전례 없는 수준의 저온 장치가 필요하다는 사실을 잘 알고 있었어요.

이 목표를 향한 여정은 절대 짧지 않았습니다. 오너스는 20년이 넘는 세월을 헬륨 액화를 위한 기술 개발에 투자했어요. 레이던 대학교 내에 세계 최초의 본격적인 극저온 실험실을 설립했고, 이곳에서 그는 절대 영도에 가까운 온도에 도전했습니다. 이 실험실은 그의 이름을 따서 카메를링 오너스 연구소Kamerlingh Onnes Laboratory라고 불려요.

오너스의 26년에 걸친 극저온 도전은 마침내 1908년 7월 10일, 역사적인 결실을 봅니다. 그날 그는 약 영하 269도에서 헬륨을 액화시키는 데 성공했어요. 과학자들은 온도를 표시할 때 절대 온도(K)를 사용합니다.

절대 온도 0K는 영하 273.15도에 해당하므로 섭씨온도에 273.15를 더하면 절대 온도로 환산할 수 있어요. 이렇게 계산하면, 헬륨이 액체로 변하는 온도는 4.22K가 됩니다. 이 성과로 인해 당시 알려진 주요 기체를 차례로 액화하는 데 성공하게 되었어요. 이는 단순한 실험 성공이 아니라, 극저온 물리학과 초전도 현상 발견으로 이어지는 새로운 시대를 여는 역사적 사건이 되었답니다.

초유체의 발견

[표트르 카피차]

이제 극저온 물리학의 무대는 러시아로 옮겨갑니다. 액체 헬륨이 단순히 '차가운 액체'가 아니라, 전혀 새로운 물리 현상을 품고 있다는 사실을 세상에 알린 인물이 러시아에 있었어요. 바로 표트르 카피차Pyotr Kapitsa예요.

표트르 카피차

카피차는 1894년, 러시아 발트해의 코틀린섬에 있는 크론슈타트에서 태어났습니다. 1912년에 크론슈타트 왕립 고등학교를 졸업했고, 이후 러시아 상트페테르부르크 공립 기술 대학에 입학해 기계 공학을 공부했어요. 학생 시절의 카피차는 단순히 수업을 듣는 데 그치지 않고, 실험실과 작업장에서 기계 부품을 직접 설계하고 만드는 것을 즐겼다고 해요. 이 시기에 익힌 손재주와 실험 감각이 훗날 그의 초저온 장치 제작과 혁신적인 실험에 큰 밑거름이 되었지요.

당시 대학에서 물리학을 가르치던 아돌프 이오페A.F. Ioffe 교수는 카피차의 물리학적 재능을 높이 평가하며 자신의 실험실로 불러들입니다. 그 후 카피차는 이오페의 지도 아래 전기 전도도 측정, 자기장 실험, 금속의 물리적 성질 분석 등 다양한 실험을 직접 수행하게 되었고, 이 시절의 경험은 카피차가 훗날 초유체를 발견하는 기반이 되었어요.

이후 그는 영국 유학길에 올라 케임브리지 대학의 캐번디시 연구소에 들어갔고, 그곳에서 전설적인 물리학자 어니스트 러더퍼드와 10년 넘게 함께 일합니다. 1920년대에 카피차는 자신만의 독창적인 실험 기술을 개발했는데, 바로 특수 제작된 전자석에 짧은 시간 동안 고전류를 흘려 초강력 자기장을 만드는 방법이었어요. 이 기술을 통해 그는 1928년, 매우 강한 자기장 속에서 금속의 전기 저항이 자기장 세기에 따라 거의 선형적으로 증가한다는 사실을 발견합니다. 이 업적은 훗날 '카피차 법칙'으로 불리며, 극저온 및 응집물질 물리 연구의 중요한 기초가 되었어요.

1934년, 카피차는 잠시 부모를 방문하기 위해 소련으로 돌아옵니다. 하지만 이 방문은 그의 삶의 방향을 완전히 바꾸었어요. 영국으로 돌아가 케임브리지에서 연구를 계속하려 했지만, 소련 정부가 그의 출국을 금지한 거예요. 연구 장비와 실험 자료가 모두 케임브리지에 남아 있었기 때문에, 카피차는 더는 자기장 실험을 이어 갈 수 없게 되었지요. 그는 이 상황을 받아들이고 연구의 방향을 바꾸기로 결심합니다. 그렇게 카피차는 기존의 관심사를 바탕으로 저온 물리학에 본격적으로 뛰어들게 돼요.

같은 해 카피차는 상당한 양의 액체 헬륨을 만들어 낼 수 있는 새롭고 독창적인 장치를 개발합니다. 이 장치는 효율성과 안정성이 뛰어나, 이후 극저온 연구의 표준이 될 정도였어요. 게다가 그는 영국 시절 스승이자 후원자였던 러더퍼드의 도움을 받아 물리 문제 연구소를 설립하는데, 이곳은 그의 이름을 따 카피차 물리 문제 연구소로 불리며 세계적인 극저온 물리 연구의 중심지로 자리 잡게 됩니다.

카피차는 액체 헬륨 연구를 계속하던 1937년, 임계 온도보다 낮은 온도의 액체 헬륨에서 점성이 사실상 사라지는 기묘한 흐름인 초유동성 Superfluidity을 관찰하고 보고합니다. 이 현상은 액체 헬륨이 마찰 없이 흘러가는 특이한 성질로, 절대 영도에 가까운 극저온 세계에서만 나타나는 이례적인 물리 현상이었어요. 이 발견은 저온물리학에 새로운 지평을 열었고, 이후 수많은 이론과 실험을 잇는 출발점이 되었습니다.

이오페 교수(왼쪽에서 네 번째)와 카피차(맨 왼쪽)

카피차 물리 문제 연구소

[존 프랭크 앨런]

카피차와 거의 같은 시기에 액체 헬륨의 초유동성을 발견하여, 극저온 물리학의 역사 속에서 중요한 라이벌로 기록된 인물이 있습니다. 캐나다의 물리학자 존 프랭크 앨런John F. Allen이에요.

캐나다 위니펙에서 태어난 앨런은 매니토바 대학교의 물리학 교수였던 아버지 덕분에 어린 시절부터 자연스레 과학이 일상이 되는 환경을 경험했습니다. 그는 매니토바 대학교를 거쳐 토론토 대학교에서 초전도에 대해 연구했어요.

앨런도 카피차와 거의 같은 시기에 케임브리지의 몬드 연구소Mond Laboratory에서 저온 실험을 시작했습니다. 원래는 카피차와 함께 연구를 진행하려 했지만, 카피차가 소련을 방문한 뒤 영국으로 돌아올 수 없게 되면서 앨런은 혼자서 연구를 이어 가야 했어요. 그는 극저온 상태의 헬륨이 보이는 특이한 성질, 즉 초유동성을 독립적으로 발견해 1938년 1월호 네이처Nature지에 논문을 발표하는데, 흥미롭게도 카피차의 논문과 같은 호에 실렸어요.

[마찰 없는 흐름, 초유동성]

초유동성은 유체의 점도, 즉 끈적끈적한 저항이 사실상 0에 가까워지는 특이한 성질입니다. 일반적인 물이나 기름 같은 유체에서는 절대 볼 수 없는 현상이지요. 이렇게 초유동성을 가진 유체를 초유체라고 부르는데, 초유체는 흐를 때 운동 에너지 손실이 거의 없어요. 다시 말해, 매우 오랜 시간 동안 마찰 없이 흐를 수 있다는 거예요.

이 현상은 주로 액체 헬륨에서 나타납니다. 절대 온도에 가까운 극저

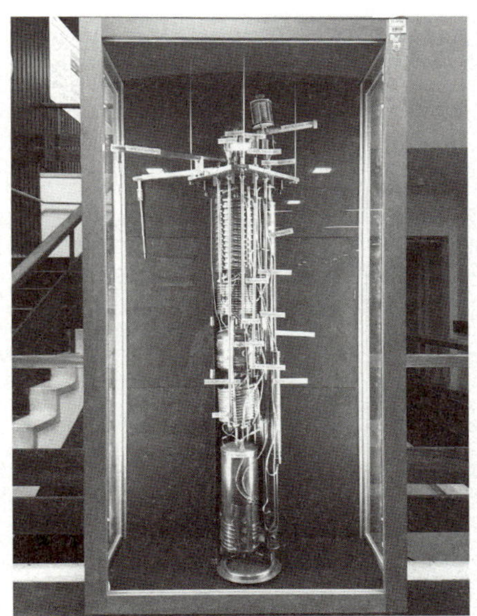

앨런이 세인트 앤드루스 대학교에서 만든 헬륨 액화기(1952년)

온에서 헬륨을 액체 상태로 만들면, 점성이 완전히 사라지면서 놀라운 행동을 보이지요. 예를 들어, 초유체는 플라스크나 비커의 벽을 타고 올라가 밖으로 흘러내리는 이상한 모습을 보여 줘요. 또, 병 속에 담긴 액체 헬륨이 마치 압축된 샘물처럼 분수 형태로 솟아오르기도 하지요. 이런 현상은 초유체의 점성이 거의 0에 가깝기 때문에 가능합니다. 초유체 속의 원자들은 서로 '동기화'된 듯 움직이며, 그 흐름을 방해하는 마찰이나 저항을 거의 받지 않아요. 그래서 물리학자들은 초유동성을 양자 역학이 거시적인 규모에서 드러나는 대표적인 사례로 꼽습니다.

초유체의 또 다른 특징은 소용돌이 현상입니다. 일반적인 물이나 공기 같은 유체에서의 소용돌이는 크기와 형태가 자유롭게 변하고, 시간이 지나면 점성 때문에 점점 사라져요. 하지만 초유체에서의 소용돌이는 전혀 다르게 행동합니다. 초유체 안에서 만들어진 소용돌이는 크기와 강도가

분수 형태로 솟아오르는 초유체

양자화Quantization되어 있어서, 반드시 정해진 단위로만 회전해요. 마치 회전수가 계단처럼 불연속적으로 나뉘어 있어, 아무 값이나 가질 수 없는 거예요. 또한 점성이 없기 때문에 이런 소용돌이는 수분이나 수 시간이 아니라, 며칠, 몇 주, 심지어 수개월 동안 사라지지 않고 유지될 수 있어요.

이 때문에 초유체의 소용돌이는 거시적인 규모에서 양자 역학의 법칙이 그대로 드러나는 대표적인 사례로 연구되고 있어요. 물리학자들은 이러한 현상을 통해, 눈에 보이지 않는 미시 세계의 법칙이 어떻게 우리 눈앞의 거대한 세계에도 작용하는지 탐구하고 있답니다.

생각의 가지

액체 헬륨과 초유체의 발견
기체의 액화
액화_ 기체가 액체로 변하는 현상
카유테_ 산소가 순간적으로 액화될 수 있음을 실험으로 관측
픽테_ 이산화탄소를 압축해 액화시킨 뒤, 증발시키며 주변 온도를 낮춤(연쇄 냉각법)
브로블레프스키와 올셰프스키_ 산소와 질소를 액화
듀어의 극저온 기술
듀어 플라스크
다중 냉각 장치와 진공 단열 용기를 이용해 액체 수소 제조
액체 헬륨
오너스_ 1908년, 헬륨 액화에 성공함.
초유체의 발견
카피차_ 임계 온도 아래에서 헬륨의 초유동성 발견
앨런_ 헬륨의 초유동성을 실험으로 확인
초유동성_ 점도가 사실상 0이 되는 특이한 성질
초유체_ 초유동성을 가진 유체로 운동 에너지의 손실이 거의 없음.

*** 일러두기**

본문에 사용된 일부 이미지는 Wikimedia Commons에 공개된 자료를 활용하였습니다. 출처 확인이 어려운 이미지가 있을 경우, 추후 확인을 거쳐 수정·보완하겠습니다.

1장
16쪽, 가장 오래된 도자기 유적
@Zhangzhugang, Creative Commons Attribution-Share Alike 3.0 International (CC BY-SA 3.0)

16쪽, 중국 장시성 셴런둥 동굴
@Zhangzhugang, Creative Commons Attribution-Share Alike 3.0 International (CC BY-SA 3.0)

18쪽, 흑요석
@Ji-Elle, Creative Commons Attribution-Share Alike 3.0 International (CC BY-SA 3.0)

18쪽, 무라노, 유리의 섬
@Biblioteca de la Facultad de Derecho y Ciencias del Trabajo Universidad de Sevilla, Creative Commons Attribution 2.0 (CC BY 2.0)

19쪽, 로마의 유리 제품
@Luis García, Creative Commons Attribution-Share Alike 3.0 International (CC BY-SA 3.0)

20쪽, 라티모로 만든 우유병
@Schtone, Creative Commons Attribution-Share Alike 3.0 International (CC BY-SA 3.0)

22쪽, 아르메니아 박물관에 있는 카라샵 잔
@Yerevantsi, Creative Commons Attribution 4.0 (CC BY 4.0)

23쪽, 세르비아 플로치니크에서 발굴된 구리 도끼
@CryolophosaurusEllioti, Creative Commons Attribution 4.0 (CC BY 4.0)

24쪽, 로마 시대에 사용된 청동 못(3~4세기)
@Insertcleverphrasehere, Creative Commons Attribution4.0 (CC BY 4.0)

26쪽, 철기 시대 동전
©The Portable Antiquities Scheme, Creative Commons Attribution (CC BY 2.0)

2장
만물의 근원이라 여겨졌던 네 가지 원소
@Wellcome Collection gallery, Creative Commons Attribution 4.0 (CC BY 4.0)

33쪽, 아낙시만드로스
@Kergeo, Creative Commons Attribution 4.0 (CC BY 4.0)

43쪽, 데모크리토스
@Kergeo, Creative Commons Attribution-Share Alike 3.0 International (CC BY-SA 3.0)

3장
50쪽, 고대 연금술사들의 실험 상상도
@Wellcome Collection gallery, Creative Commons Attribution 4.0 (CC BY 4.0)

53쪽, 연금술사 조시모스
@Rvalette
Creative Commons Attribution-Share Alike 4.0 International (CC BY-SA 4.0)

59쪽, 자비르 이븐 하이얀
@Wellcome Collection gallery, Creative Commons Attribution-Share Alike 4.0 International (CC BY-SA 4.0)

4장
71쪽, 요한 요아힘 베허
@Wellcome Collection gallery, Creative Commons Attribution 4.0 (CC BY 4.0)

84쪽, 프리스틀리의 실험 기구들
@Wellcome Collection gallery, Creative Commons Attribution 4.0 (CC BY 4.0)

84쪽, 프리스틀리의 실험실
@Wellcome Collection gallery, Creative Commons Attribution 4.0 (CC BY 4.0)

5장
96쪽, 보일의 법칙 실험
@Wellcome Collection gallery, Creative Commons Attribution 4.0 (CC BY 4.0)

101쪽, 블랑샤르와 제프리스의 영국 해협 횡단
@Jmack361, Creative Commons Attribution-Share Alike 4.0 International (CC BY-SA 4.0)

6장
라부아지에의 『화학 개론』에 실린 저울
@Wellcome Collection gallery, Creative Commons Attribution 4.0 (CC BY 4.0)

115쪽, 호흡에 관한 실험을 하는 라부아지에 (1770년)
@Wellcome Collection gallery, Creative Commons Attribution 4.0 (CC BY 4.0)

119쪽, 라부아지에의 실험 장치
@Rama, Creative Commons Attribution-Share Alike 2.0 (CC BY-SA 2.0)

133쪽, 윌리엄 헨리, @Wellcome Collection gallery, Creative Commons Attribution 4.0 (CC BY 4.0)

7장
머랭
@MBC Foods, Creative Commons Attribution 2.0 (CC BY 2.0)

151쪽, 백금이 왕수 속에서 녹으며 기포를 만드는 모습
@Alexander C. Wimmer, Creative Commons Attribution-Share Alike 3.0 International (CC BY-SA 3.0)

152쪽, 아르날두스 데 빌라 노바
@Wellcome Collection gallery, Creative Commons Attribution 4.0 (CC BY 4.0)

154쪽, 요한 루돌프 글라우버
@Wellcome Collection gallery, Creative Commons Attribution 4.0 (CC BY 4.0)

158쪽, 라부아지에의 『화학 개론』
@Wellcome Collection gallery, Creative Commons Attribution 4.0 (CC BY 4.0)

159쪽, 암모니아크 소금
@Robert M. Lavinsky , Creative Commons Attribution-Share Alike 3.0 International (CC BY-SA 3.0)

8장
167쪽, 앤서니 칼라일
@Wellcome Collection gallery, Creative Commons Attribution 4.0 (CC BY 4.0)

168쪽, 물의 전기 분해
@Nevit Dilmen, Creative Commons Attribution-Share Alike 3.0 International (CC BY-SA 3.0)

183쪽, 헬레센의 건전지
@US Patent Office, Wilhelm Louis Frederik Hellesen, dead 1892., Creative Commons Attribution-Share Alike 4.0 International (CC BY-SA 4.0)

184쪽, 컬럼비아 건전지
@Joe Haupt, Creative Commons Attribution-Share Alike 2.0 (CC BY-SA 2.0)

9장
189쪽, 정성 분석의 대표적인 예, DNA 전기 영동
©Sgroey, Creative Commons Attribution-Share Alike 4.0 International (CC BY-SA 4.0)

192쪽, 저울접시로 사용된 것으로 추정되는 미노아 문명의 유적
©Norbert Nagel, Creative Commons Attribution-Share Alike 3.0 International (CC BY-SA 3.0)

193쪽, 아시리아의 사자 모양 무게추
©Victuallers, Creative Commons Attribution-Share Alike 3.0 International (CC BY-SA 3.0)

195쪽, 비스마르 저울
©R. Henrik, Creative Commons Attribution-Share Alike 4.0 International (CC BY-SA 4.0)

195쪽, 로베르발 저울
©Cquoi, Creative Commons Attribution-Share Alike 4.0 International (CC BY-SA 4.0)

206쪽, 콜로이드의 한 형태인 우유
©I, Chedid, Creative Commons Attribution-Share Alike 3.0 International (CC BY-SA 3.0)

211쪽, 물의 표면 장력으로 인해 물방울은 둥글게 맺힌다
©Michael Apel, Creative Commons Attribution-Share Alike 3.0 International (CC BY-SA 3.0)

213쪽, 표면 장력과 응집력
©Michael Kuhn, Creative Commons Attribution 2.0 (CC BY 2.0)

10장
236쪽, 호프만 모형
©Henry Rzepa, Creative Commons Attribution-Share Alike 4.0 International (CC BY-SA 4.0)

11장
거리를 환하게 밝히는 비활성 기체, 네온 사인
©Radomianin, Creative Commons Attribution-Share Alike 4.0 International (CC BY-SA 4.0)

255쪽, 클레베이트 샘플
©Blythwood, Creative Commons Attribution 2.0 (CC BY 2.0)

12장
어둠 속에서 빛나는 라듐이 발린 시계
©Gebu, Creative Commons Attribution-Share Alike 3.0 International (CC BY-SA 3.0)

270쪽, 라듐
©Materialscientist, Creative Commons Attribution 3.0 (CC BY 3.0)

270쪽, 폴로늄
©Ser Amantio di Nicolao, Creative Commons Attribution (CC BY 2.0)

271쪽, 피에르 퀴리의 강연
©BFT – Bibliothèque Interuniversitaire de la Sorbonne, Creative Commons Attribution-Share Alike 4.0 International (CC BY-SA 4.0)

13장
고릴라 글라스의 화학 구조
©QuimicaMente, Creative Commons Attribution-Share Alike 4.0 International (CC BY-SA 4.0)

14장
인류 최초의 핵폭발 실험으로 형성된 버섯구름
©The Official CTBTO Photostream, Creative Commons Attribution (CC BY 2.0)

311쪽, 한, 마이트너, 슈트라스만의 실험 장치 및 한의 실험 노트
©J Brew, Creative Commons Attribution-Share Alike 2.0 (CC BY-SA 2.0)

317쪽, 핵폭탄 개발 과정에 사용된 고리 형태의 플루토늄
©Los Alamos National Laboratory (U.S. Department of Energy). Used with permission.

320쪽, 트리니타이트
©Shaddack, Creative Commons Attribution 3.0 (CC BY 3.0)

320쪽, 세계 최초의 핵실험을 기리는 기념비
©Samat Jain, Creative Commons Attribution-Share Alike 2.0 (CC BY-SA 2.0)

328쪽, 니호늄을 발견·확인할 때 사용한 회전 표적 실험 장치
©Mike Peel, Creative Commons Attribution-Share Alike 4.0 International (CC BY-SA 4.0)

15장
341쪽, 베이클라이트를 이용한 라디오
©Robneild, Creative Commons Attribution-Share Alike 3.0 International (CC BY-SA 3.0)

344쪽, 셀로판지
©Itzuvit, Creative Commons Attribution-Share Alike 3.0 International (CC BY-SA 3.0)

346쪽, 뉴욕 만국박람회에서 선보인 나일론으로 만든 스타킹
©Erik Liljeroth, Nordiska museet, Creative Commons Attribution-Share Alike 4.0 International (CC BY-SA 4.0)

347쪽, 폴리에틸렌 결정
©Lluis tgn, Creative Commons Attribution-Share Alike 3.0 International (CC BY-SA 3.0)

16장
360쪽, 액체 질소
©Robin Müller, Creative Commons Attribution-Share Alike 3.0 International (CC BY-SA 3.0)

369쪽, 카피차 물리 문제 연구소
©Zac allan, Creative Commons Attribution-Share Alike 3.0 International (CC BY-SA 3.0)

371쪽, 앨런이 세인트 앤드루스 대학교에서 만든 헬륨 액화기
©Pwstauk, Creative Commons Attribution-Share Alike 4.0 International (CC BY-SA 4.0)

372쪽, 분수 형태로 솟아오르는 초유체
©Karol kmieć, Creative Commons Attribution-Share Alike 4.0 International (CC BY-SA 4.0)

AI 시대를 여는 / Classic Insight 3

생각하는 청소년을 위한

화학의 역사

초판 1쇄 인쇄 2026년 2월 5일
초판 1쇄 발행 2026년 2월 15일

지은이 정완상
펴낸이 이성림
펴낸곳 성림북스

책임편집 신대리라
디자인 노영현

출판등록 2014년 9월 3일 제25100-2014-000054호
주소 제주특별자치도 제주시 한경면 고산서3길 135
대표전화 064-772-5762 **팩스** 064-773-5762
이메일 sunglimonebooks@naver.com

ISBN 979-11-24072-19-6 (03430)

· 책값은 뒤표지에 있습니다.